普通高等职业教育“十三五”规划教材
河北省高等院校人文社科研究项目成果
高职高专高等数学基础特色教材系列

高职数学

（第二版）

（各专业通用）

李同贤　编著

GAO ZHI SHU XUE

中国人民大学出版社
·北京·

图书在版编目（CIP）数据

高职数学/李同贤编著. 2版. —北京：中国人民大学出版社，2018.6
高职高专高等数学基础特色教材系列
ISBN 978-7-300-25862-1

Ⅰ.①高… Ⅱ.①李… Ⅲ.①高等教学-高等职业教育-教材 Ⅳ.①013

中国版本图书馆 CIP 数据核字（2018）第 110452 号

普通高等职业教育“十三五”规划教材
河北省高等院校人文社科研究项目成果
高职高专高等数学基础特色教材系列
高职数学（第二版）
李同贤 编著
Gaozhi Shuxue

出版发行	中国人民大学出版社		
社　　址	北京中关村大街 31 号	**邮政编码**	100080
电　　话	010－62511242（总编室）		010－62511770（质管部）
	010－82501766（邮购部）		010－62514148（门市部）
	010－62515195（发行公司）		010－62515275（盗版举报）
网　　址	http://www.crup.com.cn		
	http://www.ttrnet.com（人大教研网）		
经　　销	新华书店		
印　　刷	北京溢漾印刷有限公司	**版　　次**	2015 年 10 月第 1 版
规　　格	170 mm×228 mm　16 开本		2018 年 6 月第 2 版
印　　张	17.5	**印　　次**	2018 年 6 月第 1 次印刷
字　　数	310 000	**定　　价**	39.00 元

第二版前言

本教材自 2015 年 10 月出版以来，已于 2017 年 3 月重印过一次.

近两年来，高职专科各专业的生源状况又有了新变化，以高等数学为工具的各专业课教材的内容已经或正在删繁就简，这就使得本教材更加适用于高职专科的各个专业，更加贴近当前的教学实际，更受广大师生的欢迎.

这次修订时，编者根据自己使用的体会和读者提出的建议，新增和替换了一些例题.

编者热切盼望与广大读者一起继续完善本教材，从而使之成为更受大家欢迎的高职数学精品教材，惠及更多师生.

李同贤

2018 年 3 月

第一版前言

近十多年来，随着我国高等职业教育的快速发展，高职教材也百花齐放. 其中大量涌现的高等数学教材与二十年前的专科教材相比，无论是体系结构还是具体知识点等方面的处理，都多有创新成功之处.

高职教育招生规模的扩大，单独招生政策的实施，教学改革的不断推进，都对教材的编写提出了新的要求. 集各家之长，提供符合当前教学实际的教材，是一项非常重要而紧迫的任务!

近年来，编者开展了“高职院校财经类专业数学教学内容适应性研究”（河北省高校人文社科研究项目，课题编号 SZ123007). 在调研过程中编者发现，高职专科数学教材必须在为专业课学习提供必要的基础知识和方法的前提下，做到严格控制难度，注重实际应用，注重通俗性.

在此基础上，编者结合多种版本教材使用及其研究的经验，以数学教育学理论为指导，边编、边用、边改，经过几轮的试用后定稿，锤炼成了这本《高职数学》，其主要特点如下：

(1) 体系结构简单，层次分明，脉络清晰.

(2) 内容浅显易懂，淡化理论，注重实用.

(3) 相关内容过渡自然，注重体现思维过程，注意渗透学法指导.

(4) 原函数和矩阵秩以及随机事件和随机变量的概念、初等变换和初等矩阵的记号、微分和定积分的计算、向量组的秩和极大无关组的求法、连续型随机变量的密度函数和概率分布等多处具体疑难点内容的处理，具有创新性、简明性和准确性.

(5) 例题、习题和自测题的选配，贴切、典型、新颖.

(6) 表述运用文字、符号和图形三种数学语言，力求通俗、简明、直观.

本书共有 12 章，包括函数、极限与连续、导数与微分、导数的应用、不定积分、定积分、矩阵、n 维向量、线性方程组、随机事件及其概率、随机变量及其概率分布、随机变量的数字特征. 每章开头有导读、章末有拓展阅读和自测题，每节配有习题，书末附有参考答案.

此外，本教材还以教学资源的形式在出版社网站上提供了各节习题和各章自测题的详细解答以及教学答疑等．

本书可作为高职专科各专业的文化基础课教材，也可供其他各级各类高校新生和中等学校高年级学生等初学者阅读．

本教材建议在一年级使用，需要 90～120 学时．

在本教材编写过程中，参考了大量同类教材，得到了专家、同行、学生们的大力支持，得到了出版社编辑和领导以及工作单位领导的大力支持，在此一并致谢！

编者试图打造精品，但错漏之处难免，请专家、同行和广大读者不吝赐教！意见反馈邮箱：bsltx@163. com.

李同贤

2015 年 8 月

目录

绪论

老话新说学数学

经常听到包括重点高校在内的各级各类学校的学生抱怨数学难学，质疑耗费这么多的精力学数学是否值得．

关于数学学习的相关话题，早有大量数学教育学、方法论方面的著作供大家阅读．在此，仅谈几点认识，与大家分享．

1. 为什么要学数学？

伽利略指出：世界的奥秘是一部巨大的书，而这部书是用数学语言写成的．华罗庚指出：宇宙之大，粒子之微，火箭之速，化工之巧，地球之变，生物之谜，日用之繁，无处不用数学．

(1) 学习、生活、工作的需要．

数学是一门基础性、工具性的学科，在各级各类学校学习其他课程时，都离不开它．也正因如此，在中考和高考中，数学占的分数比重也比较大．

在日常生活中，购物、理财、结算存贷款利息、做预算、看电视、听广播、语言交流等也都离不开数学．

在工作中，各行各业都会用到数学．例如，各行业的管理越来越多地引入量化处理、统计分析，制图设计需要较强的空间观念和几何知识，航海、航空、测量等离不开三角，财政、金融和经济等问题的解决更是离不开微积分、线性代数、概率论和数理统计．

(2) 健全素质结构、提高素质水平的需要．

人的素质包括身体素质、心理素质、思想素质、文化素质和专业素质．

数学素质是现代公民必备的一种文化素质．因而，数学学习能够健全人的素质结构，提高人的素质水平．具体来讲，它能够使人养成理性思维的习惯，增强量化思维的意识，提高思维的深刻性、严谨性、敏捷性、灵活性和创造性，养成求真务实、崇尚科学与正义的优秀品质，等等.

（3）自然规律的探索发现、科学技术的发明创造离不开数学.

爱因斯坦用黎曼几何理论建立了广义相对论；哈雷彗星和海王星都是先通过数学计算预测到然后才观察发现的；英国著名数学家 G. 哈代认为最纯粹、最无用的数论，近代在计算机科学、密码学、自动控制、卫星数据传输等领域被广泛应用；地震预报、天气预报、B 超、核磁共振、模拟设计等无不用到数学.

王选院士的“汉字激光照排系统”居世界领先水平，获得了国家科技最高奖.他说：“我是数学系毕业，容易想到信息压缩，即用轮廓描述和参数描述相结合的方法描述字形，并于 1976 年设计出了一套把汉字轮廓快速复原成点阵的算法.”

2. 为什么许多人厌学数学？

（1）数学科学具有高度的抽象性、符号化的特点.

数学最本质的特点是抽象性，它要通过符号化来实现.

数学家们创造的符号，具有压缩信息、简化记述、简化思维过程、简化推理表述过程和实现运算自动化等功能，这使得数学成为不分国家和民族的通用语言，成为自然科学通用的语言工具.

例如，$n\cdot(n-1)\cdot(n-2)\cdot\cdots\cdot3\cdot2\cdot1$记作$n!$，多么简单！直线 a 在平面 α 内记作 $a\subset\alpha$，多么精炼！

但是，抽象性、符号化，导致许多人感到数学深奥、难学、枯燥，从而厌学.

（2）传统教材忽视通俗性、应用性、趣味性.

在传统数学教材中，过早、过多、过度强调形式化与符号化，忽视通俗性、趣味性与生活化.

（3）不少中小学教师照本宣科，机械训练甚至误导学生.

有的教师对数学科学缺乏广泛的了解，对数学学科知识内容和思想方法缺乏透彻的理解，教学照本宣科；而又过度强调解题的多、快、巧，用大量、低层次、重复性的题目模式化和机械化地训练学生；甚至用高难度的问题惩罚学生，用错误的观点误导学生（例如，批评学生不是学数学的料，宣传个别文史奇才或艺术家不懂数学照样成功）. 凡此种种，必然导致学生丧失学习数学的勇气和兴趣，怕学、厌学数学.

3. 怎样快乐地学好数学？

（1）明确学习目标，制订学习计划．

明确不同阶段的学习目标、制订学习计划，由小到大、由低到高，逐步逐层完成计划并实现目标，增强自信．

（2）掌握各学科通用的和符合学科特点的学习方法．

①把薄书读厚．学贵存疑，要深入进去、敢于质疑并且不放过任何疑点．不仅要理解每个知识点，更要悟通、理解数学的思想方法．

②牢记概念和符号含义．符号简洁明了，文字通俗易懂，图形直观形象．要随时注意这三种数学语言的相互翻译，逐步提高理解和运用符号语言的能力．

③要学会常用的数学思想方法．如数形结合、分类、类比、命题变换、一般化、特殊化方法，等等．

④有时“倒读”易懂．教材中的内容一般按照演绎推理过程（由已知到未知）表述，但这恰恰与人们分析问题的思考过程（由未知到已知）相反．因此，当读不懂、想不通时，“倒读”就回到了作者原来的思路．例如，积分运算经常用到的等式 $\dfrac{1}{x(x+1)}=\dfrac{1}{x}-\dfrac{1}{x+1}$ 由左化右难想通，而反之则易得．

⑤适度做题．学数学只看不练、袖手旁观，会在“岸”上干死；若是一味沉入题海、不习“水性”，又会被淹死．因此，要适度做题，学会在题海中畅游．即不断对照概念和原理反思正误对错，不断修正、深化对概念或方法的理解，不断追求过程和方法的最优化，使得每个题目起到以一当十的作用．

⑥把厚书读薄．要勤于归纳、总结，不断建构、丰富自己的数学知识树，使知识点成为“串”上的而非散放在盘中的葡萄粒，即要能够纲举目张．

（3）理论联系实际，学会欣赏数学美．

对学过的数学概念、原理和方法，在日常生活、各科学习中，留心观察和思考两者之间的联系，这会增强对数学的应用意识和学习兴趣．与此同时，更要随时留意和欣赏无处不在的数学美，这能愉悦心情、乐而思学．在此仅举几例加以说明．

①对称美．

大家知道许多几何图形具有对称美，看下面的三角问题：若$\triangle ABC$ 的三条边为a，b，c，则$\dfrac{a^2+b^2+c^2}{2abc}=\dfrac{\cos A}{a}+\dfrac{\cos B}{b}+\dfrac{\cos C}{c}$．易见，等号左边只有三边且三边有对称性（可轮换），等号右边的边角都没有对称性（但三项有对应相似性），若三角用边表示，则即刻得到左边．

②统一美.

大家在高中学过的圆锥曲线中，椭圆、双曲线和抛物线各有其直角坐标方程，但可以用一个极坐标方程统一表示为$\rho=\frac{\mathrm{e}p}{1-\mathrm{e}\cos\theta}$.

③简洁美.

当我们知道微分、不定积分、定积分三大项数学内容可以用一个简单公式$\int_a^b F'(x)\mathrm{d}x=F(b)-F(a)$揭示其内在联系时，就会赞叹其简洁和漂亮，就会赞叹数学家的洞明与睿智.

④奇异美.

数学方法的奇异大家一定体验过.在此仅举一例指出数学内容与大自然内在联系的奇异美.

螺旋是一种异常迷人的数学对象，涉及生活的方方面面，如螺丝钉、螺帽、弹簧、羚羊的角、蜗牛的壳、飓风、漩涡、松鼠上树的路线，等等.更为迷人的是等角螺线（其极坐标方程为$\ln\rho=k\theta$，故也称为对数螺线)：每点处的切线与相应的半径成等角，任一半径被螺线所截得的线段长度成公比为$\mathrm{e}^{2\pi}$的等比数列.如鹦鹉螺的壳（见图1)、向日葵的种子盘等都是等角螺线.螺旋与DNA分子的关系本质上由生物遗传基因控制（见图2)，因此，自然界出现众多螺旋、螺线现象不足为奇，而螺丝钉、楼梯等人造螺旋则完全是因为经济、实用和美观!

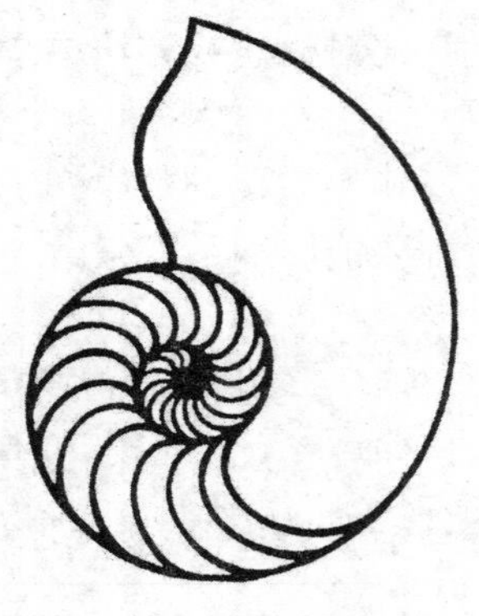

图1　鹦鹉螺

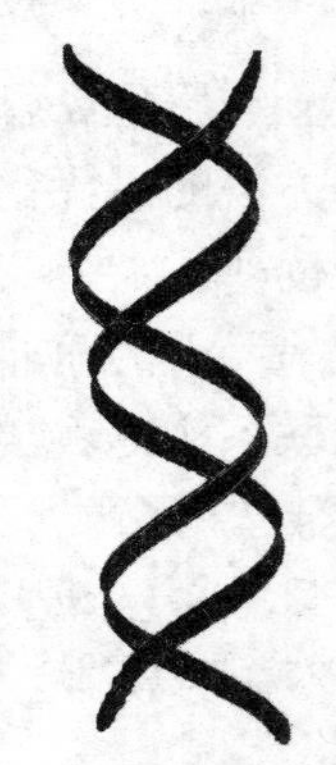

图2　DNA双重螺旋

有了对数学的上述认识和体验，就会进入“想学—会学—学会—乐学—学好—会用—更想学”的良性循环、螺旋上升的轨道了！大家不妨一试.

第1章

函 数

本章导读

函数论是数学的一个重要分支．我们在后面几章将要介绍的极限与连续、导数与微分、不定积分、定积分等微积分内容都是函数论的内容．

本章将在中学学过的有关函数知识的基础上，进一步复习、巩固函数的概念和简单性质，介绍常用的经济函数，为后面的学习奠定基础．

第1节　函数的概念

经过中学阶段的数学学习，大家已经知道，函数在生活和生产中广泛存在、经常用到．函数概念是一个非常重要的数学概念．为了进一步深入地理解和应用，下面我们进行必要的复习和补充．

1. 函数的概念

我们在观察一种现象或事物的变化过程时，往往会遇到几个相互关联的变量，它们具有确定的对应关系．这种相互关联、关系确定的数量关系就是函数关系.

引例 1. 一辆汽车以 80 千米的时速匀速行驶，经过时间 t 通过的路程为 s，则$s=80t$.

引例 2. 把 3 万元本金存入银行，定期一年，年利率 2%，到期把本金和利息全部存入银行，每年如此，则本金与利息之和（简称本息和）$f(x)$ 与存款年数

x 的关系为

$$f(x)=3(1+2\%)^x \quad (x=1, 2, 3, \cdots)$$

在上述两个引例中，各有两个具有确定对应关系的变量，当其中一个变量在一定范围内取定一个数值后，由相应的对应关系，就能得到另一个变量的唯一确定的值.

对于两个变量之间的这种关系，我们有如下的定义.

定义 1. 设 x，y 是两个变量，D 是一个给定的数集，若对于每个 $x\in D$，按照某种对应法则，y 总有唯一确定的值与之对应，则称 y 是 x 的函数，记作 $y=f(x)$. 其中，x 叫做自变量，y 叫做因变量，数集 D 叫做函数的定义域，当 x 取定 D 中的值 x_0 时，与 x_0 对应的 y 值叫做函数在 x_0 处的函数值，记作 $f(x_0)$ 或 y_0，函数值的集合叫做函数的值域.

在上述的引例 1 中，s 是 t 的函数，其定义域为 $(0, +\infty)$；在引例 2 中，f 是 x 的函数，其定义域为正整数集.

函数的定义域和对应法则是确定一个函数的两个要素. 因此，我们说两个函数相同，当且仅当两个函数的定义域相同，且对应法则相同或等价.

在不至于引起误解的情况下，定义域可以省略不写. 因此，当只给出一个函数的表达式而不给出其定义域时，默认其定义域为使表达式有意义的自变量的允许值范围.

例 1. 判断下列各组中的两个函数是否相同，并说明理由.

(1) $s=80t$，$t\in(0, +\infty)$，$y=80x$，$x\in(0, +\infty)$

(2) $y=\sin x$，$y=\sqrt{1-\cos^2 x}$

(3) $y=|x|$，$y=\sqrt{x^2}$

解：(1) 是，因为定义域相同，对应法则相同.

(2) 不是，因为虽然定义域相同，但对应法则不同且不等价.

(3) 是，因为定义域相同，对应法则等价.

例 2. 求函数 $y=\sqrt{x^2-4}+\ln(x+2)$ 的定义域和在 $x=2$ 处的函数值.

解：自变量应满足：

$$\begin{cases} x^2-4\geqslant 0 \\ x+2>0 \end{cases}$$

即

$$\begin{cases} x\leqslant -2 \text{ 或 } x\geqslant 2 \\ x>-2 \end{cases}$$

故，函数的定义域为 $[2, +\infty)$.

由题意知：

$$f(2)=\sqrt{2^2-4}+\ln(2+2)=\ln4=2\ln2$$

大家在中学已经知道，函数的表示方法有解析式法、图像法和表格法三种，这三种表示方法各有其优缺点，因此，在讨论函数时，往往根据需要采用一种、两种或三种．

一个函数的对应法则不一定能用解析式表示．例如，某班某学科一次考试的成绩与学生学号之间的函数关系，一般说来不大可能用解析式表示．

一个函数也不一定能画出其图像．例如，狄利克雷（Dirichlet）函数

$$D(x)=\begin{cases}1, & x\in Q\\ 0, & x\in \overline{Q}\end{cases}$$

就画不出图像．

一个函数的定义域是无穷数集时，也不能用列表的方法列全其函数值．

在本课程中，我们只讨论可以用解析式表示的函数，其中包括在定义域的不同范围内用不同解析式表示的函数（即分段函数）．

2. 分段函数的概念

定义 2. 在定义域的不同范围内用不同解析式表示的函数，叫做分段函数．

例 3. 出租车载客收费金额 y 是行车路程 x 的分段函数：路程不足 3 千米时车费 5 元，超过 3 千米时，超过部分每千米加收 2 元，则函数关系为：

$$y=\begin{cases}5, & 0<x\leqslant 3\\ 5+2(x-3), & x>3\end{cases}$$

例 4. 已知分段函数

$$f(x)=\begin{cases}1-x^2, & -1\leqslant x<0\\ -x, & 0\leqslant x\leqslant 1\end{cases}$$

求定义域、函数值 $f(-1)$，$f(1/2)$，并画出草图．

解: 分段函数在整个定义域内是一个函数，而不是几个函数，因此，定义域是其各段取值范围的并集．

故定义域为: $[-1, 0)\cup[0, 1]=[-1, 1]$.

函数值 $f(-1)=1-(-1)^2=0$，$f(1/2)=-1/2$.

按照函数在定义域各段上相应的解析式分别作图，即可得到如图 1-1-1 所示的函数图像．

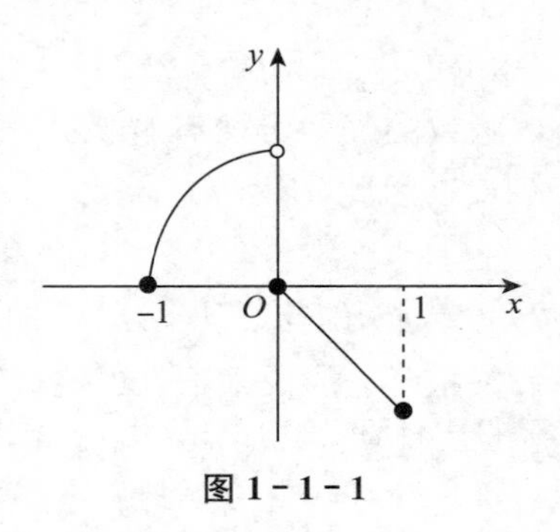

图 1-1-1

例 5. 个人所得税计算方法：

个人因任职或受雇所得到的工资、薪金、津贴、补贴、奖金等收入的资金总额，叫做工资、薪金所得额．

月工资、薪金所得额，减去起征额（2011 年 9 月 1 日起国家统一规定为 3 500元），再减去社保基金、养老基金、住房公积金等个人承担额，叫做应纳税所得额.

国家规定，应纳税所得额要分级按不同税率纳税，税率表见表 1-1-1.

表 1-1-1　　个人所得税税率表（工资、薪金所得适用）

级数	全月应纳税所得额	税率（%）	速算扣除数
1	不超过 1 500 元的	3	0
2	超过 1 500 元至 4 500 元的部分	10	105
3	超过 4 500 元至 9 000 元的部分	20	555
4	超过 9 000 元至 35 000 元的部分	25	1 005
5	超过 35 000 元至 55 000 元的部分	30	2 755
6	超过 55 000 元至 80 000 元的部分	35	5 505
7	超过 80 000 元的部分	45	13 505

例如：李某当月工资、薪金收入 9 400 元，当月个人承担社保基金、养老基金、住房公积金、失业保险金共 1 000 元，问他应缴的个人所得税金额是多少？

解： 李某应纳税所得额为：9 400－1 000－3 500＝4 900 元．将其分成“不超过 1 500”“超过 1 500 至 4 500”和“超过 4 500”三级分别计算，然后相加即可．即 1 500×3%＋3 000×10%＋400×20%＝425（元）．

如此分级计算比较繁琐，税务部门用如下公式速算：

所得税额＝应纳税所得额×适用税率－速算扣除数．

由此也可得，李某所得税额为：4 900×20%－555＝425（元）．

可见，"速算扣除数555"的含义是：因前两级按20%计算多算而应扣除（返还）给李某的金额，即为：1 500×(20%－3%)＋(4 500－1 500)×(20%－10%)＝555(元).

所得税额是应纳税所得额的分段函数.

3. 反函数的概念

在本章开头的引例1"一辆汽车以80千米的时速匀速行驶，经过时间 t 通过的路程为 s，则 $s=80t$."中，时间是自变量，路程是时间的函数；如果我们需要考虑相反的问题：根据汽车通过的路程，求所需时间，则可以通过解析式 $t=\frac{s}{80}$ 来求得．根据函数的定义可以断定，这是以路程为自变量的时间函数．我们称函数 $t=\frac{s}{80}$，$s\in(0,+\infty)$ 是函数 $s=80t$，$t\in(0,+\infty)$ 的反函数．

一般地，反函数的定义如下：

定义3. 设函数 $y=f(x)$ 的定义域为 D，值域为 M，如果对于 M 内的每一个 y 值，在 D 中都有唯一确定的 x 值与之对应，则 x 是定义在 M 上的以 y 为自变量的函数，称其为函数 $y=f(x)$ 的反函数，记作 $x=f^{-1}(y)$，$y\in M$．

习惯上用 x 表示自变量，用 y 表示函数，因此，函数 $y=f(x)$ 的反函数 $x=f^{-1}(y)$，$y\in M$ 通常写成 $y=f^{-1}(x)$，$x\in M$.

由反函数的定义可知，反函数的定义域为其原来函数的值域，反函数的值域为其原来函数的定义域．

由反函数的定义亦可知，函数 $y=f(x)$，$x\in D$ 存在反函数的充要条件是其自变量与函数值一一对应，即对于任意的 x_1、$x_2\in D$，当 $x_1\neq x_2$ 时，都有 $f(x_1)\neq f(x_2)$．

在直角坐标系中，函数 $y=f(x)$ 与其反函数 $y=f^{-1}(x)$，$x\in M$ 的图像对称于直线 $y=x$.

例6. 判断下列函数是否有反函数，如果有，求出来：

(1) $y=x^2$，$x\in(-\infty,+\infty)$

(2) $y=x^2$，$x\in[0,+\infty)$

(3) $y=\frac{1}{x}$

解：(1) 自变量与函数值不是一一对应，故不存在反函数.

(2) 自变量与函数值是一一对应，故存在反函数，其反函数为 $y=\sqrt{x}$，$x\in[0,+\infty)$（如图 1-1-2）.

(3) 有反函数，其反函数是其自身 $y=\frac{1}{x}$.

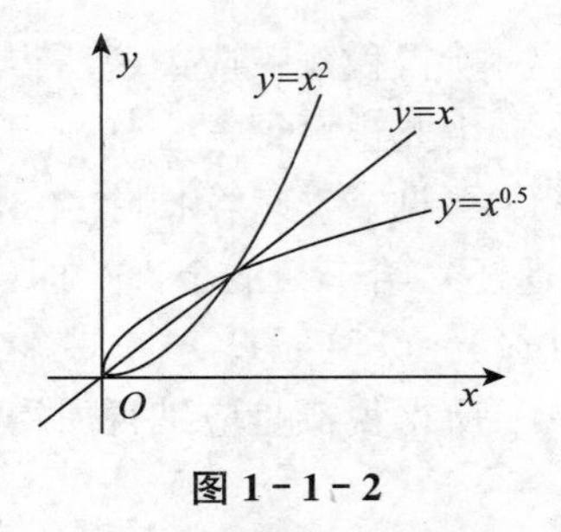

图 1-1-2

习题 1.1

1. 判断下列每对函数是否是同一函数，并说明理由：

(1) $y=x$，$y=\sqrt{x^2}$　　(2) $y=1+\tan^2x$，$y=\sec^2x$

(3) $y=2\ln x$，$y=\ln x^2$　　(4) $y=\tan x\cot x$，$y=1$

2. 求下列函数的定义域：

(1) $y=\sqrt{9-x^2}$　　(2) $y=\frac{x-1}{x^2-3x+2}$

(3) $y=\frac{\lg(1-x)}{\sqrt{2+x}}$　　(4) $y=\begin{cases}-x, & -1\leqslant x<0\\ 1, & 0\leqslant x<2\end{cases}$

3. 求函数值：

(1) $f(x)=\frac{1-x}{1+x}$，求 $f(1)$，$f(-\frac{1}{2})$，$f(\frac{1}{a})(a\neq 0, a\neq -1)$.

(2) $f(x)=\begin{cases}2^x, & x\leqslant 0\\ x-1, & x>0\end{cases}$，求 $f(-3)$，$f(0)$，$f(3)$.

4. 求反函数：(1) $y=x^3+7$；(2) $y=\log_3(x-1)$.

5. 某厂生产某种产品 1 600 吨，定价为每吨 150 元，销量不超过 800 吨时按定价出售，超过 800 吨时，超过部分按八折出售，求收入与销量之间的函数关系.

6. 画出函数 $f(x)=\begin{cases}2^x, & x\leqslant 0\\ x-1, & x>0\end{cases}$ 的图像.

第 2 节　函数的性质

在中学阶段，要了解、讨论一个函数的性质，主要关注它的定义域、值域、单调性、奇偶性、周期性等，在此我们给予简要的复习. 在后续学习中，我们还将讨论函数的连续性、可导性、凹凸性等．

1. 函数的单调性

函数的单调性也叫增减性，是讨论函数随自变量的增大，函数值增减变化的特点．一般情况下，通常把函数的定义域划分成几个区间来讨论，使同一区间内函数值的增减状态保持一致．

定义 1. 设函数 $y=f(x)$ 在区间 D 有定义，若对于任意的 x_1，$x_2\in D$，当 $x_1<x_2$ 时，都有 $f(x_1)<f(x_2)$，则称函数 $y=f(x)$ 在区间 D 单调递增；若对于任意的 x_1，$x_2\in D$，当 $x_1<x_2$ 时，都有 $f(x_1)>f(x_2)$，则称函数 $y=f(x)$ 在区间 D 单调递减；单调增函数与单调减函数统称为单调函数．

单调增函数的函数值，随自变量的增大而增大，其图像从左下方向右上方延伸，如图 1-2-1 所示；单调减函数的函数值，随自变量的增大而减小，其图像从左上方向右下方延伸，如图 1-2-2 所示．

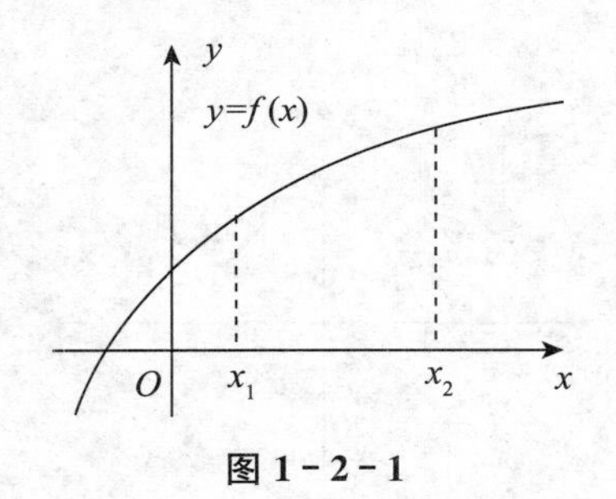

图 1-2-1

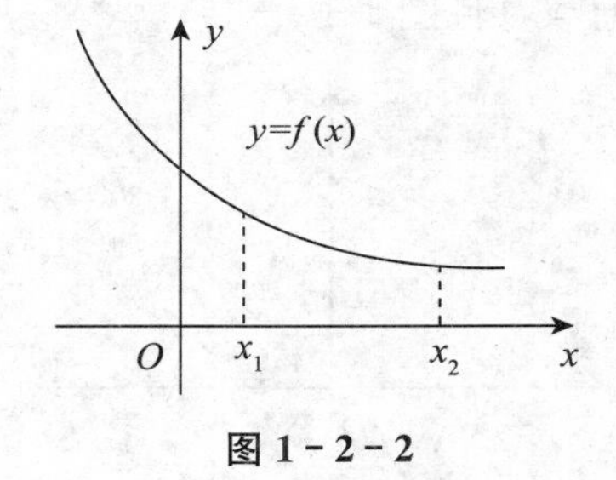

图 1-2-2

例如，函数 $y=(x-1)^2$ 在区间 $(-\infty,1)$ 内单调递减，在区间 $(1,+\infty)$ 内单调递增；函数 $y=\dfrac{1}{x}$ 在区间 $(-\infty,0)$ 和区间 $(0,+\infty)$ 内都单调递减，但不能说在其整个定义域内单调递减（可见，存在反函数的函数不一定是单调函数，而单调函数必有反函数）．

由于讨论单调性是关注函数在整个区间函数值增减变化的趋势，因此，在说明单调区间时，不计较是否计入区间端点（无定义的区间端点当然不能计入），但在说明一个函数的所有单调区间时，习惯上做到“不重不漏、首尾相连”．例如，也可以说，函数 $y=(x-1)^2$ 在区间 $(-\infty,1]$ 单调递减，在区间 $[1,+\infty)$ 单调递增；其单调区间习惯上记为 $(-\infty,1]$，$(1,+\infty)$，或 $(-\infty,1)$，$[1,+\infty)$．

2. 函数的奇偶性

有些函数，定义域对称于原点，每对相反数对应的函数值都是相反数或相等，其图像对称于原点或 y 轴．若事先断定了某函数有此特征，那么在讨论其性质时，可以先关注自变量取非负实数时的情况．为此，给出下面奇偶函数的概念.

定义 2. 设函数 $y=f(x)$ 的定义域为 D，若对于任意 $x\in D$，都有 $f(-x)=f(x)$，则称函数 $y=f(x)$ 为偶函数；若对于任意 $x\in D$，都有 $f(-x)=-f(x)$，则称函数 $y=f(x)$ 为奇函数．

由定义可知，判定一个函数的奇偶性，首先要判定对于任意 $x\in D$，是否有 $-x\in D$，即定义域是否对称于原点，其次判定关系式 $f(-x)=\pm f(x)$ 是否成立．关系式表明，自变量取一对相反数时，函数值相等或为一对相反数．

由此可知，偶函数的图像对称于 Y 轴（见图 1－2－3）；奇函数的图像对称于坐标原点（见图 1－2－4）．

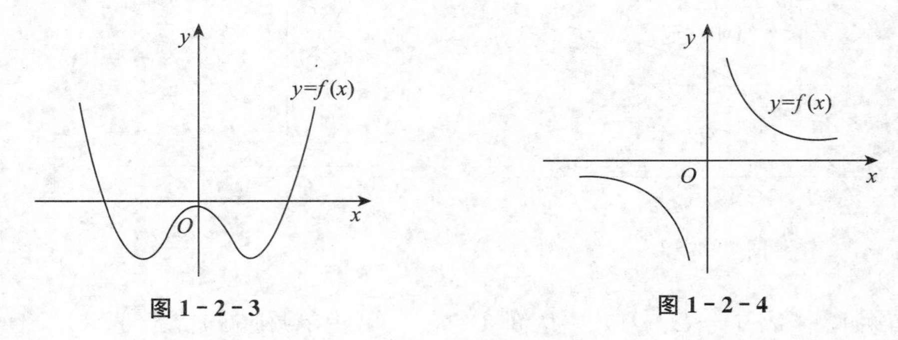

图 1－2－3　　　　图 1－2－4

例 1. 讨论下列函数的奇偶性：

(1) $y=x^2$，$x\in(-2,\ 2]$　　(2) $y=(x^2+1)\cos x$

(3) $y=\ln(x+\sqrt{1+x^2})$．

解：（1）定义域不对称于原点，故不是奇函数，也不是偶函数．

（2）定义域 R 对称于原点，且 $f(-x)=f(x)$，故是偶函数．

（3）定义域 R 对称于原点，且

$$f(-x)=\ln(-x+\sqrt{1+(-x)^2})=\ln\frac{-x^2+(\sqrt{1+x^2})^2}{x+\sqrt{1+x^2}}=\ln\frac{1}{x+\sqrt{1+x^2}}$$

$$=-\ln(x+\sqrt{1+x^2})=-f(x)$$

故 $y=\ln(x+\sqrt{1+x^2})$ 是奇函数．

3. 函数的周期性

如果全学年每个星期的课程都相同，这时我们手中只要有一个星期的课程表，就可以知道全学年每天每节上什么课了．

类似的，有些函数，当自变量由小到大（或由大到小）变化时，其函数值呈现周期性变化，在讨论这类函数的性质时，可以选定一个周期来进行．为此，给出周期函数的概念．

定义 3. 设函数 $y=f(x)$ 的定义域为 D，若存在非零常数 T，使得对于任意的 $x\in D$，都有 $f(x+T)=f(x)$ 成立，则称函数 $y=f(x)$ 为周期函数，称 T 为函数 $y=f(x)$ 的一个周期．

显然，周期函数的定义域无界；若 T 是函数的一个周期，则 nT（$n\in Z$）也是该函数的周期，周期通常指最小正周期．

例如，$y=\sin x$ 的周期 $T=2\pi$；$y=\tan x$ 和 $y=|\sin x|$（见图 1-2-5）的周期 $T=\pi$.

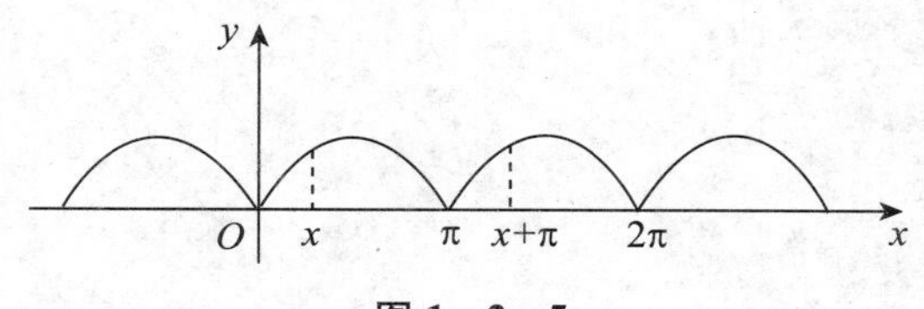

图 1-2-5

例 2. 法国数学家傅里叶（J. B. J. Fourier）证明了任何单纯声音均可用正弦函数表示，任何复合声音均可通过正弦型函数的叠加来表示．

如小提琴奏出的乐声基本上可用下面的公式给出

$$f(t)\approx 0.06\sin 1\,000\pi t+0.02\sin 2\,000\pi t+0.01\sin 3\,000\pi t$$

声音的数学分析具有重要的实际意义，如在电话、收音机、电影等系统的设计，数学发挥着决定性作用．

世界上丰富的声音，无论是雷鸣、鸟啼，还是人语、琴声，在数学家看来，均可归结为简单声音的组合，数学使我们认识到客观世界原来竟是如此的奇妙！

4. 函数的有界性

在中学时，我们讨论过函数的值域和最值，也就是关注函数的取值范围和最值. 在此，我们给出函数“界”的概念．

定义 4. 设函数 $y=f(x)$ 在区间 D 有定义，若存在一个正数 M，使得对任意 $x\in D$，都有 $|f(x)|\leqslant M$ 成立，则称函数 $y=f(x)$ 在区间 D有界，否则，称函数 $y=f(x)$ 在区间 D 无界.

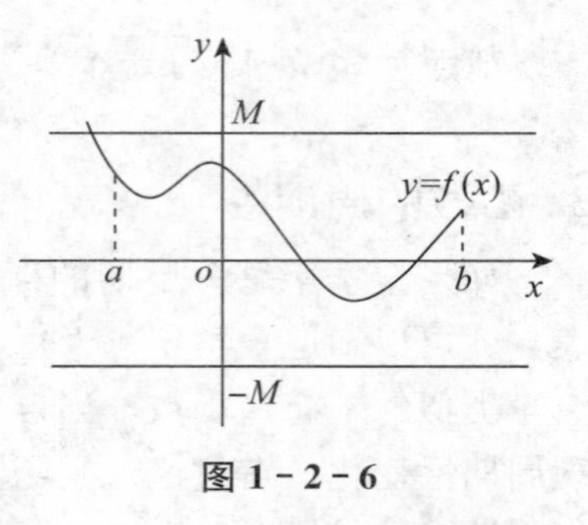

图 1－2－6

从图形上看，函数在区间 $[a, b]$ 有界 M，其图形夹在直线 $y=M$ 与 $y=-M$ 之间的带形区域内（见图 1－2－6）.

例如，函数 $y=\sin x$ 在 R 内有界；函数 $y=\tan x$ 在 $(-\frac{\pi}{2}, \frac{\pi}{2})$ 内无界；函数 $y=\frac{1}{x}$ 在 $[1, 2]$ 上有界，而在 $(0, 1)$ 内无界.

由此可见，函数是否有界，不仅与函数的对应法则有关，而且与给定的区间有关.

习题 1.2

1. 写出下列函数的单调区间：

（1）$y=\frac{1}{x+1}$　（2）$y=2^x$　（3）$y=\log_2 x$

（4）$y=\sin x$　（5）$y=\cos x$　（6）$y=\tan x$

2. 判断下列函数的奇偶性：

（1）$f(x)=(x^2+1)|x|$　（2）$f(x)=\frac{e^x-e^{-x}}{2}$

（3）$f(x)=\sqrt{x}+\frac{1}{x}-x$　（4）$f(x)=\ln\frac{1+x}{1-x}$

3. 周期函数 $f(x)$ 以 2 为周期，在区间 $[0, 2)$ 上，$f(x)=x^2$，求在区间 $[0, 6]$ 的表达式.

第 3 节　初等函数的概念

为了便于深入研究函数的性质，下面介绍基本初等函数、复合函数、初等函数的概念.

定义 1. 常函数、幂函数、指数函数、对数函数、三角函数、反三角函数，这六种函数统称为基本初等函数．

下面简要复习五种基本初等函数的性质．

1. 幂函数 $y=x^a$（a 为常数）

定义域和值域根据常数指数的取值类别不同而不同．当 $a>0$ 时，图形过点(0，0)，(1，1)，在$\overline{R^-}$ 内单调递增，无界；当 $a<0$ 时，图形过点(1，1)，在$\overline{R^-}$ 内单调递减，无界（见图 1－3－1）

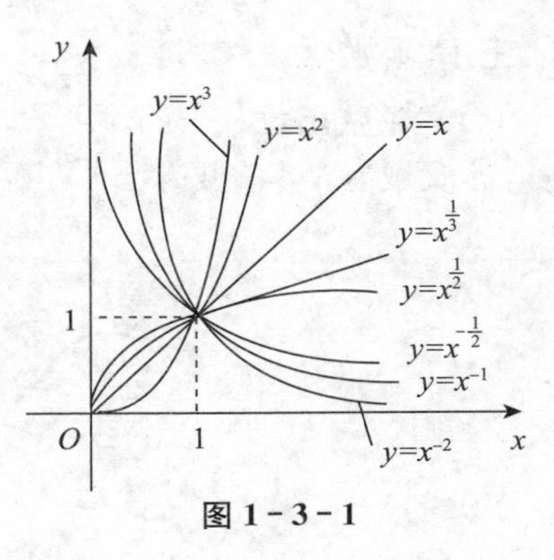

图 1－3－1

2. 指数函数 $y=a^x$（a 为常数）

定义域为 R，值域为 R^+．当 $a>1$时，图形过点(0，1)，单调递增，无界；当 $0<a<1$ 时，图形过点（0，1)，单调递减，无界（见图 1－3－2）．

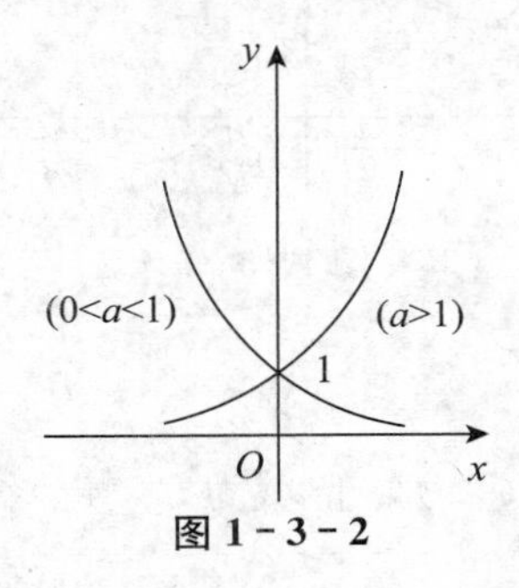

图 1－3－2

3. 对数函数 $y=\log_a x$（$0<a\neq 1$）

定义域为 R^+，值域为 R．当 $a>1$ 时，图形过点（1，0)，单调递增，无界；当 $0<a<1$ 时，图形过点（1，0)，单调递减，无界（见图 1－3－3）．

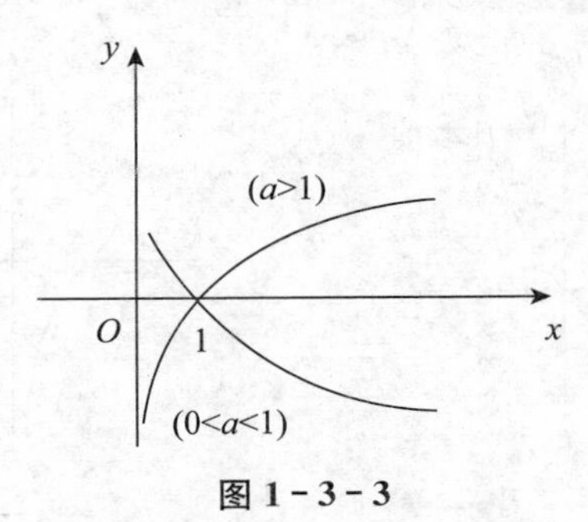

图 1－3－3

4. 三角函数

（1）正弦函数 $y=\sin x$.

定义域为 R，值域为 $[-1, 1]$，奇函数，周期 $T=2\pi$，有界（见图 1-3-4）.

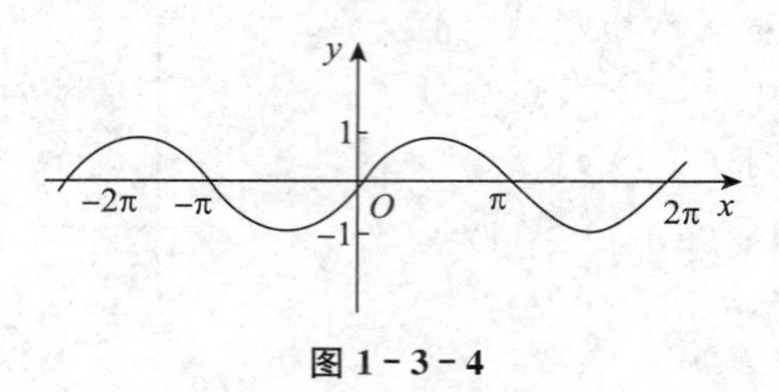

图 1-3-4

（2）余弦函数 $y=\cos x$.

定义域为 R，值域为 $[-1, 1]$，偶函数，周期 $T=2\pi$，有界（见图 1-3-5）.

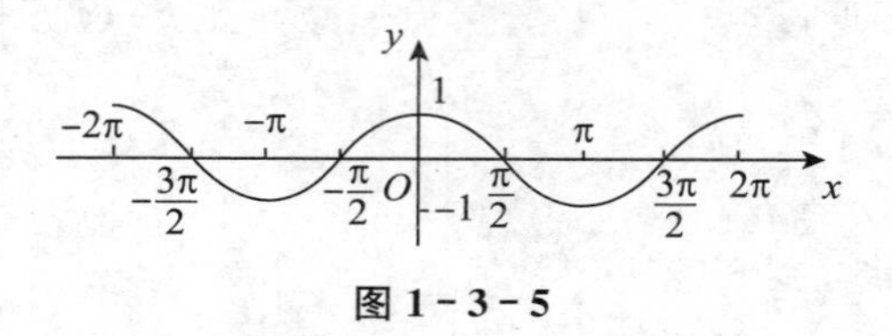

图 1-3-5

（3）正切函数 $y=\tan x$.

定义域为 $x\neq k\pi+\dfrac{\pi}{2}(k\in z)$，值域为 R，奇函数，周期 $T=\pi$，无界，在 $(-\dfrac{\pi}{2}+k\pi, \dfrac{\pi}{2}+k\pi)(k\in z)$ 内递增（见图 1-3-6）.

（4）余切函数 $y=\cot x$.

定义域为 $x\neq k\pi(k\in z)$，值域为 R，奇函数，周期 $T=\pi$，无界，在 $(k\pi, \pi+k\pi)(k\in z)$ 内递减（见图 1-3-7）.

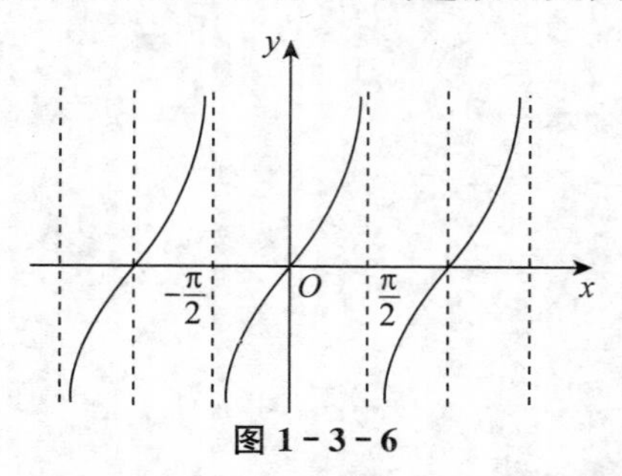

图 1-3-6

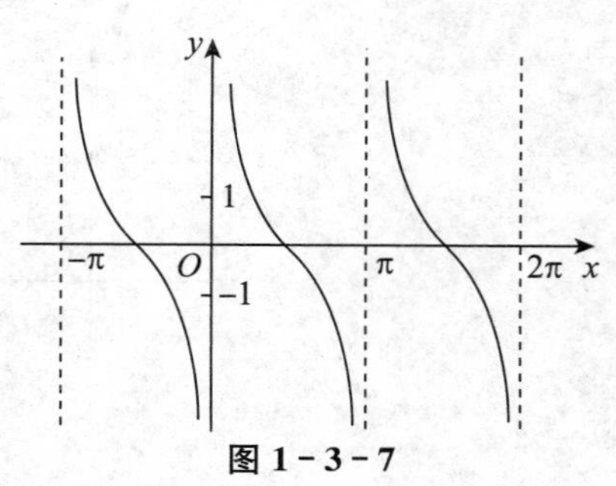

图 1-3-7

5. 反三角函数

（1）反正弦函数 $y=\arcsin x$.

定义域为 $[-1, 1]$，值域为 $\left[-\frac{\pi}{2}, \frac{\pi}{2}\right]$，增函数，奇函数，有界（见图 1-3-8）.

（2）反余弦函数 $y=\arccos x$.

定义域为 $[-1, 1]$，值域为 $[0, \pi]$，减函数，有界（见图 1-3-9）.

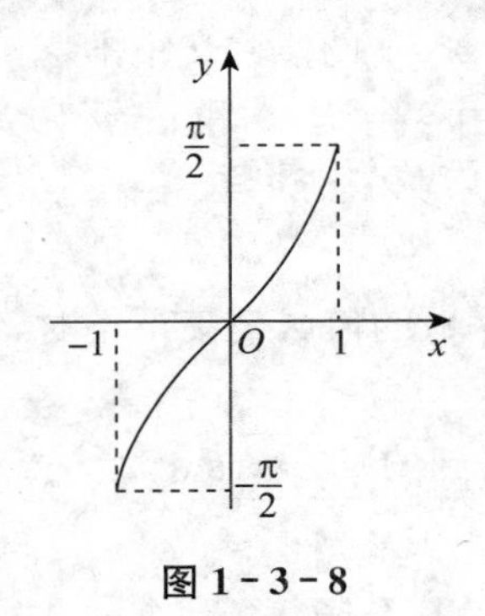

图 1-3-8

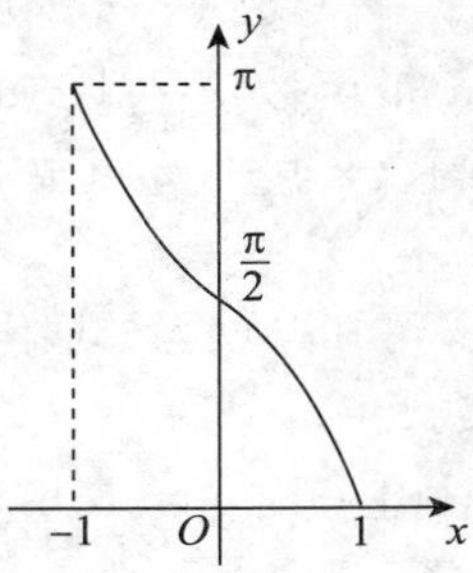

图 1-3-9

（3）反正切函数 $y=\arctan x$.

定义域为 R，值域为 $\left(-\frac{\pi}{2}, \frac{\pi}{2}\right)$，增函数，奇函数，有界（见图 1-3-10）.

（4）反余切函数 $y=\operatorname{arccot} x$.

定义域为 $(-\infty, +\infty)$，值域为 $(0, \pi)$，减函数，有界（见图 1-3-11）.

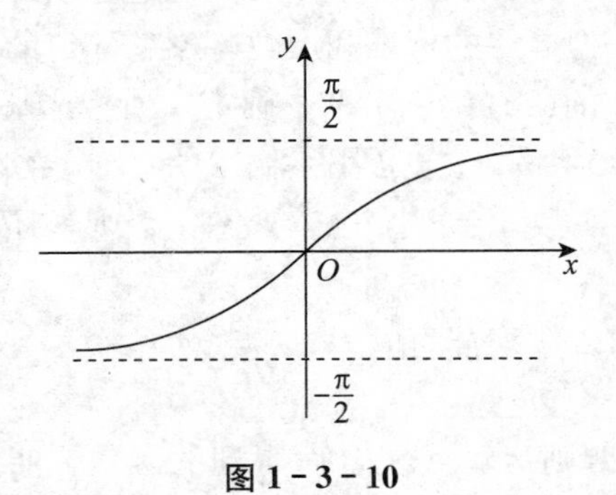

图 1-3-10

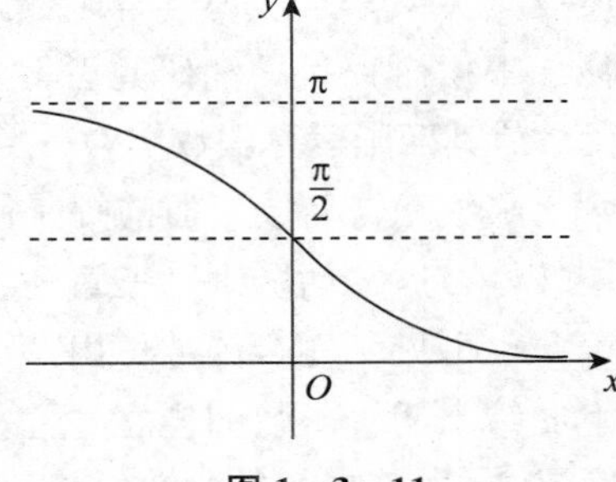

图 1-3-11

为了在讨论比较复杂的函数的性质等问题时，便于把复杂函数简单化，如后面第三章将要介绍的求导运算等，下面介绍复合函数的概念．

先看下面的例子：

设 $y=\sin u$，$u=x^3+1$，这里 u 是第一个函数的自变量，同时，它又是第二个函数的因变量，通过这个中间变量作为桥梁，可以建立变量 y 与 x 之间的函数关系，即把 u 代入第一个式子，可以得到函数 $y=\sin(x^3+1)$．反过来，函数 $y=\sin(x^3+1)$ 可以看作是由两个比较简单的函数 $y=\sin u$，$u=x^3+1$ 复合而成的函数，我们称之为复合函数．

定义 2. 若函数 $y=f(u)$ 的定义域与函数 $u=\varphi(x)$ 的值域交集不空，则 y 通过 u 成为 x 的函数 $y=f[\varphi(x)]$，这个函数叫做由 $y=f(u)$ 和 $u=\varphi(x)$ 复合而成的复合函数，其中 u 叫做中间变量，$y=f(u)$ 叫做外层函数，$u=\varphi(x)$ 叫做内层函数．

由定义可知，仅当外层函数的定义域与内层函数的值域交集不空时，才能得到复合函数．

例如，由函数 $y=\arcsin u$，$u=x^2+2$ 复合得到的 $y=\arcsin(x^2+2)$ 不是函数，当然更不是复合函数．

例 1. 求函数 $y=\sqrt{u}$ 与 $u=1-x^2$ 复合而成的复合函数．

解： 将 $u=1-x^2$ 代入 $y=\sqrt{u}$ 得 $y=\sqrt{1-x^2}$，$x\in[-1, 1]$.

例 2. 下列函数可以看做由哪几个比较简单的函数复合而成的复合函数？

(1) $y=\ln(3x-4)$；(2) $y=\sin 2^{x-1}$.

解： (1) $y=\ln u$，$u=3x-4$；(2) $y=\sin u$，$u=2^v$，$v=x-1$.

例 2 告诉我们，当研究一个函数比较困难时，可以将其分层，通过各层函数的性质及其关系，来认识复合函数的性质．但分层的标准和层数，没有一定的准则，往往根据研究目的和研究者对各层函数的已有认识水平来确定，通常选基本初等函数或其四则运算函数作为一层．例如，上例 (2) 也可视为由 $y=\sin u$，$u=2^{x-1}$ 两个函数复合而成，但前提是研究者对函数 $u=2^{x-1}$ 比较熟悉，否则，还是分三层较好，这一话题到第三章还会谈到．

由此也可见，复合函数可由两个以上的函数复合而成．

下面给出初等函数的概念．

定义 3. 由基本初等函数经过有限次的四则运算或复合而得到的函数，叫做初等函数．

初等函数可以用一个式子来表示．

例如：$y=x^3+\sin x$，$y=e^{\cos x}$，$y=\dfrac{\ln x^2+1}{x^2+\arctan x-1}$，$y=|x|=\sqrt{x^2}$ 等都是初等函数，分段函数都不是初等函数．

习题 1.3

1. 写出下列函数构成的复合函数．

(1) $y=2^u$，$u=\sqrt{x}-1$　　(2) $y=\arccos u$，$u=3x+4$

(3) $y=\tan u$，$u=\sqrt{v}$，$v=x+1$　　(4) $y=u^{-1}$，$u=\ln v$，$v=x-1$

2. 写出下列函数的复合过程．

(1) $y=(2x-1)^3$　　(2) $y=2^{\sin^3 x}$

(3) $y=\lg\cos(x^2-1)$　　(4) $y=\sqrt{\ln(\ln\sqrt{x})}$

第4节　经济函数

在经济分析和相关专业课的学习中会用到许多经济函数，常用的经济函数主要有需求函数、供给函数、成本函数、收入函数、利润函数、库存函数．下面我们结合例子作简单介绍．

1. 需求函数和供给函数

需求量，指在一定时间内，消费者愿意购买并能够购买的某种商品的数量．

需求量与商品价格密切相关，通常降低价格会增加需求，反之会减少需求．

如果不考虑其他因素的影响，需求量记作 Q，价格记作 p，则 Q 是 p 的单调减函数 $Q=Q(p)$．

常见的需求函数有下面的几类：

(1) 线性需求函数 $Q=a-bp(a>0,\ b>0)$．

(2) 二次需求函数 $Q=a-bp-p^2(a>0,\ b\geqslant 0,\ c>0)$．

(3) 指数需求函数 $Q=ae^{-bp}(a>0,\ b>0)$．

供给量，指在一定时间内，厂商愿意出售并能够出售的某种商品的数量．

供给量与商品价格密切相关，通常降低价格会减少供给量，反之会增加供给量．

如果不考虑其他因素的影响，供给量记作 S，价格记作 p，则 S 是 p 的单调增函数 $S=S(p)$．

常见的供给函数有下面几类：

（1）线性供给函数 $S=-a+bp(a>0, b>0)$．

（2）指数供给函数 $S=ae^{bp}(a>0, b>0)$．

当 $Q=S$ 时，市场供需平衡，此时的价格叫做均衡价格．

当市场价格高于均衡价格时，供给量增加，需求量减少，产生“供大于求”的现象，必然是价格下降；反之，当市场价格低于均衡价格时，供给量减少，需求量增加，产生“供不应求”的现象，必然是价格上涨．这就是市场价格的调节作用．

例 1. 某商品的需求函数和供给函数分别为：

$Q=14-2p$，$S=-5+4p$

求： 均衡价格和均衡商品量．

解： 因为供需平衡，故 $14-2p=-5+4p$，解之得：

$p=3.17$，$Q=S=7.66$.

答： 均衡价格约为 3.17 货币单位，均衡商品量为 7.66 商品单位．

2. 成本函数、收入函数和利润函数

成本，由固定成本和可变成本两部分组成．

固定成本 C_0 与销量（或产量）x 没有直接关系，可变成本 $C_1(x)$ 是 x 的函数，因此，成本 $C(x)$ 是销量（或产量）的函数，即 $C(x)=C_0+C_1(x)$.

收入，指商品（或产品）出售后所得到的收入．

若商品（或产品）销售单价为 p，销量（或产量）为 x，则收入函数 $R(x)=px$.

利润，指收入与成本的差，即 $L(x)=R(x)-C(x)$．

例 2. 某商场以每件 a 元的价格出售某种商品，若顾客一次购买 50 件以上，超出 50 件的商品八折优惠．

（1）写出一次性成交的销售收入 $R(x)$ 与销量 x 之间的函数关系；

（2）若每件商品进价为 b 元，当不计固定成本时，写出销售利润 $L(x)$ 与销量 x 之间的函数关系（习惯称之为毛利润）．

解：（1）由题意知，

当 $0\leqslant x\leqslant 50$ 时，$R(x)=ax$.

当 $x>50$ 时，$R(x)=50a+0.8a(x-50)=0.8ax+10a$.

总之，

$$R(x)=\begin{cases}ax, & 0\leqslant x\leqslant 50\\ 0.8x+10a, & x>50\end{cases}$$

(2) 因为$C(x)=bx$，所以

$$L(x)=R(x)-C(x)=\begin{cases}(a-b)x, & 0\leqslant x\leqslant 50\\ (0.8-b)x+10a, & x>50\end{cases}$$

3. 库存函数

商店为了节约成本，既不能缺货空库，又不能库存过剩造成积压，这要综合考虑使采购费和库存费之和（叫做购存费）最小，为此，一般采取定量或定期分批进货措施，这就要恰当地确定进货批次和每批次进货量（叫做批量）.

若在一定时期，例如一年内，货品需求总量为Q，每批次进货量同为x，则进货批次为$\dfrac{Q}{x}$.

更理想的状态是，既不空库也不让不同批次所进的货物同时存在库中，而且，均匀出库（即间隔同样长的时间，出库量相同）. 这时，平均库存量为批量的一半$\dfrac{x}{2}$（见图 1－4－1）.

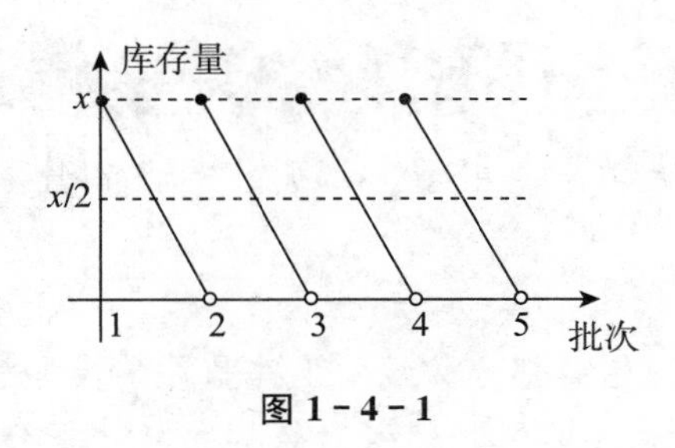

图 1－4－1

假设每批进货费为a元，单位货物年保管费为b元，则全年购存费（元）为

$$y=a\frac{Q}{x}+b\frac{x}{2}=\frac{aQ}{x}+\frac{b}{2}x$$

由均值不等式可得其最小值（即经济购存费）$y=\sqrt{2abQ}$.

此时的批量即经济批量或最佳批量，其值为$x=\sqrt{\dfrac{2aQ}{b}}$.

例 3. 某服装店月销售西装 80 套，每批进货费 300 元，每套月保管费 30 元，假如符合上述“理想状态”，批量为x，则全月购存费为

$$y=300\times\frac{80}{x}+30\times\frac{x}{2}=\frac{24\ 000}{x}+15x$$

最佳批量为

$$x=\sqrt{\frac{2\times300\times80}{30}}=40$$

习题 1.4

1. 市场上销售的某种衬衫件数 Q 是价格 p 的线性函数．当价格 p 为 50 元时，售出 1 500 件；价格为 60 元时，售出 1 200 件．试确定需求函数．
2. 某玩具厂生产某种玩具，每生产一套 15 元，每天固定成本为 2 000 元，若每套出厂价为 20 元，为了不亏本，该厂每天要生产多少套？
3. 某商店卖一种瓶装化妆品，每瓶进价 500 元，卖价 900 元，每天固定成本 700 元，试写出该商店一天的销售成本函数、收入函数和利润函数．
4. 某企业组装机床要购进外厂生产的部件，全年需要 200 件，只要定期定量分批均匀进货、均匀出库即可供应车间正常使用．若每批进货费 4 000 元，每件年保管费 1 000 元，求全年经济购存费和经济批量．

拓展阅读：数学建模

大家经常听到有关大学生或中学生参加数学建模比赛的消息．所谓数学建模，就是建立数学模型．

数学模型包括哪些内容呢？

广义地讲，我们学过的各部分数学知识都是数学模型．例如，比例模型、方程模型、不等式模型、函数模型、排列组合模型、概率统计模型、各种几何模型，等等．

还可以把类型分得更细，例如函数模型包括：一次函数模型、幂函数模型、指数函数模型、对数函数模型、三角函数模型、反三角函数模型等．

狭义地讲，通常提到的数学模型是指，对于现实世界的特定对象，为了某一个特定目的，根据特定对象的内在规律，做出一系列必要的简化假设，运用数学知识、方法和语言作为工具，得到的一个数学结构．通过解剖这个结构，达到目的，从而对特定对象的性质或现象形成全面而深入的认识．

建立数学模型的一般步骤如下：

（1）建模准备：根据提出的实际问题，对问题的背景、问题涉及的专业知识、数据采集的来源与方法等，做出全面、深入的调查研究．

（2）模型假设：实际问题一般成因复杂、涉及面广、数据关系不明显．要运用相关的专业知识进行深入分析，去伪存真，分清主次，甚至取主舍次，简化问题；用数学的知识和方法进行理想化、创造性地抽象和假设，设定模型；用数学的结构、关系和语言表达模型．

（3）求解检验：用数学方法求解模型，把求解结果放到实际中去验证．如果与实际不符，问题往往出在假设上，必须进行修改、重新建模．循环往复，直至符合实际．

（4）解释应用：给求解结果以实际意义的解释，并应用模型指导实际应用．

案例：配套桌椅的高度．

问题：配套桌椅的高度之间为何种数量关系时才使用舒适?

分析：在现实生活中，大家会体会到，桌椅高度搭配适当，坐在椅子上面学习或工作就舒适，否则，就容易疲劳，时间久了，甚至会引起身体发生病变．这说明配套的桌椅高度存在着一定的数量关系．

（1）收集数据：

测量不同的两套桌椅的高度：

第一套分别为：75.0cm，40.5cm；

第二套分别为：70.2cm，37.5cm.

（2）假设模型：

根据生活常识和数据的初步分析，猜想假设：两者很可能是一种正比例关系，或者是线性关系：

$$y = ax + b$$

（3）解模验证：

把两组数据代入线性关系，建立方程组，解得

$$a = 1.57,\ b = 11.35$$

故　$y = 1.57x + 11.35$

我们再另取一套桌椅，测得椅子高44cm，代入 $y = 1.57x + 11.35$ 得桌子高80.3cm，实测桌子高80.5cm，这说明模型比较符合实际．

（4）推广应用：

既然模型比较符合实际，如无特殊要求，我们就可以以此为准则安排批量生产．

当然，如果担心仅取两套样品测量，其代表性不够，可以多取，再做实验进行验证．

自测题 1

1. 填空题

（1）设 $[x]$ 表示不超过 x 的最大整数，则 $[3.14]=$________，$[-3.14]=$________.

（2）分段函数 $f(x)=\begin{cases}1, & x<0\\ -1, & x>0\end{cases}$ 的定义域是________，值域是________.

（3）函数 $y=\frac{1}{2}(x-\frac{1}{x})(0<x<+\infty)$ 的反函数是____________.

（4）函数 $f(x)$ 在（-2，2）不是奇函数的充要条件是____________.

（5）函数 $y=e^{\tan\frac{1}{x}}$ 由基本初等函数________________复合而成.

2. 判断正误

（1）函数都可以用解析式表示.（　　）

（2）一个函数由定义域和对应法则两个要素确定.（　　）

（3）只有单调函数才有反函数.（　　）

（4）若 $f(x)$，$g(x)$ 都是奇函数，则 $f(x)g(x)$ 也是奇函数.（　　）

（5）反正弦函数是正弦函数的反函数.（　　）

3. 选择题

（1）函数 $y=\ln(3x+1)+\sqrt{5-2x}$ 的定义域是（　　）

A. $(-1/3, 5/2)$　　B. $(-1/3, 5/2]$

C. $[-1/3, 5/2]$　　D. $[-1/3, 5/2)$

（2）下列各组中的两个函数是相同函数的一组是（　　）

A. $y=x^2$，$y=\sqrt{x^4}$

B. $y=x$，$y=(\sqrt{x})^2$

C. $y=\sqrt{x-1}/\sqrt{x+1}$，$y=\sqrt{(x-1)/(x+1)}$

D. $y=x$，$y=x^2/x$

（3）下列函数中的奇函数是（　　）

A. $y=x^2\sin x$　　B. $y=x\sin x$

C. $y=x^2\cos x$　　D. $y=1+x\cos x$

（4）函数 $y=5+\tan x-\sin 2x$ 的最小正周期是（　　）

A. 3π　　B. 2π　　C. π　　D. 6π

(5) 函数 $u=\varphi(x)$ 的定义域是 G，复合函数 $y=f[\varphi(x)]$ 的定义域是 F，则 ( )

A. $F\subset G$ B. $F=G$ C. $F\supset G$ D. $F\subseteq G$

4. 求下列函数的定义域

(1) $y=\sqrt{16-x^2}+1/\ln x$ (2) $y=\ln\sin x$

5. 判断下列函数的奇偶性

(1) $y=\mathrm{e}^x-\mathrm{e}^{-x}$ (2) $y=\ln\sin^2 x$

6. 计算题

设圆锥体积为 V，将圆锥的底半径 r 表示为高 h 的函数，并指明其定义域.

第2章

极限与连续

本章导读

极限是解决实际问题与理论问题的一种重要的思想方法和工具．极限概念是微积分的一个基础性概念，它贯穿于整个微积分学科．在其他众多的数学分支学科中也会经常用到，可以说，它是整个高等数学的基础．

本章主要介绍函数极限的概念和运算；连续函数的概念、性质和简单应用．

第1节　极限的概念

古希腊学者安提丰（Antiphon，约公元前430年）提出："随着圆内接正多边形边数逐次成倍的增加，圆与多边形面积的差将被穷竭."

我国的庄子（公元前369—公元前286年）提出："一尺之棰，日取其半，万世不竭."

我国古代数学家刘徽在公元263年创造割圆术，其中说道："割之弥细，所失弥少．割之又割，以至于不可割，则与圆周合体而无所失矣."

这些都反映了古人的极限思想（详见本章拓展阅读）．

路边行人朝路灯走去，其身影长度越来越小，当人走到路灯正下方时，其身影长度为0；一杯100℃的开水放在15℃的房间里，水温会逐渐下降直至室温15℃．这些都是极限问题．

为了和大家在中学学过的极限知识相衔接，我们先讨论比较简单的数列极限.

1. 数列极限的概念

考察下列无穷数列，随着项数的增大，它们的项的变化趋势：

(1) $\frac{1}{2}$，$\frac{1}{4}$，$\frac{1}{8}$，$\frac{1}{16}$，…，$\frac{1}{2^n}$，…

(2) 2，$\frac{1}{2}$，$\frac{4}{3}$，$\frac{3}{4}$，…，$1+(-1)^{n-1}\frac{1}{n}$，…

(3) 1，-1，1，-1，…，$(-1)^{n-1}$，…

(4) -2，-4，-6，-8，…，$-2n$，…

数列（1）随着项数的增大，它的项越来越小，要多小有多小，无限趋近于一个确定的数值0.

数列（2）随着项数的增大，它的项在数值1的两侧跳动，到1的距离越来越小，要多小有多小，即数列的项无限趋近于确定的数值1.

数列（3）随着项数的增大，它的项总取1或-1，不趋向于任何一个确定的数值.

数列（4）随着项数的增大，它的项越来越小，其绝对值要多大有多大，不趋向于任何一个确定的数值.

这时，我们就称，数列（1）有极限，极限值为0，或者称它收敛于0；称数列（2）有极限，极限值为1，或者称它收敛于1；而称数列（3）和（4）没有极限，或称它们不收敛，或称它们发散.

一般地，定义如下：

定义1. 如果数列$\{x_n\}$的项数n无限增大时，项x_n无限趋近于某个确定的常数a，则称数列$\{x_n\}$有极限a，此时也称数列$\{x_n\}$收敛于a，记作$\lim\limits_{n\to\infty}x_n=a$. 如果数列$\{x_n\}$没有极限，则称该数列发散.

由以上定义可知，对数列(1)有$\lim\limits_{n\to\infty}\frac{1}{2^n}=0$，对数列(2)有$\lim\limits_{n\to\infty}\left[1+(-1)^{n-1}\frac{1}{n}\right]=1$.

例1. 考察下列数列有无极限.

(1) $\frac{2}{1}$，$\frac{3}{2}$，$\frac{4}{3}$，…，$\frac{n+1}{n}$，…

(2) 0，1，0，1，…，$\frac{1+(-1)^n}{2}$，…

(3) 2，2，…，2，…

解：数列（1），随着项数的增大，它的项无限趋近于定值1，故$\lim\limits_{n\to\infty}\frac{n+1}{n}=1$.

数列（2），随着项数的增大，它的项总取0或1，不趋向于任何一个确定值，故发散．

数列（3）随着项数的增大，它的项总取定值2，故$\lim\limits_{n\to\infty}2=2$.

2. 函数极限的概念

大家知道，数列是特殊的函数，数列的项数是函数的自变量，数列的项是函数值，数列的对应法则就是函数的对应法则，当数列的项数与项的对应法则可以用通项公式表示时，其通项公式就是函数的解析表达式．

数列的项数，只能取正整数1，2，3，…，n，…，其变化趋势是越来越大，趋向于无穷大，只有这一种．

对一般函数而言，其自变量如无特别说明，一般认为连续取实数值，其变化趋势有如下六种情况：

(1) 单向趋近：$x\to+\infty$，x可取正值，无限增大．

(2) 单向趋近：$x\to-\infty$，x可取负值，其绝对值无限增大．

(3) 双向趋近：$x\to\infty$，即$x\to+\infty$且$x\to-\infty$，x绝对值无限增大．

(4) 单向趋近：$x\to x_0^+$，x从大于x_0的一侧无限趋近于x_0.

(5) 单向趋近：$x\to x_0^-$，x从小于x_0的一侧无限趋近于x_0.

(6) 双向趋近：$x\to x_0$，x从x_0的左右两侧无限趋近于x_0.

下面我们分别给出定义，其中（4）和（5）宜放在（6）之后给出．先通过函数$f(x)=\frac{1}{x}$讨论前三者．

函数$f(x)=\frac{1}{x}$的取值变化状态见表2-1-1和图2-1-1.

表2-1-1

x	±1	±2	±10	±100	±1 000	±10 000	…
$f(x)$	±1	±0.5	±0.1	±0.01	±0.001	±0.000 1	…

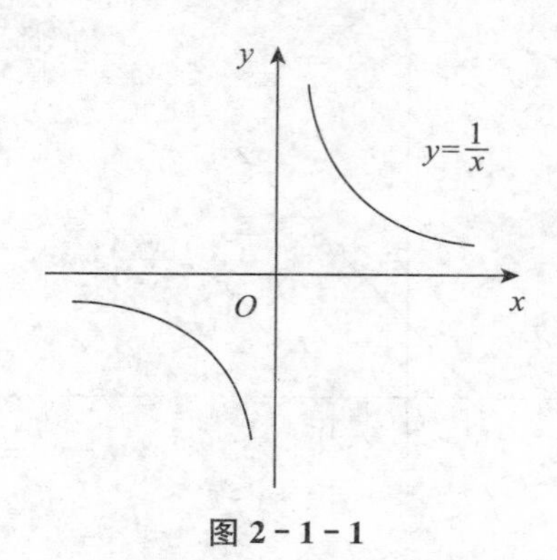

图 2－1－1

由表 2－1－1、图 2－1－1 可见，无论是 $x\to+\infty$ 还是 $x\to-\infty$，总之是 $x\to\infty$，函数值都无限趋近于一个确定的常数 0，这时我们就说，当 $x\to+\infty$、$x\to-\infty$ 或 $x\to\infty$ 时，函数的极限是 0.

一般地，我们有下面的定义.

定义 2. 如果当 $x\to+\infty$ 时，函数 $f(x)$ 的值无限趋近于一个确定的常数 a，则称 a 是函数 $f(x)$ 当 $x\to+\infty$ 时的极限，记作 $\lim\limits_{x\to+\infty}f(x)=a$.

类似的，可以定义当 $x\to-\infty$ 或 $x\to\infty$ 时的极限.

由定义可知，对于函数 $f(x)=\dfrac{1}{x}$，有

$$\lim_{x\to+\infty}\frac{1}{x}=0,\quad \lim_{x\to-\infty}\frac{1}{x}=0,\quad \lim_{x\to\infty}\frac{1}{x}=0.$$

一般地，有下面的定理成立：

定理 1. $\lim\limits_{x\to\infty}f(x)=a\Leftrightarrow\lim\limits_{x\to+\infty}f(x)=\lim\limits_{x\to-\infty}f(x)=a$.

下面讨论当 $x\to x_0$ 时，函数的极限.

考察当 $x\to1$ 时，函数 $f(x)=\dfrac{x^2-1}{x-1}$ 的变化趋势.

当 $x\to1$(但 $x\neq1$) 时，函数 $f(x)=\dfrac{x^2-1}{x-1}$ 的变化状态如表 2－1－2 和图 2－1－2 所示.

表 2－1－2

x	0.9	0.99	0.999	…	1.000 1	1.001	1.01
y	1.9	1.99	1.999	…	2.000 1	2.001	2.01

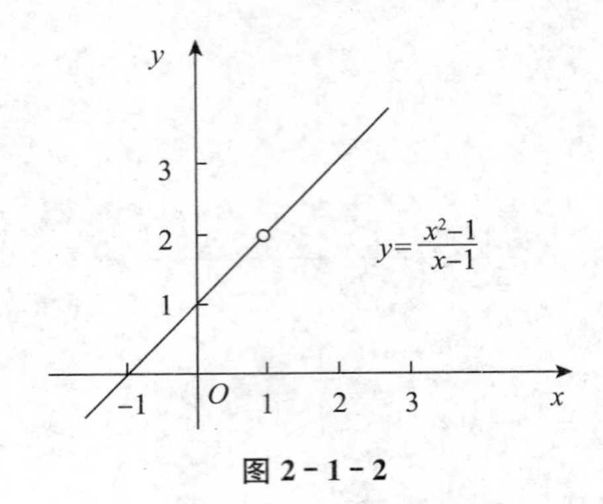

图 2-1-2

可见，当 $x\to1$ 时，函数无限趋近于常数值 2，这时称当 $x\to1$ 时，函数的极限是 2.

一般地，当 $x\to x_0$ 时，函数的极限定义如下：

定义 3. 设函数 $f(x)$ 在点 x_0 附近有定义（在点 x_0 可以没有定义），如果当 $x\to x_0$（但 $x\neq x_0$）时，函数 $f(x)$ 无限趋近于某个常数 a，则称 a 为函数 $f(x)$ 当 $x\to x_0$ 时的极限，记作 $\lim\limits_{x\to x_0}f(x)=a$.

注：（1）在点 x_0 附近，指开区间 $(x_0-\delta,\ x_0+\delta)$，$\delta$ 是任意小的正实数，通常叫做点 x_0 的邻域.

（2）定义中“在点 x_0 可以没有定义”，是指在点 x_0 有无定义均可，即在空心邻域 $(x_0-\delta,\ x_0)\cup(x_0,\ x_0+\delta)$ 有定义即可.

根据上述定义有：$\lim\limits_{x\to1}\dfrac{x^2-1}{x-1}=2$，$\lim\limits_{x\to1}(x+1)=2$.

下面介绍单侧极限.

在极限定义 3 中，若对 $x\to x_0$ 的方向限制在左右一侧，即 x 只从 x_0 的左侧或右侧趋近于 x_0，则可以得到函数在 x_0 点的左极限和右极限的概念.

定义 4. 如果 x 从 x_0 的左（右）侧无限趋近于 x_0 时，函数 $f(x)$ 无限趋近于某个常数 a，则称 a 为函数 $f(x)$ 在 x_0 点的左（右）极限，记作 $\lim\limits_{x\to x_0^-}f(x)=a$（$\lim\limits_{x\to x_0^+}f(x)=a$）.

比较定义 3 和定义 4 可得如下定理.

定理 2. $\lim\limits_{x\to x_0}f(x)=a\Leftrightarrow\lim\limits_{x\to x_0^-}f(x)=\lim\limits_{x\to x_0^+}f(x)=a$.

例 2. 讨论函数

$$f(x)=\begin{cases}x+1, & x\leqslant1\\ \dfrac{x}{2}+2, & x>1\end{cases}$$

在 $x=1$ 点处的极限 .

解: 由图 2-1-3 可知:

$$\lim_{x\to 1^-} f(x)=\lim_{x\to 1^-}(x+1)=2$$

$$\lim_{x\to 1^+} f(x)=\lim_{x\to 1^+}(x/2+2)=2.5$$

可见，当 $x\to 1$ 时，左右极限不等，因此，$\lim\limits_{x\to 1} f(x)$ 不存在 .

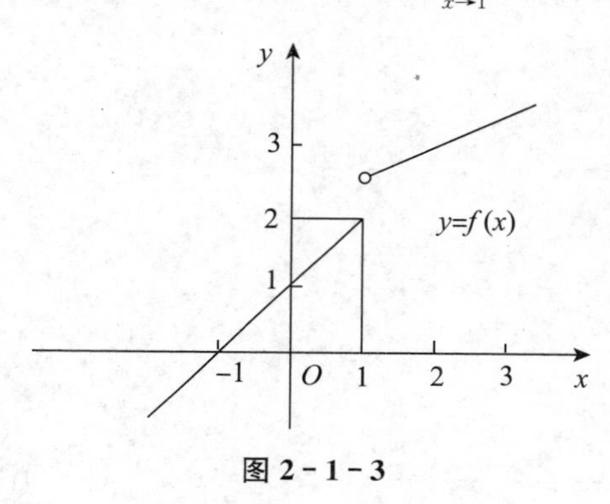

图 2-1-3

3. 无穷小量和无穷大量

先介绍无穷小量的概念 .

定义 5. 极限为 0 的变量叫做无穷小量，简称无穷小 .

注: (1) 无穷小量是变量，不是很小很小的常量 .

(2) 无穷小量的极限是 0，极限过程可以是定义 2、定义 3、定义 4 六种情况中的任何一种，而且必须明确一种 . 例如，变量 $f(x)=\dfrac{1}{x}$ ，不能笼统地说是否是无穷小，可以说当 $x\to 1$ 时不是无穷小，当 $x\to\infty$、$x\to+\infty$、$x\to-\infty$ 时都是无穷小 .

(3) 定义对数列也适用 . 例如，变量 $\dfrac{1}{n^2}$ 当 $n\to\infty$(实际是 $n\to+\infty$) 是无穷小 .

(4) 规定数 “0” 是无穷小，这是唯一非变量无穷小 .

可以证明，无穷小具有下列性质:

性质 1. 有限个无穷小的代数和仍是无穷小 .

性质 2. 有界变量与无穷小之积仍是无穷小 .

性质 3. 常数与无穷小之积仍是无穷小 .

性质 4. 有限个无穷小之积仍是无穷小 .

利用无穷小的性质可以求解某些极限问题．

例 3. 求（1）$\lim\limits_{x\to\infty}\frac{\sin x}{x}$ （2）$\lim\limits_{x\to 0}x\sin\frac{1}{x}$

解：（1）因为 $\lim\limits_{x\to\infty}\frac{1}{x}=0$，$|\sin x|\leqslant 1$，所以由无穷小性质（2）可知 $\lim\limits_{x\to\infty}\frac{\sin x}{x}=0$（见图 2－1－4）．

（2）因为 $\lim\limits_{x\to 0}x=0$，$\left|\sin\frac{1}{x}\right|\leqslant 1$，所以由无穷小性质（2）可知 $\lim\limits_{x\to 0}x\sin\frac{1}{x}=0$（见图 2－1－5）．

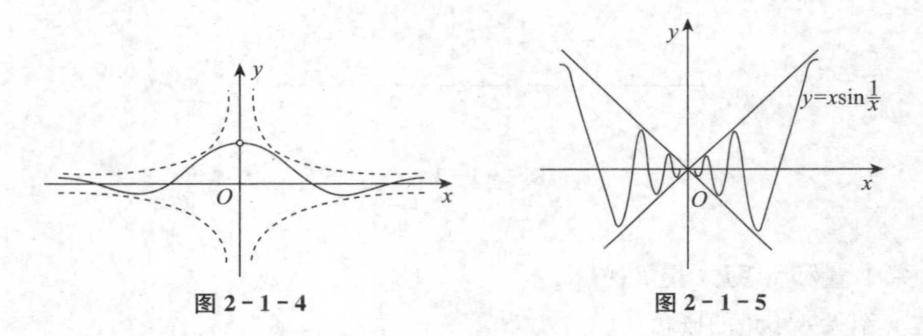

图 2－1－4 图 2－1－5

下面介绍无穷大量．

在研究函数的极限时，在某一变化过程中，无穷大量与函数极限不存在的情况不同．如例 2 是左右极限不等，而 $\lim\limits_{x\to 0}\frac{1}{x}$ 不存在是函数的绝对值无限增大，后者我们称之为无穷大量．

定义 6. 若在自变量 x 的某个变化过程中，$|f(x)|$ 无限增大，则称函数 $f(x)$ 为该过程中的无穷大量，简称无穷大，记作 $\lim f(x)=\infty$．

例如，$\frac{1}{x}$ 当 $x\to 0$ 时是无穷大量，当 $x\to 1$ 时不是；$\frac{1}{x-1}$ 当 $x\to 1$ 时是无穷大量，当 $x\to 0$ 时不是；$x\sin\frac{1}{x}$ 当 $x\to 0$ 时是无穷小量；而 x^{10}，10^x，$\lg x$ 都是当 $x\to+\infty$ 时的无穷大．

与无穷小类似，无穷大是绝对值无限变大的变量，不是绝对值很大的具体数值．

无穷大的倒数是无穷小，非 0 无穷小的倒数是无穷大。

习题 2.1

1. 判断下列数列是否有极限，若有，写出其极限.

(1) $x_n=\frac{n-1}{n+1}$ (2) $x_n=\frac{1}{3n-1}$ (3) $x_n=\frac{2n}{2n-1}$

(4) $x_n=\frac{1}{3^n}$ (5) $x_n=(-1)^n\frac{1}{n+6}$ (6) $x_n=(-1)^n\frac{n}{n+1}$

2. 画函数 $y=8$ 的图形，分析当 $x\to+\infty$，$x\to-\infty$，$x\to\infty$，$x\to0^+$，$x\to0^-$，$x\to0$ 时，函数的极限，由此你能得出什么结论？对于下列函数又能得出什么结论？由此你又联想到要考察什么问题？

$y=x^2$，$y=2^x$，$y=\lg x$，$y=\sin x$，$y=\arctan x$.

3. 设函数 $f(x)=\begin{cases}x, & x\geqslant0\\3x, & x<0\end{cases}$，求 $\lim\limits_{x\to0^-}f(x)$，$\lim\limits_{x\to0^+}f(x)$，并说明 $\lim\limits_{x\to0}f(x)$ 是否存在.

4. 指出下列变量哪些是无穷小、哪些是无穷大.

(1) $\ln x\ (x\to0^+)$ (2) $\ln x\ (x\to+\infty)$ (3) $e^x\ (x\to-\infty)$

(4) $e^x\ (x\to0)$ (5) $1-\cos x\ (x\to0)$ (6) $\frac{1}{x-5}\ (x\to5)$

5. 利用无穷小的性质求极限.

(1) $\lim\limits_{x\to0}x^2\cos\frac{1}{x}$ (2) $\lim\limits_{x\to2}(x-2)\cos\frac{1}{x-2}$ (3) $\lim\limits_{x\to\infty}\frac{1}{x}\sin x^2$

第2节 极限的运算

利用定义求极限非常不方便，下面介绍极限的四则运算法则、两个重要极限，并运用它们计算一些比较复杂的极限问题.

1. 极限的四则运算法则

定理. 若 $\lim f(x)$，$\lim g(x)$ 都存在，则

(1) $\lim[f(x)+g(x)]=\lim f(x)+\lim g(x)$

(2) $\lim[f(x)-g(x)]=\lim f(x)-\lim g(x)$

(3) $\lim[f(x)\times g(x)]=\lim f(x)\times\lim g(x)$

(4) $\lim[f(x)\div g(x)]=\lim f(x)\div\lim g(x)(\lim g(x)\neq 0)$

这也就是说，两个函数和差积商的极限，等于它们各自极限的和差积商．

注： 法则中没有给出自变量的变化过程，只要在同一个等式中取相同的变化过程即可；法则（1）、（3）可以推广到任意有限个函数，特别地有

$\lim[cf(x)]=c\lim f(x)$（c 为常数），$\lim[f(x)]^n=[\lim f(x)]^n$.

例 1. 求 $\lim\limits_{x\to 2}(x^3+2x-1)$.

解： $\lim\limits_{x\to 2}(x^3+2x-1)=\lim\limits_{x\to 2}x^3+\lim\limits_{x\to 2}(2x)-\lim\limits_{x\to 2}1=2^3+2\times 2-1=11.$

例 2. 求 $\lim\limits_{x\to 1}\dfrac{x-1}{x^2-1}$.

解： 分子、分母极限全为零，不符合商法则，但极限定义中不要求在 $x=1$ 处有定义，而当 $x\neq 1$ 时，分子、分母可以同时约去 $x-1$，然后就符合商法则了，即

$$\lim_{x\to 1}\frac{x-1}{x^2-1}=\lim_{x\to 1}\frac{x-1}{(x+1)(x-1)}=\lim_{x\to 1}\frac{1}{x+1}=\frac{\lim\limits_{x\to 1}1}{\lim\limits_{x\to 1}(x+1)}=\frac{1}{2}$$

例 3. 求下列极限．

(1) $\lim\limits_{x\to\infty}\dfrac{x^2+x+3}{2x^3-x^2-1}$　(2) $\lim\limits_{x\to\infty}\dfrac{x^3+x+3}{2x^3-x^2-1}$　(3) $\lim\limits_{x\to\infty}\dfrac{x^3+x+3}{2x^2-x-1}$

解： 当自变量趋向于无穷大时，分子、分母的极限都不存在，不能直接用商法则．这时，可以对分子、分母同时除以它们的最高次幂 x^3，然后再用商法则．即

$$(1)\ \lim_{x\to\infty}\frac{x^2+x+3}{2x^3-x^2-1}=\lim_{x\to\infty}\frac{\frac{1}{x}+\frac{1}{x^2}+\frac{3}{x^3}}{2-\frac{1}{x}-\frac{1}{x^3}}=\frac{\lim\limits_{x\to\infty}(\frac{1}{x}+\frac{1}{x^2}+\frac{3}{x^3})}{\lim\limits_{x\to\infty}(2-\frac{1}{x}-\frac{1}{x^3})}=\frac{0}{2}=0$$

$$(2)\ \lim_{x\to\infty}\frac{x^3+x+3}{2x^3-x^2-1}=\lim_{x\to\infty}\frac{1+\frac{1}{x^2}+\frac{3}{x^3}}{2-\frac{1}{x}-\frac{1}{x^3}}=\frac{\lim\limits_{x\to\infty}(1+\frac{1}{x^2}+\frac{3}{x^3})}{\lim\limits_{x\to\infty}(2-\frac{1}{x}-\frac{1}{x^3})}=\frac{1}{2}$$

$$(3)\ \lim_{x\to\infty}\frac{x^3+x+3}{2x^2-x-1}=\lim_{x\to\infty}\frac{1+\frac{1}{x^2}+\frac{3}{x^3}}{\frac{2}{x}-\frac{1}{x^2}-\frac{1}{x^3}}=\infty$$

说明： 在（3）中，函数的分子、分母同时除以它们的最高次幂 x^3 以后，分子极限存在为 1，而分母极限为零，仍然不符合商法则．但该分式函数的倒数函数的极限为 0，根据无穷小与无穷大的关系可知，原式为无穷大．

由上例可知，对有理分式函数（$a_n \neq 0$，$b_m \neq 0$，n、m 为自然数）有

$$\lim_{x\to\infty}\frac{a_nx^n+a_{n-1}x^{n-1}+\cdots+a_1x+a_0}{b_mx^m+b_{m-1}x^{m-1}+\cdots+b_1x+b_0}=\begin{cases}0, & n<m\\ \dfrac{a_n}{b_m}, & n=m\\ \infty, & n>m\end{cases}$$

例如：

$$\lim_{n\to\infty}\frac{(2x-3)(x+2)^2}{3x^3-1}=\frac{2}{3}$$

$$\lim_{n\to\infty}\frac{(2x-3)^5(x+2)^{20}}{1-3x^{30}}=0$$

$$\lim_{n\to\infty}\frac{(2x-3)^5(x+2)^{20}}{1-3x^{20}}=\infty$$

例 4. 求 $\lim\limits_{n\to\infty}\dfrac{1+2+\cdots+n}{n^2}$.

解： 分子是 n 项相加，但 n 趋向于无穷大，所以，该极限实际上是无穷项相加．这也就是说，不符合“有限项和的极限运算法则”，也就不能拆分成极限之和．我们可以先不看极限过程，先把分子有限项之和求出来，然后再求极限，即“先求有限项之和，然后计算极限”．

过程如下：

$$\lim_{n\to\infty}\frac{1+2+\cdots+n}{n^2}=\lim_{n\to\infty}\frac{n(1+n)}{2n^2}=\frac{1}{2}\lim_{n\to\infty}\frac{n(1+n)}{n^2}=\frac{1}{2}$$

2. 两个重要极限

下面我们给出两个重要极限，借助于它们可以计算一些函数的极限，在此略去证明．

第一个重要极限：$\lim\limits_{x\to 0}\dfrac{\sin x}{x}=1$.

考察表 2－2－1 和图 2－2－1 中函数值的变化规律，可见，当 $x\to 0$ 时，$\dfrac{\sin x}{x}\to 1$.

表 2－2－1

x	± 1	± 0.5	± 0.05	± 0.005	…
$\dfrac{\sin x}{x}$	0.841 470	0.958 851	0.999 583	0.999 995	…

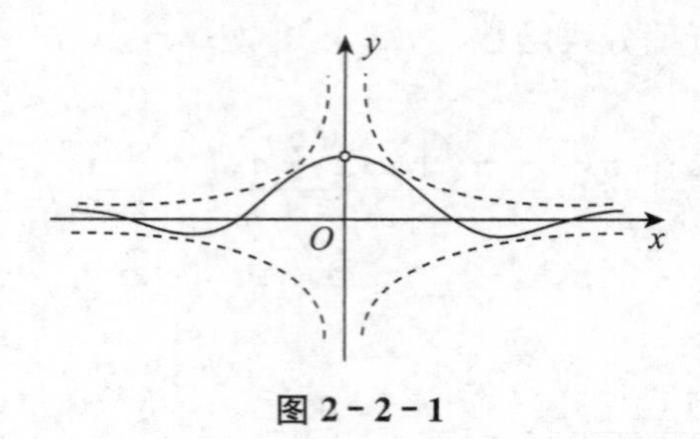

图 2-2-1

下面给出利用它求极限的例子．

例 5. 求：

(1) $\lim\limits_{x\to 0}\dfrac{\tan x}{x}$ (2) $\lim\limits_{x\to 0}\dfrac{\sin 3x}{x}$ (3) $\lim\limits_{x\to 0}\dfrac{1-\cos x}{x^2}$ (4) $\lim\limits_{x\to\infty}x\sin\dfrac{1}{x}$

解：

(1) $\lim\limits_{x\to 0}\dfrac{\tan x}{x}=\lim\limits_{x\to 0}(\dfrac{\sin x}{x}\cdot\dfrac{1}{\cos x})=\lim\limits_{x\to 0}\dfrac{\sin x}{x}\lim\limits_{x\to 0}\dfrac{1}{\cos x}=1\times 1=1$

(2) $\lim\limits_{x\to 0}\dfrac{\sin 3x}{x}=\lim\limits_{x\to 0}(\dfrac{\sin 3x}{3x}\times 3)=3\lim\limits_{3x\to 0}\dfrac{\sin 3x}{3x}=3\times 1=3$

(3) $\lim\limits_{x\to 0}\dfrac{1-\cos x}{x^2}=\lim\limits_{x\to 0}\dfrac{2\sin^2\dfrac{x}{2}}{x^2}=\dfrac{1}{2}\lim\limits_{x\to 0}(\dfrac{\sin\dfrac{x}{2}}{\dfrac{x}{2}})^2=\dfrac{1}{2}(\lim\limits_{\frac{x}{2}\to 0}\dfrac{\sin\dfrac{x}{2}}{\dfrac{x}{2}})^2=\dfrac{1}{2}$

(4) $\lim\limits_{x\to\infty}(x\sin\dfrac{1}{x})=\lim\limits_{x\to\infty}\dfrac{\sin\dfrac{1}{x}}{\dfrac{1}{x}}=1$

由上述例题的解法可见，一般要调整分母适应分子，使其符合标准型．

第二个重要极限：$\lim\limits_{x\to 0}(1+x)^{\frac{1}{x}}=\mathrm{e}$

考察表 2-2-2 中函数值的变化规律，可以发现，当 $x\to 0$ 时，$(1+x)^{\frac{1}{x}}$ 趋向于一个无理数 2.718 281 828…，记作 e，即 e=2.718 281 828….

表 2-2-2

x	1	0.1	0.01	0.001	0.000 1	…
$(1+x)^{\frac{1}{x}}$	2	2.59	2.705	2.717	2.718	…
x	−0.1	−0.01	−0.001	−0.000 1	−0.000 01	…
$(1+x)^{\frac{1}{x}}$	2.88	2.732	2.719	2.718 4	2.718 3	…

下面给出利用这个重要极限的例子．

例 6. 求下列极限．

(1) $\lim\limits_{x\to\infty}\left(1+\frac{1}{x}\right)^{x}$　(2) $\lim\limits_{x\to\infty}\left(1+\frac{2}{x}\right)^{x}$　(3) $\lim\limits_{x\to\infty}\left(\frac{x+3}{x-1}\right)^{x}$

解：(1) 设 $u=\frac{1}{x}$，则 $\lim\limits_{x\to\infty}\left(1+\frac{1}{x}\right)^{x}=\lim\limits_{u\to 0}(1+u)^{\frac{1}{u}}=\mathrm{e}$

极限 $\lim\limits_{x\to\infty}\left(1+\frac{1}{x}\right)^{x}=\mathrm{e}$ 与 $\lim\limits_{x\to 0}(1+x)^{\frac{1}{x}}=\mathrm{e}$ 等价，两者均可作为第二个重要极限的基本形式使用．

(2) 由 (1) 可知：

$$\lim_{x\to\infty}\left(1+\frac{2}{x}\right)^{x}=\lim_{x\to\infty}\left[\left(1+\frac{1}{\frac{x}{2}}\right)^{\frac{x}{2}}\right]^{2}=\left[\lim_{x\to\infty}\left(1+\frac{1}{\frac{x}{2}}\right)^{\frac{x}{2}}\right]^{2}=\left[\lim_{\frac{x}{2}\to\infty}\left(1+\frac{1}{\frac{x}{2}}\right)^{\frac{x}{2}}\right]^{2}=\mathrm{e}^{2}$$

(3) $$\lim_{x\to\infty}\left(\frac{x+3}{x-1}\right)^{x}=\lim_{x\to\infty}\left(1+\frac{4}{x-1}\right)^{\frac{x-1}{4}\times 4+1}=\lim_{x\to\infty}\left[\left(1+\frac{1}{\frac{x-1}{4}}\right)^{\frac{x-1}{4}\times 4}\left(1+\frac{1}{\frac{x-1}{4}}\right)\right]$$

$$=\left[\lim_{x\to\infty}\left(1+\frac{1}{\frac{x-1}{4}}\right)^{\frac{x-1}{4}}\right]^{4}\lim_{x\to\infty}\left(1+\frac{1}{\frac{x-1}{4}}\right)=\mathrm{e}^{4}\times 1=\mathrm{e}^{4}$$

由上述例题的解法可见，一般要调整指数适应底数，使其符合标准型．

例 7. 连续复利公式．

在高中大家已经学过复利计算公式：本金为 p，年利率为 r，按复利计算，第 n 年末的本利和为 $s_n=p(1+r)^n$．

若把一年再平均分成 t 期计息，这时每期利率为 $\frac{r}{t}$，期数为 nt，按复利计算，第 n 年末的本利和为 $s_n=p\left(1+\frac{r}{t}\right)^{nt}$．

若这个份数 t 无限增大，即随时“计息入本”，则第 n 年末的本利和为：

$$s_n=\lim_{t\to\infty}p\left(1+\frac{r}{t}\right)^{nt}=p\lim_{t\to\infty}\left[\left(1+\frac{r}{t}\right)^{\frac{t}{r}}\right]^{rn}=p\left[\lim_{t\to\infty}\left(1+\frac{r}{t}\right)^{\frac{t}{r}}\right]^{rn}=p\mathrm{e}^{rn}.$$

这就是连续复利计算公式．

例如，本金 10 000 元，存期一年，年利率为 12%，若一年计息 1 期，则到期本息和为 10 000×(1+12%) =11 200 元；若连续计算复利，则到期本息和为 $10\,000\mathrm{e}^{0.12\times 1}=11\,275$ 元．

习题 2.2

1. 求下列极限.

(1) $\lim\limits_{x\to -2}\dfrac{x^2-x-6}{x-2}$　　(2) $\lim\limits_{x\to 2}\dfrac{x^2+x-6}{x-2}$

(3) $\lim\limits_{x\to\infty}\dfrac{2x^3+x}{3x^3-x+1}$　　(4) $\lim\limits_{x\to\infty}\dfrac{2x^3+x}{3x^2-x+1}$

(5) $\lim\limits_{x\to\infty}\dfrac{2x^2+x}{3x^3-x+1}$　　(6) $\lim\limits_{x\to\infty}\dfrac{(2x+1)^{20}(3x+2)^{30}}{(5x+1)^{50}}$

2. 求下列极限.

(1) $\lim\limits_{t\to 0}\left(\dfrac{1}{t}-\dfrac{1}{t^2+t}\right)$　　(2) $\lim\limits_{n\to\infty}\left(1+\dfrac{1}{2}+\dfrac{1}{4}+\cdots+\dfrac{1}{2^n}\right)$

3. 求下列极限.

(1) $\lim\limits_{t\to 0}\dfrac{\tan\pi t}{t}$　　(2) $\lim\limits_{x\to 0}\dfrac{\sin 5x}{\sin 3x}$　　(3) $\lim\limits_{x\to 0}\dfrac{x-\sin x}{x+\sin x}$

(4) $\lim\limits_{t\to 0}(1-4t)^{\frac{1}{t}}$　　(5) $\lim\limits_{t\to\infty}\left(1+\dfrac{1}{t}\right)^{4t}$　　(6) $\lim\limits_{x\to\infty}\left(\dfrac{x+4}{x+3}\right)^x$

第 3 节　函数的连续性

在自然现象和社会生活中，有许多量的变化是连续不断的，例如一个人的身高或体重等.

在第一章我们复习过函数的单调性、奇偶性、周期性和有界性，下面我们用极限作为工具来讨论函数的连续性，也为后续微积分内容的学习奠定基础.

1. 函数连续性的定义

直观地看一个函数的图像，如果它是不间断的、不发生突变的、连续的，那么这个函数就具有连续性.

通过讨论函数的连续性，有助于讨论比较复杂的函数的性质，包括画出其图像.

下面我们先讨论函数在一点处的连续性.

观察下列四个函数在 $x=0$ 处的特点（见图 2-3-1、图 2-3-2、图 2-3-3 和图 2-3-4）：

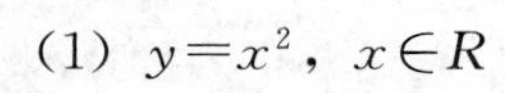
(1) $y=x^2$，$x\in R$

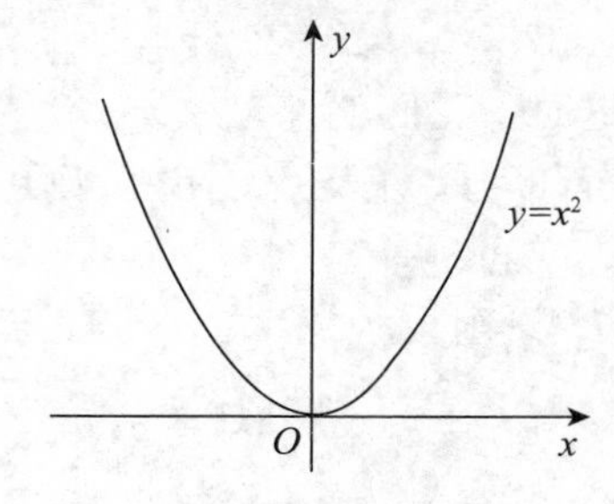

图 2-3-1

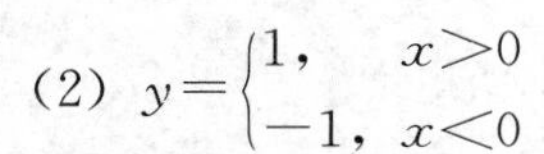
(2) $y=\begin{cases}1, & x>0\\ -1, & x<0\end{cases}$

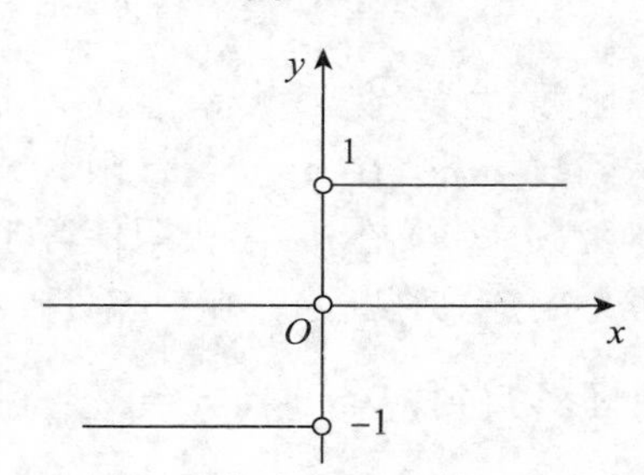

图 2-3-2

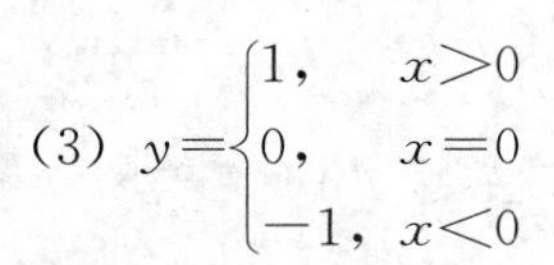
(3) $y=\begin{cases}1, & x>0\\ 0, & x=0\\ -1, & x<0\end{cases}$

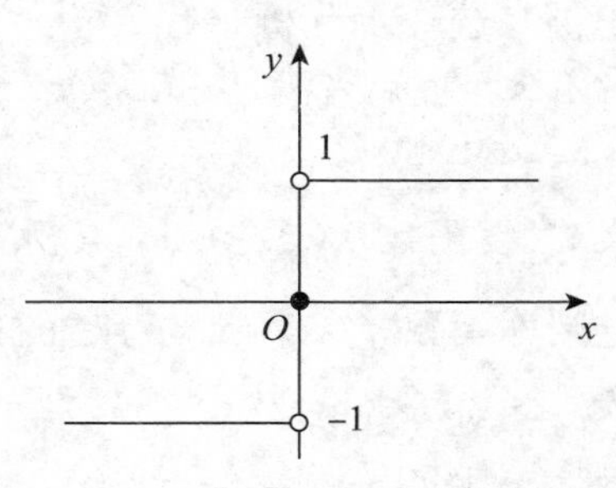

图 2-3-3

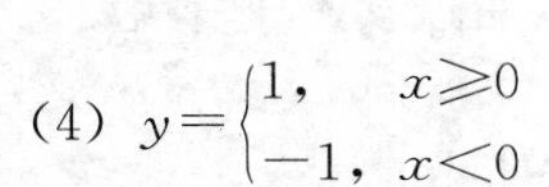
(4) $y=\begin{cases}1, & x\geqslant 0\\ -1, & x<0\end{cases}$

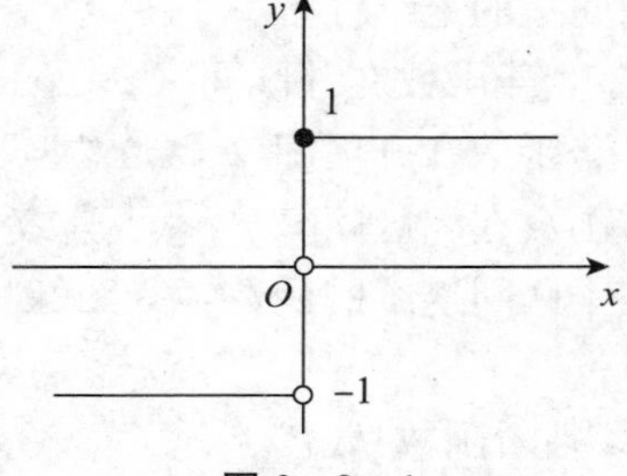

图 2-3-4

不难看出：(1) 没有断开，仔细分析发现有定义、有极限，极限值恰好等于函数值，这时，我们就说它在 $x=0$ 点连续；(2) 断开，没有定义、没有极限；(3)、(4) 都断开、有定义、没有极限，这时，我们就说后面的三个函数在 $x=0$ 处不连续，或间断．

定义 1. 设函数 $f(x)$ 在 x_0 点的某个邻域内有定义，若 $\lim\limits_{x \to x_0} f(x)=f(x_0)$，则称函数 $f(x)$ 在 x_0 点处连续．

定义式 $\lim\limits_{x \to x_0} f(x)=f(x_0)$ 说明了函数 $f(x)$ 在 x_0 点处连续，须同时具备三个条件：

(1) 函数 $f(x)$ 在 x_0 点有定义．

(2) 函数 $f(x)$ 在 x_0 点有极限．

(3) 函数 $f(x)$ 在 x_0 点极限值等于函数值．

这也是用定义判断函数在一点处连续与否的依据和方法步骤．

由此不难得到，$y=x^3$，$y=|x|$ 在 $x=0$ 处和 $x=1$ 处都连续，$y=\dfrac{x^2-1}{x-1}$ 在 $x=0$ 处连续但在 $x=1$ 处不连续．

我们再来进一步分析“有定义、没有极限”的引例函数 (3) 与 (4) 的区别：前者不满足而后者满足 $\lim\limits_{x \to 0^+} f(x)=f(0)$．这时，我们说函数 (4) 在 $x=0$ 点处右连续。

定义 2. 设函数 $f(x)$ 在 x_0 点相应单侧某个邻域内有定义，若 $\lim\limits_{x \to x_0^+} f(x)=f(x_0)$，则称函数 $f(x)$ 在 x_0 点处右连续；若 $\lim\limits_{x \to x_0^-} f(x)=f(x_0)$，则称函数 $f(x)$ 在 x_0 点处左连续．

显然，函数 $f(x)$ 在 x_0 点连续 $\Leftrightarrow$ $f(x)$ 在 x_0 点右连续且左连续．

有了函数在一点处连续和左右单侧连续的概念，我们就可以进一步讨论函数在一个区间上的连续性了．

定义 3. 若函数在开区间 (a, b) 内每一点连续，则称函数在开区间 (a, b) 内连续；若函数在开区间 (a, b) 内连续，且在左端点 a 右连续、在右端点 b 左连续，则称函数在闭区间 $[a, b]$ 上连续．

在整个区间连续的函数，其图像是一条连续不断的曲线．

例 1. 判断函数 $f(x)=\begin{cases} x-1, & x<0 \\ 0, & x=0 \\ x+1, & x>0 \end{cases}$，在 $x=0$ 点是否连续?

解： 函数在 $x=0$ 处有定义，$f(0)=0$，

$\because \lim\limits_{x\to0^+}f(x)=\lim\limits_{x\to0^+}(x+1)=1 \quad \lim\limits_{x\to0^-}f(x)=\lim\limits_{x\to0^-}(x-1)=-1$

$\therefore \lim\limits_{x\to0}f(x)$ 不存在，故该函数不连续．

例 2. 若函数 $f(x)=\begin{cases} x\sin\dfrac{1}{x}, & x<0 \\ a, & x=0 \\ \dfrac{\sin2x}{x}+b, & x>0 \end{cases}$ 在 $x=0$ 点连续，求常数 a，b.

解： 因为函数在 $x=0$ 点连续，所以，极限存在，且极限值等于函数值．

又因为

$$\lim_{x\to0^-}f(x)=\lim_{x\to0^-}x\sin\frac{1}{x}=0$$

$$\lim_{x\to0^+}f(x)=\lim_{x\to0^+}(\frac{\sin2x}{x}+b)=2+b$$

所以，$a=0=2+b$，即 $a=0$，$b=-2$.

可以证明：基本初等函数在其定义域内连续；连续函数的和、差、积、商（商的分母函数恒不为零）函数仍为连续函数；连续函数的复合函数仍为连续函数；初等函数在其定义域内连续．

这些结论，也为我们计算极限提供了方便，通过定义式 $\lim\limits_{x\to x_0}f(x)=f(x_0)$ 可以把极限计算转化为函数值计算．

例 3. 求（1）$\lim\limits_{x\to4}\dfrac{e^x+\cos(x-4)}{\sqrt{x}-3}$　　（2）$\lim\limits_{x\to\frac{\pi}{4}}\ln(\sin2x)$

解：（1）因为函数在其定义域内的点 $x=4$ 处连续，所以

$$\lim_{x\to4}\frac{e^x+\cos(x-4)}{\sqrt{x}-3}=\frac{e^4+\cos0}{\sqrt{4}-3}=-(e^4+1)$$

（2）因为函数在其定义域内的点 $x=\dfrac{\pi}{4}$ 处连续，所以

$$\lim_{x\to\frac{\pi}{4}}\ln(\sin2x)=\ln\sin(2\times\frac{\pi}{4})=\ln1=0$$

关于复合函数求极限还有下面的定理．

定理 1. 若 $y=f(u)$ 在 $u=u_0$ 处连续，$u=\varphi(x)$，$u_0=\lim\varphi(x)$，则

$$\lim f[\varphi(x)]=f[\lim\varphi(x)]=f(u_0)$$

该定理说明了，若复合函数的外层函数在点 u_0 处连续，内层函数的极限值恰为 u_0，则极限符号与外层函数的符号可以交换顺序．

定理中没有明确给出自变量的变化过程，那就是说，条件和结论中只要取六种函数极限定义中的任何相同的一种均可．

例 4. 求 $\lim\limits_{x\to\infty} e^{\frac{1}{x^2}}$.

解： $\lim\limits_{x\to\infty} e^{\frac{1}{x^2}} = e^{\lim\limits_{x\to\infty}\frac{1}{x^2}} = e^0 = 1.$

例 5. 求 $\lim\limits_{x\to0}\dfrac{\ln(1+x)}{x}$.

解： $\lim\limits_{x\to0}\dfrac{\ln(1+x)}{x} = \lim\limits_{x\to0}\ln(1+x)^{\frac{1}{x}} = \ln[\lim\limits_{x\to0}(1+x)^{\frac{1}{x}}] = \ln e = 1.$

关于连续函数有如下结论成立．

定理 2. 零点存在定理．

设函数 $y=f(x)$ 在 $[a, b]$ 上连续，且 $f(a)f(b)<0$，则至少存在一点 $x_0\in(a, b)$，使得 $f(x_0)=0$（如图 2－3－5），x_0 称 $y=f(x)$ 的零点．

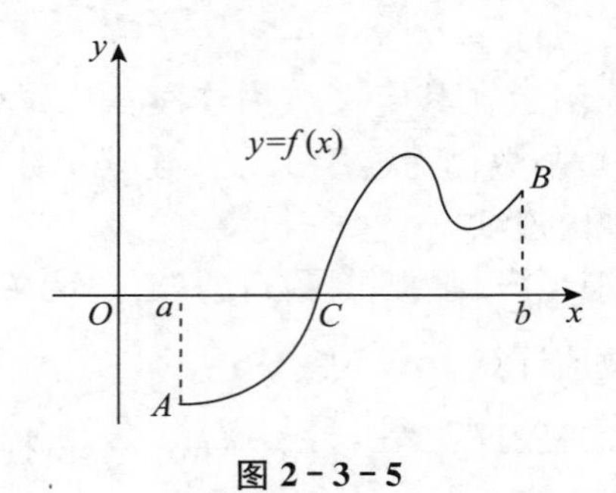

图 2－3－5

例 6. 证明方程 $x+e^x=0$ 在 $(-1, 1)$ 内有且只有一个根．

解： 设 $f(x)=x+e^x$，则该函数在 $[-1, 1]$ 上连续，

又　$f(-1)=-1+e^{-1}<0$，$f(1)=1+e>0$.

由零点存在定理可知，在 $(-1, 1)$ 内至少存在一点 x_0，使得 $f(x_0)=0$.

又因为 $f(x)=x+e^x$ 在 $(-1, 1)$ 内单调递增，故其图像只与 x 轴相交一次，即方程在 $(-1, 1)$ 内只有一个根．

总之，方程 $x+e^x=0$ 在 $(-1, 1)$ 内有且只有一个根．

2. 函数间断点

大家已经知道，函数在一点处连续，须同时具备有定义、有极限、极限值恰好等于函数值这三个条件，函数在一点处不连续就是间断．

这就是说，函数在一点处间断，须至少否定连续的三个条件之一，即至少满足下列三者之一：

(1) 函数在 $x=x_0$ 点没有定义.

(2) 函数在 $x=x_0$ 点没有极限.

(3) 函数在 $x=x_0$ 点有定义、有极限，但极限值不等于函数值.

为了进一步深入认识间断的特点，下面举例说明函数在一点处间断的类型.

例如，考察下列函数在给定点处间断的特点：

(1) $y=\begin{cases}-1, & x<0\\ 0, & x=0\\ 1, & x>0\end{cases}$，$x=0$　　(2) $y=\dfrac{x^2-4}{x-2}$，$x=2$

(3) $y=\dfrac{1}{x^2}$，$x=0$　　(4) $y=\begin{cases}x+2, & x\neq 2\\ 1, & x=2\end{cases}$，$x=2$

先分别看与上述函数依次对应的图像（见图 2-3-6、图 2-3-7、图 2-3-8 和图 2-3-9）

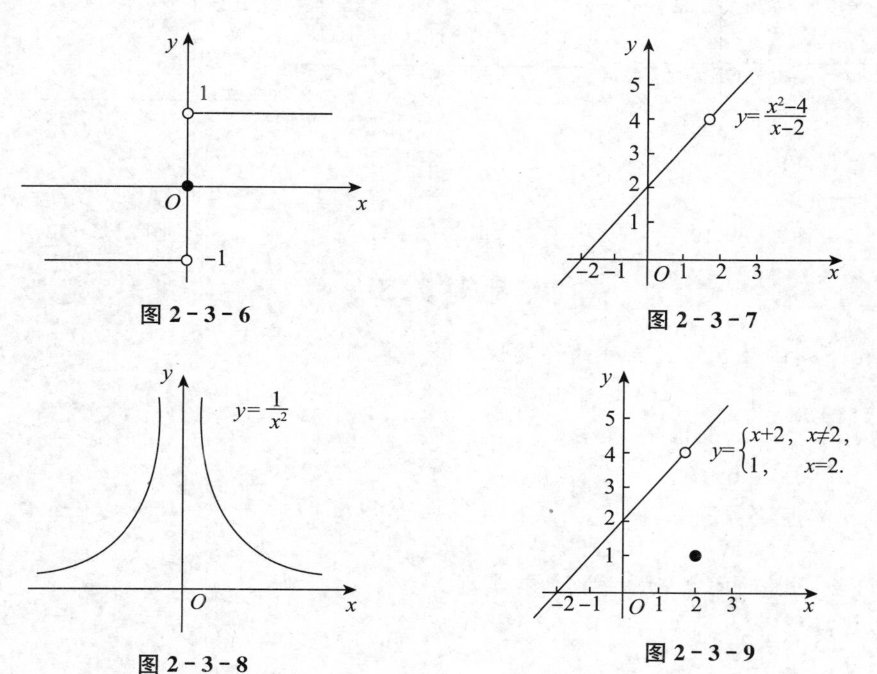

图 2-3-6　　图 2-3-7　　图 2-3-8　　图 2-3-9

考察会发现：函数（1）在给定点处左右极限都存在但不相等，这类间断点称为跳跃间断点；函数（2）和（4）在给定点左右极限都存在且相等，此时，无论函数在给定点有无定义，这类间断点称为可去间断点；函数（3）左右极限都不存在，这类间断点称为无穷间断点．

函数（1），（2），（4）在给定点的左右极限都存在，这样的间断点也称为第一类间断点；不是第一类的间断点的，称为第二类间断点．

例 7. 求下列函数的间断点，并判断其类型．

(1)$y=\dfrac{1}{x+1}$　(2)$y=\begin{cases}\dfrac{x^2-4}{x+2}, & x\neq-2\\ 4, & x=-2\end{cases}$　(3)$y=\begin{cases}x+1, & x>1\\ x-1, & x\leqslant 1\end{cases}$

解：（1）$x=-1$ 是其无穷间断点，也是第二类间断点，如图 2－3－10 所示；（2）$x=-2$是其可去间断点，也是第一类间断点，如图 2－3－11 所示；（3）$x=1$ 是其跳跃间断点，也是第一类间断点，如图 2－3－12 所示．

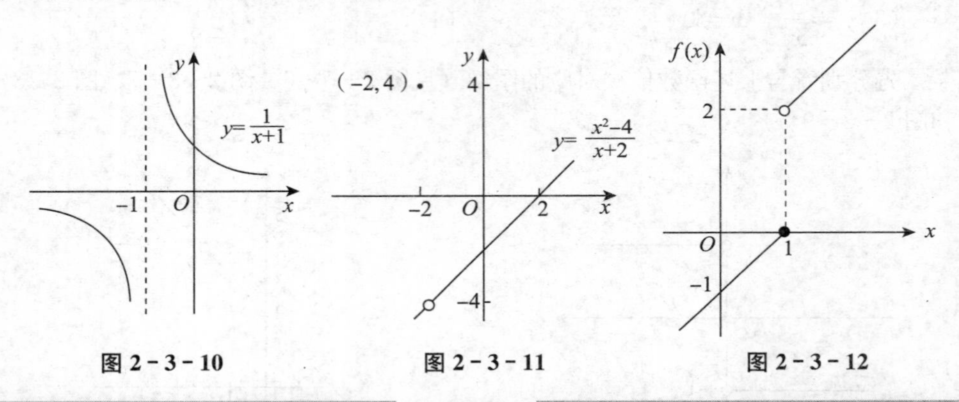

图 2－3－10　　图 2－3－11　　图 2－3－12

习题 2.3

1. 讨论下列函数在给定点处的连续性，并画草图．

(1)$f(x)=\begin{cases}1-\cos x, & x<0\\ x+1, & x\geqslant 0\end{cases}$，$x=0$　(2)$f(x)=\begin{cases}e^x, & x<0\\ x^2+1, & x\geqslant 0\end{cases}$，$x=0$

(3)$f(x)=\begin{cases}\dfrac{1-x^2}{1-x}, & x\neq 1\\ 1, & x=1\end{cases}$，$x=1$　(4)$f(x)=\begin{cases}1+x^2, & x<1\\ 4-x, & x\geqslant 1\end{cases}$，$x=1$

2. 求下列函数的间断点，并判断其类型．

(1)$f(x)=\dfrac{x}{x-2}$　(2)$f(x)=\tan x$

(3)$f(x)=\begin{cases}1+x^2, & x<0\\ 0, & x=0\\ x-1, & x>0\end{cases}$　(4)$f(x)=\begin{cases}x^2-1, & 0\leqslant x\leqslant 1\\ x+1, & x>1\end{cases}$

3. 求下列函数的连续区间.

(1) $f(x)=\dfrac{e^x}{x^2-3x+2}$　　(2) $f(x)=\ln(x^2-4)$

4. 求 k 值，使函数 $f(x)=\begin{cases}\dfrac{2}{x}\sin x, & x>0\\ k, & x=0\\ x\sin\dfrac{1}{x}+2, & x<0\end{cases}$ 在定义域内连续.

5. 利用函数连续性求极限.

(1) $\lim\limits_{x\to 3}\dfrac{x^2-1}{x^2-3x+2}$　　(2) $\lim\limits_{x\to \frac{\pi}{9}}\ln(2\cos 3x)$

(3) $\lim\limits_{x\to 0}\dfrac{\sqrt{1+x}-1}{x}$　　(4) $\lim\limits_{x\to 0}e^{\sqrt{1+x}}$

6. 证明方程 $x^5-5x-1=0$ 在 (1, 2) 内至少有一个根.

拓展阅读：微积分发展简史

微积分是微分学和积分学的统称. 它的产生可分为三个阶段：极限概念、求积的无限小方法、积分与微分的互逆关系.

古希腊学者创造了“穷竭法”.

安提丰提出：在求圆的面积时，成倍增加圆内接正多边形的边数，圆与正多边形的面积之差将被穷竭.

欧多克索斯（Eudoxus，公元前 400—公元前 350 年）提出了穷竭法：“一个量减去大于其一半的量，再从余下的量中减去大于该余量一半的量，如此继续下去，总可以使得某一余下的量小于已知的任何量.”

阿基米德（Archimedes，公元前 287—公元前 212）在《抛物线求积法》中应用穷竭法研究抛物弓形面积、球的表面积和体积等计算问题，取得了许多重要成果.

穷竭法也让当时的许多希腊数学家产生了“有关无限的困惑”，因为在当时谁也不能说明白边数无限增多的内接正多边形能与圆重合. 现在看来，这些“差”构造出了一个“无穷小量”，因此，这被认为是人类最早使用极限思想解决数学问题的方法.

我国的庄周在《庄子·天下篇》中记载有：“一尺之棰，日取其半，万世不竭.”这句话也包含了极限思想，构造出了一个无穷小量.

我国数学家刘徽（约公元 225—295 年）在《九章算术注》中创立了“割圆术”：“割之弥细，所失弥少．割之又割，以至于不可割，则与圆周合体而无所失矣.”其中的具体论述，用现代语言来描述就是：设圆的半径为一尺，在圆中内接一个正六边形，在此后每次将正多边形的边数增加一倍，从而用勾股定理算出这些内接的正多边形的周长．这样边数越多，多边形的周长就越接近于圆的周长．

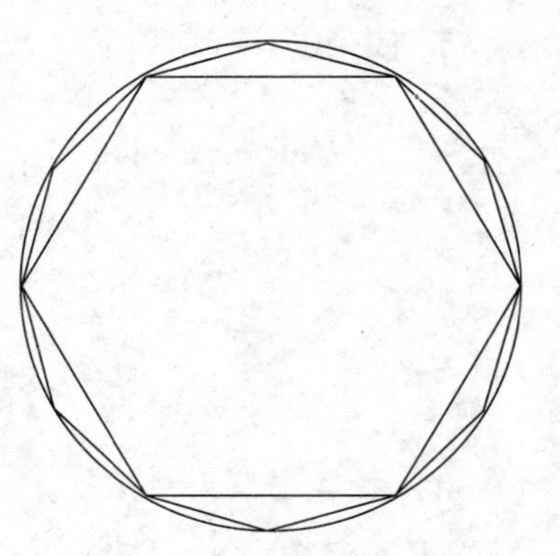

这与现代的极限思想很接近，从而他也被誉为中国数学史上第一个将极限思想用于数学计算的人．

穷竭法造成的“有关无限的困惑”阻碍了极限的发展，割圆术也没能引起后人的重视．

1629 年，费尔玛（Pierre de Fermat）给出了如何确定极大值和极小值的方法．其后，巴罗又给出了求切线的方法，进一步推动了微分学概念的产生．

积分概念是由求面积、体积和弧长引起，阿基米德用穷竭法求出抛物线弓形的面积，成为积分学的萌芽。

在许多前人工作的基础上，英国数学家牛顿（Newton，公元 1642—1727 年）和德国数学家莱布尼茨（Leibniz，公元 1614—1716 年）在 17 世纪下半叶各自独立地创立了微积分．

1605 年，在牛顿手写的一份文件中开始有“流数术”的记载．“流数术”包括三类问题：

(1) 已知流量之间的关系，求它们的流数的关系，这相当于微分学；

(2) 已知表示流数之间关系的方程，求相应的流量间的关系，这相当于积分学；牛顿积分法不仅包括求原函数，还包括解微分方程；

(3) “流数术”应用范围包括计算曲线的极大值、极小值，求曲线的切线和曲率，求曲线长度及计算曲边形面积等．

牛顿已完全清楚上述 (1)、(2) 两类问题是互逆运算．他创立微积分学的许多著作写于 1665—1676 年，但发表很晚．

莱布尼茨则是从几何方面独立发现了微积分，他是通过研究曲线的切线和曲线包围的面积，运用分析学方法引进微积分概念并得出运算法则．他的第一篇论文刊登于 1684 年的《都市期刊》上，这比牛顿公开发表微积分著作早 3 年，这篇文章给一阶微分以明确的定义．他创造的微积分符号“dx，dy”和“$\int$”等，简洁、准确地揭示出微积分的实质，有力地促进了高等数学的发展，至今仍被使用.

牛顿和莱布尼茨被后人并列为微积分的创始人，但是他们建立微积分的理论基础都不十分牢靠，有些概念比较模糊，其方法还是建立在物理和几何原型上，带有很大程度的经验性和直观性，因此引发了长期的争论和探讨.

1821 年，法国数学家柯西（Cauchy，1789—1857 年）在拉普拉斯与泊松的支持下发表了《代数分析教程》，书中脱离了一定要将极限概念与几何图形和几何量联系起来的束缚，通过变量和函数概念给出了极限定义：假如一个变量依次取得的值无限趋近于一个定值，到后来这个变量与定值之间的差值要多小有多小，那么这个定值就是变量的极限值.

该定义中的“无限趋近”“要多小有多小”还只是描述性说明．现在，为了便于初学者理解，中等学校和专科学校教材（包括本教材）中大多采用了这种表述.

19 世纪后半期，德国的维尔斯特拉斯（Weierstrass，1815—1897 年）用符号化的语言，给出了量化的 $\varepsilon \sim N$，$\varepsilon \sim \delta$ 极限定义表述，也就是当前本科教材中仍然普遍采用的所谓“严格”的极限定义.

柯西、维尔斯特拉斯成功建立了极限理论之后，以极限的观点定义了微积分的基本概念，并简洁而严格地证明了微积分基本定理即牛顿-莱布尼茨公式，从而给微积分建立了一个基本严格的完整体系.

在微积分学发展史上，还闪烁着许多明星：瑞士的雅各布·伯努利和他的兄弟约翰·伯努利、欧拉，法国的拉格朗日等.

自测题 2

1. 填空题

(1) $\lim\limits_{x\to\infty}\dfrac{\sin x}{x}=$__________　　(2) $\lim\limits_{x\to 0}\dfrac{\sin x}{x}=$__________

(3) $\lim\limits_{x\to -1}\dfrac{x^2-1}{x+1}=$__________　　(4) $\lim\limits_{x\to 0}\dfrac{x+\sin x}{x}=$__________

(5) $y=\dfrac{x+\sin x}{x^2-4x+3}$ 的定义域是__________，连续区间是__________

2. 判断正误

(1) 函数 $y=x\sin\dfrac{1}{x}$ 在 $x=0$ 点无定义，故 $\lim\limits_{x\to 0}x\sin\dfrac{1}{x}$ 不存在．　(　　)

(2) 函数在一点处有定义且有极限，此函数在该点处也不一定连续．(　　)

(3) 若函数在一点处的左右极限都存在，则此函数在该点处有极限．(　　)

(4) $\lim\limits_{x\to 0}(1+x)^{x}=\mathrm{e}$.　（　）

(5) 初等函数 $y=\sqrt{\sin x-7}$ 在其定义域内连续.　（　）

3. 选择题

(1) $\lim\limits_{x\to\infty}\dfrac{(x+1)^3-(x-2)^3}{x^2+2x-3}=$　（　）

A. 0　B. 1　C. ∞　D. 9

(2) 当 $x\to 0$ 时，下列变量中是无穷小量的一个是　（　）

A. 2^x　B. $\sin\dfrac{1}{x}$

C. $(x^3+x)\sin\dfrac{1}{x}$　D. $\dfrac{\sin x}{x}$

(3) 当 $x\to+\infty$ 时，下列变量中是无穷大量的一个是　（　）

A. 2^x　B. $\sin\dfrac{1}{x}$　C. $\sin x$　D. $\dfrac{\sin x}{x}$

(4) 下列各式中正确的一个是　（　）

A：$\lim\limits_{x\to 0}(1+x)^{x}=\mathrm{e}$　B：$\lim\limits_{x\to\infty}(1+x)^{\frac{1}{x}}=\mathrm{e}$

C：$\lim\limits_{x\to 0}(1+\dfrac{1}{2x})^{2x}=\mathrm{e}$　D：$\lim\limits_{x\to\infty}(1+\dfrac{1}{2x})^{2x}=\mathrm{e}$

(5) $x=0$ 是 $y=x\sin\dfrac{1}{x}$ 的　（　）

A. 跳跃间断点　B. 可去间断点

C. 无穷间断点　D. 连续点

4. 求极限

(1) $\lim\limits_{x\to\infty}(\sqrt{x^2+x+1}-\sqrt{x^2-x+1})$　(2) $\lim\limits_{x\to 0}\dfrac{\sqrt{1+x}-1}{x}$

(3) $\lim\limits_{x\to 0}\dfrac{(1-\cos x)\sin 2x}{x^3}$　(4) $\lim\limits_{x\to\infty}(\dfrac{2x+1}{2x-1})^{x+1}$

5. 讨论函数连续性

$$f(x)=\begin{cases}\sqrt{3-x}, & x\leqslant 2\\ x/2, & 2<x\leqslant 4\\ x^2/4, & x>4\end{cases}$$

6. 利用函数连续性求 $\lim\limits_{x\to+\infty}x\,[\ln(x+1)-\ln x]$ 的极限

第3章

导数与微分

本章导读

微分和积分统称为微积分，它是数学的一个重要分支学科，它以极限为基础，以研究函数性质、解决应用问题为目的．

本章我们将学习微分学的基础知识，主要包括导数与微分的概念、计算公式和法则、经济函数边际分析和弹性分析．对导数在数学中的应用，留待下一章做比较详细的讨论．

第1节　导数的概念

在自然科学的许多领域，需要从数量上研究相对于自变量，函数变化快慢的程度，即函数的变化率，也叫做导数．

1. 两个引例

引例1. 质点做自由落体运动的瞬时速度．

大家知道，质点做自由落体运动，其下落时通过的路程 $s(t)$ 与时间 t 的关系为 $s(t)=\frac{1}{2}gt^2$. 它不是在做匀速而是在做变速（匀加速）运动，速度随时变化，如何求出 t_0 时刻的瞬时速度 $v(t_0)$ 呢?

我们用求极限的思想“以不变代变”，取质点在 t_0 时刻后下落的一小段时间 Δt，求出在这段时间内的平均速度，然后令 $\Delta t\to 0$，则平均速度的极限，即为所

求．即

$$v(t_0)=\lim_{\Delta t\to 0}\frac{\frac{1}{2}g(t_0+\Delta t)^2-\frac{1}{2}gt_0{}^2}{\Delta t}=\lim_{\Delta t\to 0}(gt_0+\frac{1}{2}g\Delta t)=gt_0$$

引例 2. 平面曲线的切线．

在初等数学中，二次曲线的切线定义为“与曲线只有一个公共点的直线”．这个定义对非二次曲线显然已不再适用，例如余弦曲线在原点处．

对一般函数曲线而言，如何定义切线并求其方程呢？

设函数 $y=f(x)$ 的曲线如图 3－1－1 和图 3－1－2 所示，点 $M_0(x_0, y_0)$ 是曲线上的一个定点，在曲线上另取一个动点 $M(x_0+\Delta x, y_0+\Delta y)$，作割线 M_0M，当 Δx 越来越小时，点 $M(x_0+\Delta x, y_0+\Delta y)$ 沿曲线越来越接近定点 M_0，割线 M_0M 随之绕 M_0 点转动．当 M 无限趋向于 M_0 时，割线 M_0M 会转到一个极限位置 M_0T，则直线 M_0T 叫做函数 $y=f(x)$ 曲线在 M_0 点处的切线．

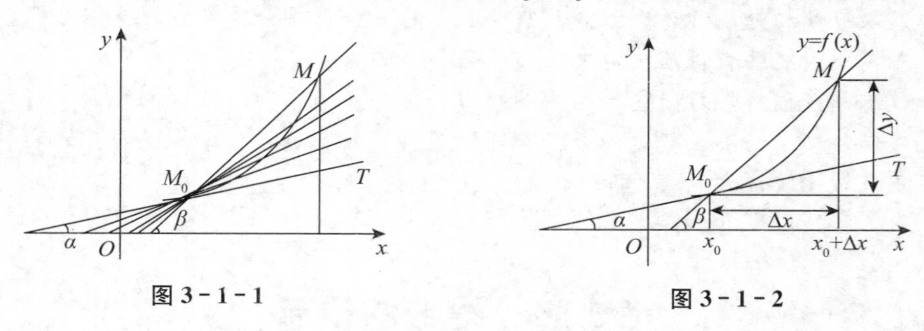

图 3－1－1　　　　图 3－1－2

设割线 M_0M 的倾斜角为 β，切线 M_0T 的倾斜角为 α，则由图 3－1－2 可知，M_0M 的斜率为

$$\tan\beta=\frac{\Delta y}{\Delta x}=\frac{f(x_0+\Delta x)-f(x_0)}{\Delta x}$$

当 $\Delta x\to 0$ 时，割线 M_0M 的斜率无限趋近于切线 M_0T 的斜率，所以

$$\tan\alpha=\lim_{\Delta x\to 0}\tan\beta=\lim_{\Delta x\to 0}\frac{\Delta y}{\Delta x}=\lim_{\Delta x\to 0}\frac{f(x_0+\Delta x)-f(x_0)}{\Delta x}$$

切线 M_0T 的方程为：

$$y-y_0=(x-x_0)\tan\alpha$$

上述两个引例的具体含义虽然不同，但从分析、解决问题的过程可以看出一个共同点：问题最终归结为计算函数改变量与自变量改变量的比（函数的平均变化率）当自变量的改变量趋向于零时的极限，即函数在该点处的变化率，我们也

称之为函数在该点处的导数．

2. 导数的定义

定义 1. 设函数 $y=f(x)$ 在点 x_0 处，当自变量的改变量为 Δx 时，函数的改变量为

$$\Delta y=f(x_0+\Delta x)-f(x_0)$$

则其平均变化率为

$$\frac{\Delta y}{\Delta x}=\frac{f(x_0+\Delta x)-f(x_0)}{\Delta x}$$

当 $\Delta x\to 0$ 时，如果极限 $\lim\limits_{\Delta x\to 0}\frac{\Delta y}{\Delta x}$ 存在，则称之为函数在 x_0 点处的导数（或变化率），记作 $f'(x_0)$ 或 $y'|_{x=x_0}$．即

$$f'(x_0)=\lim_{\Delta x\to 0}\frac{\Delta y}{\Delta x}=\lim_{\Delta x\to 0}\frac{f(x_0+\Delta x)-f(x_0)}{\Delta x}$$

导数的定义给出了用定义求导数的步骤：

（1）求函数的改变量：$\Delta y=f(x_0+\Delta x)-f(x_0)$．

（2）求平均变化率：$\frac{\Delta y}{\Delta x}=\frac{f(x_0+\Delta x)-f(x_0)}{\Delta x}$．

（3）求极限即导数：$\lim\limits_{\Delta x\to 0}\frac{\Delta y}{\Delta x}$．

例 1. 设 $f(x)=x^2$，求 $f'(2)$．

解：

$$\Delta y=f(2+\Delta x)-f(2)=(2+\Delta x)^2-2^2=4\Delta x+(\Delta x)^2$$

$$\frac{\Delta y}{\Delta x}=4+\Delta x$$

$$f'(2)=\lim_{\Delta x\to 0}\frac{\Delta y}{\Delta x}=\lim_{\Delta x\to 0}(4+\Delta x)=4.$$

与函数在一点处左右极限的概念相对应，可以定义函数在一点处左右导数的概念如下：如果极限 $\lim\limits_{\Delta x\to 0^-}\frac{\Delta y}{\Delta x}$、$\lim\limits_{\Delta x\to 0^+}\frac{\Delta y}{\Delta x}$ 存在，则分别称之为函数 $y=f(x)$ 在点 x_0 处的左、右导数，记作 $f'_-(x_0)$、$f'_+(x_0)$．

显然，函数 $y=f(x)$ 在 x_0 点可导 $\Leftrightarrow y=f(x)$ 在 x_0 点左右导数都存在且相等。

定义 2. 如果函数 $y=f(x)$ 在区间 (a,b) 的每一点处都可导，则称函数 $y=f(x)$ 在区间 (a,b) 内可导，如果它又在区间左端点处右可导且在区间右端点处

左可导，则称它在闭区间$[a, b]$上可导．

定义 3. 对于(a, b)内的每一个自变量值x，如果函数$y=f(x)$都有与之对应的导数值，这就得到了一个新的函数，我们称之为函数$y=f(x)$的导函数，也简称为导数，记作$f'(x)$或y'．

不难验证，函数$y=f(x)$在x_0点处的导数值，等于该函数的导函数$f'(x)$在x_0点处的函数值，即$f'(x_0)=f'(x)|_{x=x_0}$．

例 2. 设$f(x)=x^2$，求$f'(x)$和曲线$f(x)=x^2$在$x=2$点处的切线方程．

解： $\Delta y=f(x+\Delta x)-f(x)=(x+\Delta x)^2-x^2=2x\Delta x+(\Delta x)^2$

$$\frac{\Delta y}{\Delta x}=2x+\Delta x$$

$$f'(x)=\lim_{\Delta x\to 0}\frac{\Delta y}{\Delta x}=\lim_{\Delta x\to 0}(2x+\Delta x)=2x$$

由本节引例 2 分析过程与例 1 可知，函数曲线$f(x)=x^2$在$x=2$点处，即过点$M(2, 2^2)=M(2, 4)$处的切线斜率为$f'(2)=4$. 故方程为$y-4=4(x-2)$，即$4x-y-4=0$.

此例和本节引例 2 说明了函数$f(x)$在x_0处的导数$f'(x_0)$的几何意义：$f'(x_0)$为函数曲线$y=f(x)$在x_0点处切线的斜率．

下面我们给出函数在一点处可导与连续的关系（证明略）．

定理．函数$f(x)$在x_0点处可导必连续，但连续不一定可导．

例如，在$x=0$处，用定义不难验证函数$y=\sqrt[3]{x}$不可导，用左右导数不相等可以断定函数$y=|x|$也不可导，但显然这两个函数在$x=0$处均连续．

习题 3.1

1. 用定义求下列函数在指定点的导数：

(1)$y=x^3$，$x_0=0$，$x_0=1$　　(2)$y=\ln x$，$x_0=1$

2. 用定义求下列函数的导数：

(1)$y=x^2-2$　　(2)$y=\sin x$

3. 求$f(x)=x^3$在$x=1$处的切线方程．

4. 已知物体运动规律为$s(t)=2t^2(m)$，求它在$t=2(s)$的速度．

第 2 节　求导公式和四则运算法则

与计算极限等问题一样，用定义求导比较麻烦，可以推导出一系列公式和法则，然后直接用这些公式和法则来求导．常用的求导公式和法则如下（证明见本章拓展阅读）：

1. 求导公式

(1) $(C)'=0$（C 为常数）　　(2) $(x^a)'=ax^{a-1}$（a 为实数）

(3) $(a^x)'=a^x\ln a\ (a>0)$　　(4) $(\mathrm{e}^x)'=\mathrm{e}^x$

(5) $(\log_a x)'=\dfrac{1}{x\ln a}\ (a>0,\ a\neq 1)$　　(6) $(\ln x)'=\dfrac{1}{x}$

(7) $(\sin x)'=\cos x$　　(8) $(\cos x)'=-\sin x$

(9) $(\tan x)'=\sec^2 x$　　(10) $(\cot x)'=-\csc^2 x$

(11) $(\sec x)'=\sec x\tan x$　　(12) $(\csc x)'=-\csc x\cot x$

(13) $(\arcsin x)'=\dfrac{1}{\sqrt{1-x^2}}$　　(14) $(\arccos x)'=-\dfrac{1}{\sqrt{1-x^2}}$

(15) $(\arctan x)'=\dfrac{1}{1+x^2}$　　(16) $(\mathrm{arccot}\,x)'=-\dfrac{1}{1+x^2}$

2. 求导四则运算法则

定理．若 $u(x)$，$v(x)$ 在点 x 处可导，则 $u(x)\pm v(x)$，$u(x)v(x)$，$\dfrac{u(x)}{v(x)}$ $(v(x)\neq 0)$ 在点 x 处也可导，且

(1) $[u(x)+v(x)]'=u(x)'+v(x)'$

(2) $[u(x)-v(x)]'=u(x)'-v(x)'$

(3) $[u(x)v(x)]'=u'(x)v(x)+u(x)v'(x)$

(4) $\left[\dfrac{u(x)}{v(x)}\right]'=\dfrac{u'(x)v(x)-u(x)v'(x)}{v^2(x)}$

特别地　$[cu(x)]'=cu'(x)$

其中，(1) 可以推广为“任意有限个函数之和的导数，等于它们各自的导数之和”；(3) 可以推广为“任意有限个函数之积的导数，等于它们各自的导数与其余函数的乘积之和”．例如：

$$[u(x)+v(x)+w(x)]'=u'(x)+v'(x)+w'(x)$$

$$[u(x)v(x)w(x)]'=u'(x)v(x)w(x)+u(x)v'(x)w(x)+u(x)v(x)w'(x)$$

例 1. 求下列函数的导数：

(1) $f(x)=3x^2+2x-\ln 4$　　(2) $f(x)=x^3+\sin x$

(3) $f(x)=e^x\cos x$　　(4) $f(x)=\tan x$

解：

(1) $f'(x)=(3x^2)'+(2x)'-(\ln 4)'=6x+2$

(2) $f'(x)=(x^3)'+(\sin x)'=3x^2+\cos x$

(3) $f'(x)=(e^x)'\cos x+e^x(\cos x)'=e^x(\cos x-\sin x)$

(4) $f'(x)=(\tan x)'=(\frac{\sin x}{\cos x})'=\frac{(\sin x)'\cos x-\sin x(\cos x)'}{\cos^2 x}$

$$=\frac{\cos^2 x+\sin^2 x}{\cos^2 x}=\frac{1}{\cos^2 x}=\sec^2 x$$

例 2. 求曲线 $y=x\ln x$ 的平行于直线 $2x-y+3=0$ 的切线方程.

解： 设切点为 (x_0, y_0)，由导数的几何意义可知，曲线在点 (x_0, y_0) 处切线的斜率 2，即为函数在 x_0 处的导数值. 即

$$y'=x'\ln x+x(\ln x)'=\ln x+1,\ y'|_{x=x_0}=\ln x_0+1=2$$

解之得　$x_0=e$，进而可知 $y_0=e\ln e=e$

故切线方程为　$y-e=2(x-e)$，即 $2x-y-e=0$

3. 高阶导数

一般来说，函数 $y=f(x)$ 的导函数 $y'=f'(x)$ 还是 x 的函数，对导函数 $y'=f'(x)$ 再求导，得到的函数叫做函数 $y=f(x)$ 的二阶导数，记作 y'' 或 $f''(x)$.

二阶导数在自然科学中也有其实际含义，如物体位移函数的二阶导数是该物体运动的加速度.

以此类推，还可以定义三阶导数、四阶导数等，二阶和二阶以上的导数统称为高阶导数，相应的 $y'=f'(x)$ 也叫做函数 $y=f(x)$ 的一阶导数.

下面我们给出两个求二阶导数的例子.

例 3. 求 $y=2x^3-3x^2+5$ 的一阶导数和二阶导数.

解： $y'=6x^2-6x$；$y''=12x-6$

例 4. 设 $f(x)=x^2\ln x$，求 $f''(e)$.

解： $\because f'(x)=2x\ln x+x$，$f''(x)=2\ln x+3$

$\therefore f''(e)=2\ln e+3=5$

习题 3.2

1. 求下列函数的导数：

(1) $y=x^4$　　(2) $y=x\cdot\sqrt[5]{x^2}$

(3) $y=x^2\cdot\sqrt[5]{x^4\cdot\sqrt{x}}$　　(4) $y=\dfrac{(x-1)^2}{x}$

(5) $y=x\cdot\sqrt[5]{x^2}(3x+2\sqrt{x})$　　(6) $y=x^2\ln x+2x^2$

(7) $y=\dfrac{e^x}{e^x+1}$　　(8) $y=\dfrac{x\sin x}{1+\cos x}$

2. 设 $f(x)=\dfrac{\ln x}{x}$，求 $f'(e)$.

3. 求函数 $y=x^2+2^x+\ln 2$ 和 $y=x\sin x+\cos x$ 的二阶导数.

第 3 节　复合函数求导法则

前面我们讨论了比较简单的函数的求导问题. 实际上，大量的求导问题会与复合函数的求导有关，复合函数的求导问题解决了，我们也就解决了初等函数的求导问题.

下面我们直接给出复合函数的求导法则（俗称链式法则），证明见本章拓展阅读.

定理. 若函数 $y=f(u)$，$u=\varphi(x)$ 可导，则复合函数 $y=f[\varphi(x)]$ 可导，且

$$y'_x=y'_u\cdot u'_x$$

该法则可以推广到含任意有限个中间变量的情形.

例如，若 $y=f(u)$，$u=\varphi(t)$，$t=\psi(x)$ 均可导，则复合函数 $y=f\{\varphi[t(x)]\}$ 可导，且

$$y'_x=y'_u\cdot u'_t\cdot t'_x$$

例 1. 求函数 $y=e^{x^2}$ 的导数.

解： 设 $y=e^u$，$u=x^2$，则

$$y'_x=y'_u\cdot u'_x=(e^u)'_u\cdot(x^2)'_x=e^u\cdot 2x=2xe^{x^2}$$

不难发现，用链式法则求导，关键是恰当地给复合函数分层. 该话题我们在第一章已谈到过. 所谓恰当，就是层数多了没必要，少了会使某层本身还是复合函数. 经验告诉我们，分层的标准以“每层是能够直接用公式或四则法则求导的

函数”为宜，分层时像“剥葱”一样由外向里逐层深入．

例 2. 求函数 $y=\dfrac{1}{\sqrt{x^4+3x^2-2\sin x}}$ 的导数．

解： 设 $y=u^{-\frac{1}{2}}$、$u=x^4+3x^2-2\sin x$，则

$$
\begin{aligned}
y'_x&=y'_u u'_x=(u^{-\frac{1}{2}})'_u(x^4+3x^2-2\sin x)'_x\\
&=-\frac{1}{2}u^{-\frac{3}{2}}(4x^3+6x-2\cos x)\\
&=-\frac{2x^3+3x-\cos x}{\sqrt{(x^4+3x^2-2\sin x)^3}}
\end{aligned}
$$

如果我们设 $y=\dfrac{1}{u}$、$u=\sqrt{t}$、$t=x^4+3x^2-2\sin x$，也可以，但显得烦琐．

例 3. 求函数 $y=\ln\sqrt{\dfrac{1-\sin x}{1+\sin x}}$ 的导数．

解： 当函数可以化简时，要先化简再求导．

$$
y=\ln\sqrt{\frac{1-\sin x}{1+\sin x}}=\frac{1}{2}[\ln(1-\sin x)-\ln(1+\sin x)]
$$

$$
y'=\frac{1}{2}\left(\frac{-\cos x}{1-\sin x}-\frac{\cos x}{1+\sin x}\right)=-\sec x
$$

例 4. 求函数 $y=(x+1)\sqrt{3-4x}$ 的导数．

解： 函数的结构最外层是四则运算，则先应用四则运算法则．

$$
\begin{aligned}
y'&=(x+1)'\sqrt{3-4x}+(x+1)(\sqrt{3-4x})'\\
&=\sqrt{3-4x}+(x+1)\frac{-4}{2\sqrt{3-4x}}=\frac{1-6x}{\sqrt{3-4x}}
\end{aligned}
$$

例 5. 求 $y=x^{\sin x}(x>0)$ 的导数．

解： 这是一个幂指函数，上述求导法则都不能直接运用，两边取对数，得

$$\ln y=\sin x\ln x$$

等号左边视为 x 的复合函数，两边同时对 x 求导，可得

$$
\frac{1}{y}\cdot y'_x=(\sin x)'\ln x+\sin x(\ln x)'=\cos x\ln x+\frac{1}{x}\sin x
$$

因此

$$
y'_x=y\left(\cos x\ln x+\frac{1}{x}\sin x\right)=x^{\sin x}\left(\cos x\ln x+\frac{1}{x}\sin x\right)
$$

例 6. 如图 3－3－1 所示，飞机沿曲线 $y=x^2+1$ 向地面俯冲，若其下降的垂

直速度恒为100米/秒，当俯冲到离地面2 501米时，其影子在地面上的运动速度是多少？

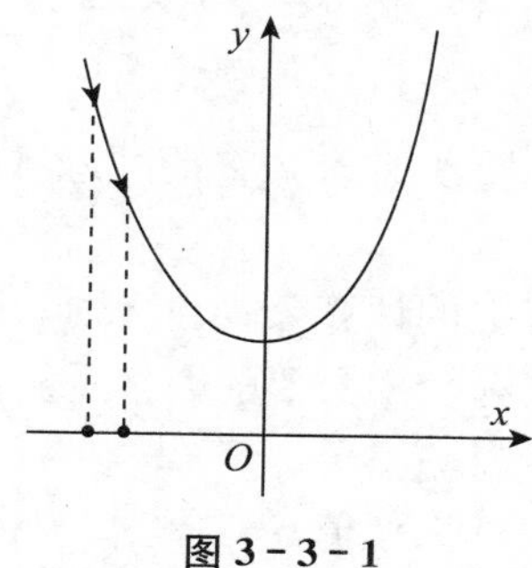

图3-3-1

分析：垂直高度即为 y，影子在地面上的位移即为 x，两者均为时间 t 的函数，下降的垂直匀速即为 $y'_t=-100$（符号表示方向与 y 轴方向相反），影子在地面上的运动速度即为 x'_t．

解：y 为 t 的复合函数，

$\because y_t'=y_x'\cdot x_t'=2x\cdot x_t'$，$y_t'=-100$

$\therefore x_t'=-\dfrac{50}{x}$

$\because y=x^2+1$，$y=2\ 501$　$\therefore x=-50$　$\therefore x_t'=1$

答：此时，飞机影子在地面上的运动速度为1米/秒．

习题3.3

1．求下列函数的导数．

(1) $y=(2x+1)^{10}$　(2) $y=\sqrt[3]{1+x^3}$　(3) $y=e^{\sqrt{\sin 2x}}$

(4) $y=\cos\dfrac{1}{12x}$　(5) $y=\sin^2\dfrac{1}{x}$　(6) $y=\ln\ln\ln x$

(7) $y=\tan^2(ex)$　(8) $y=\sec\ln x$　(9) $y=\arcsin\sqrt{\sin x}$

2．求下列函数的导数．

(1) $y=\cos^{10}x\cos 10x$　(2) $y=x^2\cdot\sqrt[3]{1+x^3}$

(3) $y=e^{\sqrt{\sin 2x}}+\ln x^2$　(4) $y=\dfrac{1}{2}\ln\tan^2 x+\ln\cos x$

(5) $y=x\arctan x-\ln(1+x^2)$　(6) $y=\sqrt[5]{\dfrac{x(3x-1)}{(5x+3)(2-x)}}\ (\dfrac{1}{3}<x<2)$

第 4 节　微分

微分是微积分学中的一个重要概念．它是讨论当自变量有微小变化时，函数值改变量的近似计算方法．

由于微分与导数等价，导数的计算公式和法则，可以相对应的转化为微分的计算公式和法则，因此，为了避免不必要的大量重复，我们在此只介绍微分的定义和应用的例子．

引例：正方形面积改变量的近似值．

如图 3－4－1 所示，设正方形边长 x_0 的改变量为 Δx，则其面积 y 的改变量 $\Delta y=(x_0+\Delta x)^2-x_0^2=2x_0\Delta x+(\Delta x)^2$，当 $|\Delta x|$ 很小时，$(\Delta x)^2$ 更小，小得可以忽略不计，这时，$\Delta y\approx 2x_0\Delta x=f'(x_0)\Delta x$.

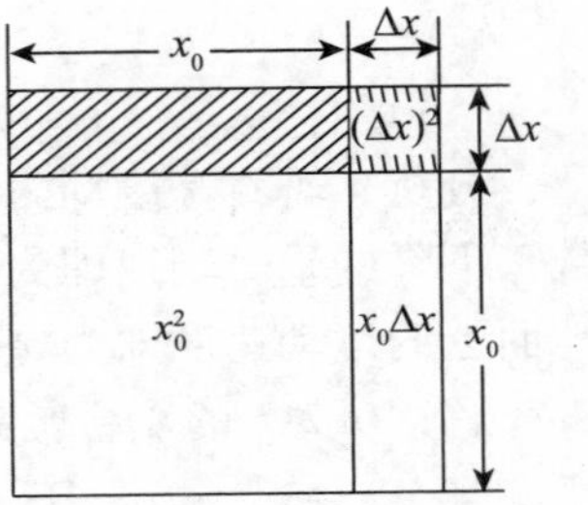

图 3－4－1

一般地，自变量由 x 变到 $x+\Delta x$ 时，函数改变量 $\Delta y\approx y'\Delta x$.

为了讨论和说明问题方便，我们称 Δx 为自变量的微分，称 $y'\Delta x$ 为函数 y 的微分．

定义．函数 $y=f(x)$ 的自变量的改变量 Δx 叫做自变量的微分，记作 $\mathrm{d}x$；若函数 $y=f(x)$ 可导，则 $y'\mathrm{d}x$ 叫做该函数的微分，记作 $\mathrm{d}y$．

其含义是，当自变量改变量为 $\Delta x=\mathrm{d}x$ 时，函数改变量 Δy 的近似值为 $\mathrm{d}y$，如图 3－4－2 所示.

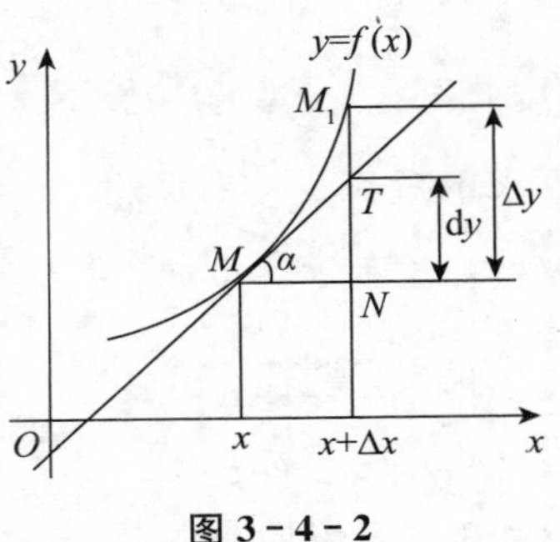

图 3－4－2

由定义可知，函数的微分等于其导数与其自变量微分的乘积，即 $\mathrm{d}y=y'\mathrm{d}x$．

这也就给出了函数微分的计算方法．

由此，我们进一步可以得到 $\dfrac{\mathrm{d}y}{\mathrm{d}x}=y'$，故导数也叫微商．求导数和求微分的运算统称为微分法．

例 1. 求函数 $y=\dfrac{\ln x}{x}$ 的微分．

解：$\mathrm{d}y=y'\mathrm{d}x=\left(\dfrac{\ln x}{x}\right)'\mathrm{d}x=\dfrac{1-\ln x}{x^2}\mathrm{d}x$

例 2. 求函数 $y=x^2$ 当 $x=1$，$\Delta x=0.1$ 时的微分．

解：$\because y'=2x$，$\mathrm{d}y=2x\mathrm{d}x$　$\therefore \mathrm{d}y\big|_{x=1,\ \Delta x=0.1}=2\times1\times0.1=0.2$

例 3. 求 $\sqrt[3]{65}$ 的近似值．

分析：由数的形状特点可知，需用函数 $f(x)=\sqrt[3]{x}$

$$f(x_0+\Delta x)-f(x_0)=\Delta y\approx \mathrm{d}y=f'(x_0)\mathrm{d}x$$

$$f(x_0+\Delta x)\approx f(x_0)+f'(x_0)\mathrm{d}x$$

这是用微分近似计算函数值的公式．由此可得如下解题过程：

解：设 $f(x)=\sqrt[3]{x}$，则

$$\sqrt[3]{x_0+\Delta x}\approx\sqrt[3]{x_0}+\frac{1}{3\cdot\sqrt[3]{x_0{}^2}}\Delta x$$

取 $x_0=64$，$\Delta x=1$，则

$$\sqrt[3]{65}=\sqrt[3]{64+1}\approx\sqrt[3]{64}+\frac{1}{3\sqrt[3]{64^2}}\times1=4+\frac{1}{48}\approx4.021$$

例 4. 半径为 1 厘米的球，表面镀上一层厚 0.01 厘米的铜，已知铜密度为 8.9 克/立方厘米，大约需要多少克铜?

解：球的体积为 $v=\dfrac{4}{3}\pi r^3$，$\mathrm{d}r=\Delta r=0.01$，

$\Delta v\approx\mathrm{d}v=v'\mathrm{d}r=4\pi r^2\mathrm{d}r=4\times3.14\times1^2\times0.01\approx0.13(\mathrm{cm})^3$

答：大约需要铜 0.13×8.9=11.57 克．

习题 3.4

1. 设 x 从 1 变到 1.01，求函数 $y=2x^2+x$ 的改变量和微分．
2. 用微分近似计算公式求 ln 1.02 的近似值．
3. 圆管内半径为 10 厘米，若管壁厚 0.05 厘米，求圆管截面面积的近似值．

第 5 节　边际分析和弹性分析

本节我们将以导数为工具，对经济函数进行边际分析和弹性分析．

1. 边际分析

在第一章，我们介绍过成本函数、收入函数和利润函数．下面我们用导数概念作为工具进行分析．

先看成本函数：$C=C(x)$，其中自变量 x 是产量（或销量）.

当产量由 x 变到 $x+\Delta x$ 时，成本的改变量为 $\Delta C=C(x+\Delta x)-C(x)$. 这说明，产量增加 Δx 单位时，成本增加 ΔC 单位.

这时，成本函数的平均变化率为 $\dfrac{\Delta C}{\Delta x}=\dfrac{C(x+\Delta x)-C(x)}{\Delta x}$. 这说明，产量增加 Δx 单位时，成本平均增加 $\dfrac{\Delta C}{\Delta x}$ 单位.

当 $\Delta x\to 0$ 时，若上述平均变化率的极限存在，即

$$\lim_{\Delta x\to 0}\frac{\Delta C}{\Delta x}=\lim_{\Delta x\to 0}\frac{C(x+\Delta x)-C(x)}{\Delta x}=C'(x)$$

这说明，在产量为 x 的基础上，再增加一个单位时，成本增加 $C'(x)$ 单位. 这正是经济学上定义的边际成本.

可见，从数学上看，成本函数的导数就是边际成本.

例 1. 某种产品产量为 x 件时，成本为 $C(x)=3\sqrt{x}+4$ 千元，其中 $x\in[0,5]$，求当 $x=4$ 和 $x=9$ 时的边际成本，并作出经济学解释.

解： $C'(x)=\dfrac{3}{2\sqrt{x}}$，$C'(4)=0.75$，$C'(9)=0.5$

在生产 4 件基础上再多生产 1 件，需成本 0.75 千元；在生产 9 件基础上再多生产 1 件，需成本 0.5 千元.

类似地，收入函数 $R(x)$ 的导数 $R'(x)$，就是边际收入. 其经济学含义是：在产量为 x 的基础上，再增加一个单位的产量时，收入增加 $R'(x)$ 单位.

类似地，利润函数 $L(x)$ 的导数 $L'(x)$，就是边际利润. 其经济学含义是：在产量为 x 的基础上，再增加一个单位的产量时，利润增加 $L'(x)$ 单位.

由于 $L(x)=R(x)-C(x)$，所以 $L'(x)=R'(x)-C'(x)$. 即

边际利润＝边际收入－边际成本

例 2. 设某产品的价格为 p，需求量为 q，且 $p=10-0.1q$，求边际收入函数和需求量为 30，50，80 时的边际收入，并解释经济学意义.

解：

$\because R(q)=pq=(10-0.1q)q=-0.1q^2+10q$

$\therefore R'(q)=-0.2q+10\quad R'(30)=4\quad R'(50)=0\quad R'(80)=-6$

在需求量为 30 个单位的基础上再增加 1 个单位，收入增加 4 个货币单位；在需求量为 50 个单位的基础上再增加 1 个单位，收入不变；在需求量为 80 个单位的基础上再增加 1 个单位，收入反而减少 6 个货币单位.

例 3. 某企业生产一种产品，产量为 x 吨时，利润为 $L(x)=250x-5x^2$ 元，求产量为10吨、25吨、30吨时的边际利润，并解释其经济学意义．

解： $L'(x)=250-10x \quad L'(10)=150 \quad L'(25)=0 \quad L'(30)=-50$

在生产10吨的基础上再多生产1吨，利润增加150元；在生产25吨的基础上再多生产1吨，利润增加0元，即无利润；在生产30吨的基础上再多生产1吨，利润减少50元，即负利润50元．

可见，在某些经济活动中，不是产量越高利润越大．

2. 弹性分析

前面我们曾经谈到函数的改变量和变化率，都是绝对改变量和绝对变化率．仅仅研究这些是不够的．例如商品甲、乙的单价分别是10元和100元，各自涨价1元，它们绝对改变量相同，但各自涨价比例不同．因此，有必要研究相对改变量和相对变化率．

定义 1. 设函数 $y=f(x)$ 在点 x_0 处可导，则在点 x_0 处函数的相对改变量 $\frac{\Delta y}{y_0}$ 与自变量的相对改变量 $\frac{\Delta x}{x_0}$ 之比 $\frac{\Delta y}{\Delta x}\cdot\frac{x_0}{y_0}$，当 $\Delta x\to 0$ 的极限 $f'(x_0)\cdot\frac{x_0}{f(x_0)}$ 称为 $y=f(x)$ 在点 x_0 处的相对变化率或弹性，记作 $\frac{Ey}{Ex}\big|_{x=x_0}$．

$\frac{Ey}{Ex}\big|_{x=x_0}$ 表示在点 x_0 处，自变量改变1%时，函数改变（$\frac{Ey}{Ex}\big|_{x=x_0}$）%.

一般地，若函数 $y=f(x)$ 可导，则 $\frac{Ey}{Ex}=f'(x)\cdot\frac{x}{f(x)}$ 称为 $y=f(x)$ 的弹性函数．

弹性函数反映随自变量的变化，函数变化幅度的大小，即函数对自变量变化反应的灵敏度．

由此，我们可以得到需求对价格的弹性（简称需求弹性）为 $\frac{EQ}{Ep}=\frac{p}{Q}Q'$，通常记作 ε_p，即 $\varepsilon_p=\frac{p}{Q}Q'$．

由于需求函数是减函数，导数为负数，需求弹性也为负数．它表明，当价格上涨（或下跌）1%时，需求量减少（或增加）约 $|\varepsilon_p|$%. 在进行经济分析时，说商品的需求弹性大，是指 $|\varepsilon_p|$ 大．

当 $\varepsilon_p=-1$ 时，称为单位弹性，此时需求量变动的百分比等于价格变动的百分比，价格变动对收入影响不大．

当$\varepsilon_p<-1$时，称为高弹性，此时需求量变动的百分比高于价格变动的百分比，价格变动对需求影响较大，可通过降价多销来增加收入．

当$-1<\varepsilon_p<0$时，称为低弹性，此时需求量变动的百分比低于价格变动的百分比，价格变动对需求影响不大，可通过提价来增加收入．

例 4. 某商品需求函数为$Q=\mathrm{e}^{-\frac{p}{5}}$，求需求弹性函数和$p$为3，5，6时的需求弹性并做出适当的经济解释．

解：$\because Q'=-\dfrac{1}{5}\mathrm{e}^{-\frac{p}{5}}\quad \therefore \varepsilon_p=-\dfrac{1}{5}\mathrm{e}^{-\frac{p}{5}}\cdot\dfrac{p}{\mathrm{e}^{-\frac{p}{5}}}=-\dfrac{p}{5}$

当$p=3$时，$\varepsilon_p=-0.6$，需求变动幅度小于价格变动幅度，价格上涨1%，需求减少0.6%.

当$p=5$时，$\varepsilon_p=-1$，需求变动幅度等于价格变动幅度．

当$p=6$时，$\varepsilon_p=-1.2$，需求变动幅度大于价格变动幅度，价格上涨1%，需求减少1.2%.

例 5. 某产品需求弹性在$-2\sim-1.5$范围内，因产品滞销，准备降价促销，若降价10%，问：(1) 销量能增加多少？(2) 收入能增加多少？

解：(1) $\because \varepsilon_p\approx\dfrac{\frac{\Delta Q}{Q}}{\frac{\Delta p}{p}}=\dfrac{\frac{\Delta Q}{Q}}{-10\%}\quad \therefore \dfrac{\Delta Q}{Q}\approx-10\%\varepsilon_p$

$\therefore 15\%=-1.5\times(-10\%)\leqslant\dfrac{\Delta Q}{Q}\leqslant-2\times(-10\%)=20\%$

所以，销量能增加15%～20%.

(2) $\because R(p)=pQ$

$\therefore \dfrac{\mathrm{d}R}{\mathrm{d}p}=Q+p\dfrac{\mathrm{d}Q}{\mathrm{d}p}\quad \therefore \mathrm{d}R=Q\mathrm{d}p+p\mathrm{d}Q$

$\therefore \dfrac{\mathrm{d}R}{R}=\dfrac{Q\mathrm{d}p+p\mathrm{d}Q}{pQ}=\dfrac{\mathrm{d}p}{p}+\dfrac{\mathrm{d}Q}{Q}\quad \therefore \dfrac{\Delta R}{R}\approx\dfrac{\Delta p}{p}+\dfrac{\Delta Q}{Q}$

$\because \dfrac{\Delta p}{p}=-10\%,\ 15\%\leqslant\dfrac{\Delta Q}{Q}\leqslant 20\%\quad \therefore 5\%\leqslant\dfrac{\Delta R}{R}\leqslant 10\%$

收入能增加5%～10%.

习题 3.5

1. 某种产品生产x单位时的成本为$C(x)=1\,100+\dfrac{1}{1\,200}x^2$，求产量为900单位

的成本和边际成本．

2. 设某厂生产某种产品的固定成本为1 000元，生产 x 单位产品的可变成本为 $0.01x^2+10x$ 元，如果单位产品售价为30元，试求成本函数、收入函数、利润函数、边际成本、边际收入，以及边际利润为零时的产量．

3. 某企业生产某种产品的成本函数和收入函数分别为：

$$C(x)=1\,000+5x+\frac{x^2}{10}\quad R(x)=200x+\frac{x^2}{20}$$

求：(1) 边际成本、边际收入、边际利润．

(2) 已生产并销售25个单位产品，生产并销售第26个单位产品会有多少利润?

4. 设需求函数 $Q=100(6-p)(0<p<6)$，求价格 p 为1.5，3，4时的需求弹性.

拓展阅读：求导公式和法则的证明

在第二节我们直接给出了求导公式和法则，在此简单介绍它们的证明．

1. 求导法则的证明

定理1. 若 $u(x)$，$v(x)$ 在点 x 处可导，则 $u(x)\pm v(x)$，$u(x)v(x)$，$u(x)/v(x)(v(x)\neq 0)$ 在点 x 处也可导，且

(1) $[u(x)+v(x)]'=u(x)'+v(x)'$

(2) $[u(x)-v(x)]'=u(x)'-v(x)'$

(3) $[u(x)v(x)]'=u'(x)v(x)+u(x)v'(x)$

(4) $[\frac{u(x)}{v(x)}]'=\frac{u'(x)v(x)-u(x)v'(x)}{v^2(x)}$

由于 (1) 与 (2)，(3) 与 (4) 同理可证，故只要用定义证明 (1) 与 (3) 即可．由于求导实质是求极限，故由极限和、差、积、商的存在性，即可保证导数和、差、积、商的存在性，下面只证明法则中的运算公式成立即可．

证明：

(1) $\because [u(x+\Delta x)+v(x+\Delta x)]-[u(x)+v(x)]$

$=[u(x+\Delta x)-u(x)]+[v(x+\Delta x)-v(x)]$

$\therefore (u+v)'$

$$=\lim_{\Delta x\to 0}\frac{[u(x+\Delta x)+v(x+\Delta x)]-[u(x)+v(x)]}{\Delta x}$$

$$=\lim_{\Delta x\to 0}\frac{[u(x+\Delta x)-u(x)]+[v(x+\Delta x)-v(x)]}{\Delta x}$$

$$=\lim_{\Delta x\to 0}[\frac{u(x+\Delta x)-u(x)}{\Delta x}+\frac{v(x+\Delta x)-v(x)}{\Delta x}]$$

$$=\lim_{\Delta x\to 0}\frac{u(x+\Delta x)-u(x)}{\Delta x}+\lim_{\Delta x\to 0}\frac{v(x+\Delta x)-v(x)}{\Delta x}$$

$$=u'+v'$$

(3) $\because u(x+\Delta x)v(x+\Delta x)-u(x)v(x)$

$$=[u(x+\Delta x)v(x+\Delta x)-u(x)v(x+\Delta x)]+[u(x)v(x+\Delta x)-u(x)v(x)]$$

$$=[u(x+\Delta x)-u(x)]v(x+\Delta x)+u(x)[v(x+\Delta x)-v(x)]$$

$\therefore [u(x)v(x)]'$

$$=\lim_{\Delta x\to 0}\frac{[u(x+\Delta x)v(x+\Delta x)]-[u(x)v(x)]}{\Delta x}$$

$$=\lim_{\Delta x\to 0}[\frac{u(x+\Delta x)-u(x)}{\Delta x}v(x+\Delta x)]+\lim_{\Delta x\to 0}[u(x)\frac{v(x+\Delta x)-v(x)}{\Delta x}]$$

$$=\lim_{\Delta x\to 0}\frac{u(x+\Delta x)-u(x)}{\Delta x}\lim_{\Delta x\to 0}v(x+\Delta x)+u(x)\lim_{\Delta x\to 0}\frac{v(x+\Delta x)-v(x)}{\Delta x}$$

$$=u'v+uv'$$

定理 2. 若函数 $y=f(u)$ 在 u 点处可导，函数 $u=\varphi(x)$ 在相应的点 x 处可导，则复合函数 $y=f[\varphi(x)]$ 在 x 点处也可导，且 $y'_x=y'_u\cdot u'_x$.

证明： 因为 $y=f(u)$ 在 u 处可导，$u=\varphi(x)$ 在 x 处可导，所以

$$\lim_{\Delta u\to 0}\frac{\Delta y}{\Delta u}=\frac{\mathrm{d}y}{\mathrm{d}u}\quad \lim_{\Delta x\to 0}\frac{\Delta u}{\Delta x}=\frac{\mathrm{d}u}{\mathrm{d}x}$$

因为 $u=\varphi(x)$ 在 x 处可导必连续，所以 $\Delta x\to 0\Leftrightarrow\Delta u\to 0$，且

$$\lim_{\Delta u\to 0}\frac{\Delta y}{\Delta u}=\lim_{\Delta x\to 0}\frac{\Delta y}{\Delta u}$$

故 $y'_x=\lim\limits_{\Delta x\to 0}\frac{\Delta y}{\Delta x}=\lim\limits_{\Delta x\to 0}(\frac{\Delta y}{\Delta u}\frac{\Delta u}{\Delta x})=\lim\limits_{\Delta x\to 0}\frac{\Delta y}{\Delta u}\lim\limits_{\Delta x\to 0}\frac{\Delta u}{\Delta x}=\lim\limits_{\Delta u\to 0}\frac{\Delta y}{\Delta u}\lim\limits_{\Delta x\to 0}\frac{\Delta u}{\Delta x}=y'_u u'_x$

2. 反函数的导数

定理 3. 若函数 $x=\varphi(y)$ 有反函数且在点 y 处存在非零导数，则其反函数 $y=f(x)$ 在与 y 相应的点 x 处也可导，且 $f'(x)=1/\varphi'(y)=1/\varphi'[f(x)]$.

证明： 因为函数 $x=\varphi(y)$ 有反函数，所以其自变量值与函数值一一对应. 故 $\Delta y\neq 0\Leftrightarrow\Delta x\neq 0$，从而有 $\frac{\Delta y}{\Delta x}=1/\frac{\Delta x}{\Delta y}$.

因为函数 $x=\varphi(y)$ 在 y 点处存在非零导数，故 $\lim\limits_{\Delta y\to 0}\dfrac{\Delta x}{\Delta y}=\varphi'(y)\neq 0$.

而函数 $x=\varphi(y)$ 在 y 点处可导必连续，故 $\Delta y\to 0\Leftrightarrow\Delta x\to 0$. 所以

$$\lim_{\Delta x\to 0}\frac{\Delta y}{\Delta x}=\lim_{\Delta x\to 0}(1/\frac{\Delta x}{\Delta y})=1/\lim_{\Delta x\to 0}\frac{\Delta x}{\Delta y}=1/\lim_{\Delta y\to 0}\frac{\Delta x}{\Delta y}=1/\varphi'(y).$$

这说明，函数 $y=f(x)$ 在与 y 相应的点 x 处可导，且 $f'(x)=1/\varphi'(y)=1/\varphi'[f(x)]$.

3. 求导公式的证明

在第二节我们给出了如下 16 个求导公式：

(1) $(C)'=0$（C 为常数）

(2) $(x^a)'=ax^{a-1}$（a 为实数）

(3) $(a^x)'=a^x\ln a\ (a>0)$

(4) $(e^x)'=e^x$

(5) $(\log_a x)'=\dfrac{1}{x\ln a}\ (a>0,\ a\neq 1)$

(6) $(\ln x)'=\dfrac{1}{x}$

(7) $(\sin x)'=\cos x$

(8) $(\cos x)'=-\sin x$

(9) $(\tan x)'=\sec^2 x$

(10) $(\cot x)'=-\csc^2 x$

(11) $(\sec x)'=\sec x\tan x$

(12) $(\csc x)'=-\csc x\cot x$

(13) $(\arcsin x)'=\dfrac{1}{\sqrt{1-x^2}}$

(14) $(\arccos x)'=-\dfrac{1}{\sqrt{1-x^2}}$

(15) $(\arctan x)'=\dfrac{1}{1+x^2}$

(16) $(\mathrm{arccot}\, x)'=-\dfrac{1}{1+x^2}$

其中（1）、（5）、（7）、（8）适于用定义证明，（1）太简单，（7）、（8）同理，下面只证（5）、（7）；（2）可用复合函数求导法则证明；（3）、（13）、（14）、（15）、（16）可用反函数导数关系依次分别由（5）、（7）、（8）、（9）、（10）得到，下面只以（3）、（13）为例证明；（4）、（6）可分别作为（3）、（5）的特例直接得到，不再证明；（9）、（10）、（11）、（12）可由商法则证明，第二节例题中已以（9）为例，均不再证明．总之，只要再证明（5）、（7）、（3）、（13）、（2），则 16 个公式的理论依据均已明确，下面依次证明之．

由于各教材选材及编排顺序不同，当然各公式证明的方法和顺序会不尽相同.

（5）**证明：**

$$\Delta y=\log_a(x+\Delta x)-\log_a(x)=\log_a\frac{x+\Delta x}{x}=\log_a(1+\frac{\Delta x}{x})$$

$$\frac{\Delta y}{\Delta x}=\frac{1}{\Delta x}\log_a(1+\frac{\Delta x}{x})=\log_a(1+\frac{\Delta x}{x})^{\frac{1}{\Delta x}}=\frac{1}{x}\log_a(1+\frac{\Delta x}{x})^{\frac{x}{\Delta x}}$$

$$y'=\lim_{\Delta x\to 0}\frac{\Delta y}{\Delta x}=\lim_{\Delta x\to 0}\frac{1}{x}\log_a(1+\frac{\Delta x}{x})^{\frac{x}{\Delta x}}=\frac{1}{x}\lim_{\Delta x\to 0}\log_a(1+\frac{\Delta x}{x})^{\frac{x}{\Delta x}}$$

$$=\frac{1}{x}\log_a\lim_{\Delta x\to 0}(1+\frac{\Delta x}{x})^{\frac{x}{\Delta x}}=\frac{1}{x}\log_a e=\frac{1}{x\ln a}$$

（7）**证明：**

$$\Delta y=\sin(x+\Delta x)-\sin x=2\cos(x+\frac{\Delta x}{2})\sin\frac{\Delta x}{2}$$

$$\frac{\Delta y}{\Delta x}=2\cos(x+\frac{\Delta x}{2})[\sin\frac{\Delta x}{2}]/\Delta x$$

$$y'=\lim_{\Delta x\to 0}\{2\cos(x+\frac{\Delta x}{2})[\sin\frac{\Delta x}{2}]/\Delta x\}=\lim_{\Delta x\to 0}[\sin\frac{\Delta x}{2}]/\frac{\Delta x}{2}\lim_{\Delta x\to 0}\cos(x+\frac{\Delta x}{2})$$

$$=1\times\cos x=\cos x$$

（3）**证明：**

因为 $y=a^x$，$x=\log_a y$ 互为反函数，$x'_y=\frac{1}{y\ln a}$

所以 $y'_x=1/x'_y=y\ln a=a^x\ln a$

（13）**证明：**

因为 $y=\arcsin x$，$x\in(-1,1)$ 与 $x=\sin y$，$y\in(-\frac{\pi}{2},\frac{\pi}{2})$ 互为反函数，$x'_y=\cos y>0$

所以 $y'_x=1/x'_y=1/\cos y=1/\sqrt{1-\sin^2 y}=1/\sqrt{1-x^2}$

（2）**证明：**

$$y=x^a=e^{\ln x^a}=e^{a\ln x}$$

$$y'=e^{a\ln x}(a\ln x)'=x^a a\frac{1}{x}=ax^{a-1}$$

自测题 3

1. 填空题

（1）设 $f(x)=x\sin x$，$f'(\pi/2)=$________，$f''(\pi/2)=$________.

（2）设 $f(x)=(x-1)(x-2)(x-3)\cdots(x-100)$，$f'(1)=$________.

（3）曲线 $y=\arctan x$ 在点 $(1,\pi/4)$ 处的切线方程为________.

（4）设 $y=e^{\sin 2x}$，则 $y'=$________.

（5）$d(x^3)|_{x=2,\ \Delta x=0.01}=$________.

2. 判断正误

（1）函数在一点处连续，则在该点处可导．（ ）

(2) 函数在一点处左右可导，则在该点处可导．（　　）

(3) 函数 $y=|x|$ 在点 $x=0$ 处连续但不可导．（　　）

(4) 某质点运动方程为 $y=3\sin 2t$，则该质点在 π 秒的加速度是 0．（　　）

(5) 成本 $C(q)=200+7q^2$（元），在产量 $q=2$ 件时的边际成本是 228 元．（　　）

3. 选择题

(1) 当自变量 x 由 x_0 变到 $x_0+\Delta x$ 时，函数 $y=f(x)$ 的改变量 Δy 为（　　）

A. $f(x_0+\Delta x)$　　B. $f(x_0+\Delta x)-f(x_0)$

C. $f'(x_0)+\Delta y$　　D. $f'(x_0)\Delta x$

(2) 设函数 $y=f(x)$ 在 x_0 点处不连续，则（　　）

A. $\lim\limits_{x\to x_0}f(x)$ 必存在　　B. $\lim\limits_{x\to x_0}f(x)$ 必不存在

C. $f'(x_0)$ 必存在　　D. $f'(x_0)$ 必不存在

(3) 若 $f'(x_0)$ 存在，则函数 $y=f(x)$ 在 x_0 点处（　　）

A. 连续　　B. 不连续

C. 不一定连续　　D. 不一定有定义

(4) 若 $f'(x_0)$ 存在，则函数 $y=f(x)$ 在 x_0 点处（　　）

A. 可微　　B. 不可微

C. 不一定可微　　D. 没有关系

(5) $\mathrm{d}e^{\sin x}=$（　　）

A. $e^{\sin x}\mathrm{d}x$　　B. $e^{\cos x}\mathrm{d}x$；

C. $e^{\sin x}\cos x\mathrm{d}x$　　D. $e^{\sin x}\sin x\mathrm{d}x$.

4. 用定义求函数 $y=x^3$ 在 $x=3$ 处的导数

5. 求下列函数的导数

(1) $y=x^e+e^x+\ln x+e^e$　　(2) $y=\ln\arctan x^2$

6. 求近似值

(1) $\ln 1.98$　　(2) $\sqrt{8.9}$

第4章

导数的应用

本章导读

导数在数学中的应用非常广泛．在本章中，我们利用导数作为工具，主要讨论函数的单调性、极值和最值（含经济函数最值）、作图、求极限的洛必达法则，从中进一步认识导数在研究函数等问题时的重要作用．

第1节　函数的单调性

在第一章我们曾经给出了函数单调性的定义．用定义判定单调性，需要判定两个函数值一般表达式 $f(x_1)$，$f(x_2)$ 的大小，这往往是比较困难的．下面我们用导数作为工具来讨论函数单调性的判断．

观察图 4－1－1：

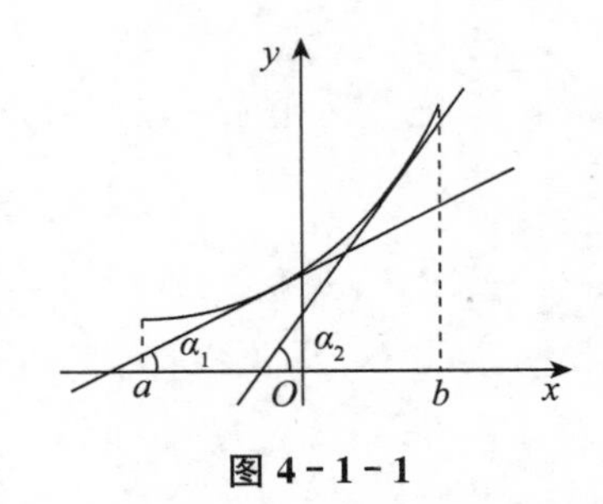

图 4－1－1

不难发现，增函数图像上的各点处都有切线，而且切线与 x 轴的正方向成锐角，因此，其正切值即切线的斜率恒正，也就是函数的导数值恒正．这一推理过程是可逆的，其逆命题即可作为函数单调递增的判断定理．

同理，观察图 4－1－2，也可以得到函数单调递减的判断方法．

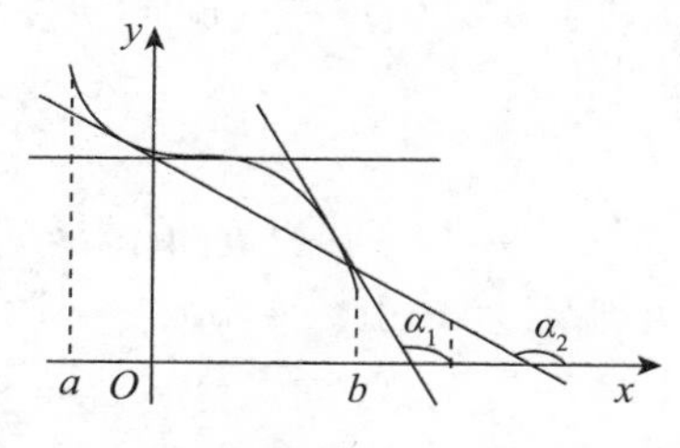

图 4－1－2

由此我们可以得到下面的判定定理．

定理．若在区间 D 内函数 $f(x)$ 可导，且 $f'(x)>0[f'(x)<0]$，则 $f(x)$ 在区间 D 内单调递增（减）．

深入研究还会发现，若在区间内的有限个点处，导数值为零或不存在，而在其余所有点处都符合上述定理的条件，则结论仍然成立．

例如，在 R 内只有在点 $x=0$ 处，函数 $f(x)=x^3$ 满足 $f'(x)=0$，函数 $f(x)=\sqrt[3]{x}$ 不可导，但它们在 R 内均为增函数．

不难想象，在使 $f'(x)=0$ 的点 x 处，函数有其特殊性，为以后使用方便，我们称之为函数 $f(x)$ 的驻点．

例 1. 求函数 $f(x)=x^2-2x$ 的单调区间．

解： 函数的定义域为 R，$f'(x)=2(x-1)$，令 $f'(x)=0$，解得 $x=1$，它把定义域划分成两个子区间：$(-\infty,\ 1)$，$(1,\ +\infty)$．

由于在各子区间内导函数的符号不变，所以各子区间内函数的单调性也不变.因此，我们只要判断在各子区间内导函数的符号即可．

当 $x<1$ 时，$f'(x)<0$；当 $x>1$ 时，$f'(x)>0$.

故，函数 $f(x)=x^2-2x$ 的单调增区间为$(1,\ +\infty)$，单调减区间为$(-\infty,\ 1)$．

例 2. 求函数 $y=(x-1)^{\frac{2}{3}}$ 的单调区间．

解： 函数定义域为 R，$y'=\dfrac{2}{3\sqrt[3]{x-1}}$，无驻点，但有不可导点 $x=1$，当 $x<1$ 时，$f'(x)<0$；当 $x>1$ 时，$f'(x)>0$.

故，函数的单调增区间为 $(1,\ +\infty)$，单调减区间为$(-\infty,\ 1)$．

由例 1 和例 2 可见，函数的单调区间的分界点可能是驻点，也可能是不可导点，因此，求函数的单调区间可按如下步骤进行：

（1）确定函数的定义域.

（2）求导数，确定驻点和不可导点.

（3）用驻点和不可导点分割定义域成子区间，列表判断各子区间内导数的正负，进而判断函数的单调性.

（4）结论.

例 3. 求函数 $f(x)=(x+2)^2(x-1)^4$ 的单调区间.

解： 函数的定义域为 R，$f'(x)=6(x+2)(x+1)(x-1)^3$（各因式中 x 的系数为1便于求根和判断符号），令 $f'(x)=0$，解得 $x_1=-2$，$x_2=-1$，$x_3=1$. 它们把定义域划分成几个子区间（其中若有偶次重根，可以忽略不计）：$(-\infty,-2)$，$(-2,-1)$，$(-1,1)$，$(1,+\infty)$，具体见表 4-1-1.

表 4-1-1

x	$(-\infty,-2)$	$(-2,-1)$	$(-1,1)$	$(1,+\infty)$
$x+2$	$-$	$+$	$+$	$+$
$x+1$	$-$	$-$	$+$	$+$
$x-1$	$-$	$-$	$-$	$+$
$f'(x)$	$-$	$+$	$-$	$+$
$f(x)$	$\searrow$	$\nearrow$	$\searrow$	$\nearrow$

函数的单调增区间为 $(-2,-1)$，$(1,+\infty)$，函数的单调减区间为 $(-\infty,-2)$，$(-1,1)$.

理解道理以后，表中第二、三、四行可以省略，直接从导函数所在行的最右边的格内起，由右至左依次在该行各格内交替填写“+”“−”即可.

在第一章我们说过，讨论单调性时无须考虑区间端点处的情况，习惯上叙述连续函数单调区间时，与定义域比较，遵守“不重不漏、首尾相接”的原则，所以，此例的结论我们可以叙述为：函数的单调增区间为 $(-2,-1]$、$(1,+\infty)$，单调减区间为 $(-\infty,-2]$、$(-1,1]$.

习题 4.1

求下列函数的单调区间：

1. $y=2+x-x^2$　　2. $y=x^4-2x^2$　　3. $y=x(x-2)^3$

4. $y=2x^2-\ln x$　　5. $y=x-\frac{3}{2}x^{\frac{2}{3}}$　　6. $y=\frac{1-x}{1+x}$

第 2 节　函数的极值和最值

本节介绍函数的极值和最值的概念与求法．

1. 函数的极值

观察图 4－2－1：在 x_1，x_2 两点的附近，函数值满足 $f(x)<f(x_1)$，$f(x)>f(x_2)$，我们称 $f(x_1)$ 为函数 $f(x)$ 的极大值，$f(x_2)$ 为函数 $f(x)$ 的极小值．

一般地，定义如下：

定义 1. 设函数 $f(x)$ 在点 x_0 的某个邻域内有定义，若对该邻域内的任意一点 $x(x\neq x_0)$，都有 $f(x)<f(x_0)$［或 $f(x)>f(x_0)$］，则称 $f(x_0)$ 为函数 $f(x)$ 的极大值（或极小值），称 x_0 为函数 $f(x)$ 的极大值点（或极小值点）．极大值和极小值统称为极值，极大值点和极小值点统称为极值点．

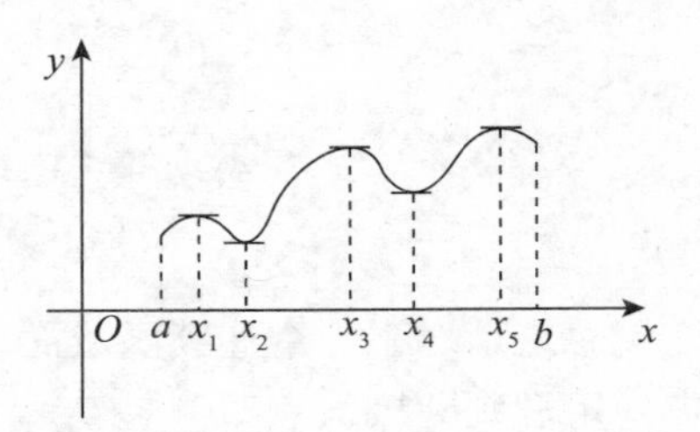

图 4－2－1

显然，极值是一个局部性概念，只在极值点附近比较函数值．若从全局看，一个函数的极大值不一定比极小值大；同样，极小值也不一定比极大值小．

从图 4－2－1 还可以看出，若 x_0 为函数 $f(x)$ 的极值点，又是可导点，则函数曲线在 x_0 点的切线平行于 x 轴，切线斜率为零，即 $f'(x_0)=0$，也即 x_0 为函数 $f(x)$ 的驻点．反之，若 x_0 为函数 $f(x)$ 的驻点，则 x_0 不一定为函数 $f(x)$ 的极值点．例如，$x=0$ 是立方函数（见图 4－2－2）的驻点，但由定义可知它不是极值点．

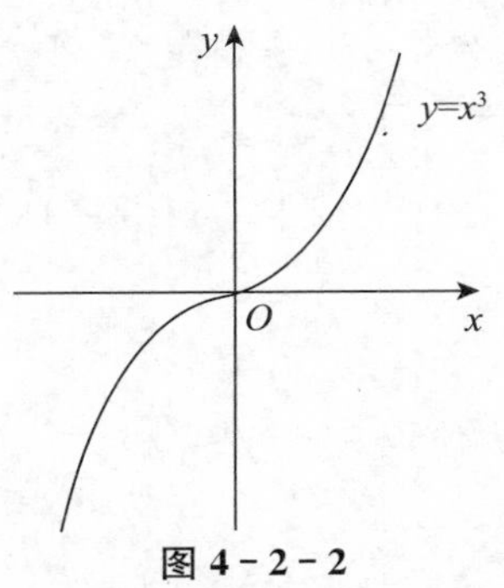

图 4－2－2

进一步观察立方函数的图像可以发现，在 $x=0$ 点的两侧，导数没有改变符号．再结合分析图 4－2－1 会发现，若 x_0 为函数 $f(x)$ 的驻点，且在 x_0 点两侧的导数改变符号，则 x_0 一定为函数 $f(x)$ 的极值点．

此外，在极值定义中，并没有要求函数在极值点可导，也就是说，不可导点也可能是极值点．例如，函数 $y=|x|$ 在 $x=0$ 点处不可导，但 $x=0$ 是极小值点（见图 4－2－3）．

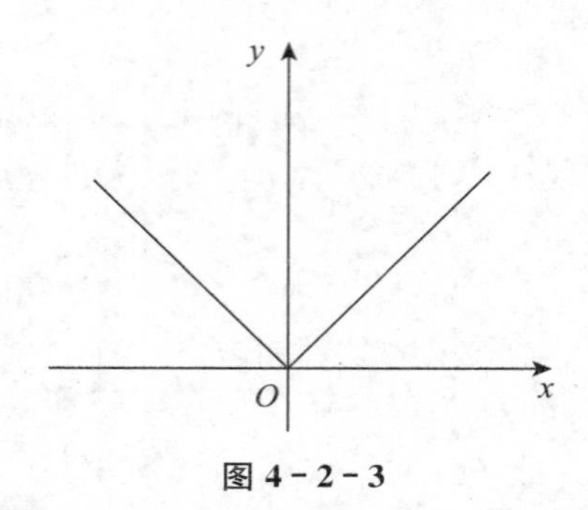

图 4－2－3

总之，对于一个连续函数而言，{极值点}$\subseteq${驻点或不可导点}，且可通过如下定理判断极值点．

定理 1. 设函数 $f(x)$ 在 x_0 点连续，在 x_0 的某邻域内可导（x_0 点可除外），在该邻域内 x_0 点的左右两侧，

（1）若 $f'(x_0)$ 的符号由正变负，则 x_0 为函数 $f(x)$ 的极大值点．

（2）若 $f'(x_0)$ 的符号由负变正，则 x_0 为函数 $f(x)$ 的极小值点．

由上面的讨论，可以得到求函数极值的一般方法步骤如下：

（1）求函数定义域．

（2）求驻点和不可导点．

（3）根据定理判断极值点．

（4）求极值．

例 1. 求函数 $y=4x^3-3x^2-6x+5$ 在 $(-1, 1]$ 上的极值．

解： 函数的定义域为 $(-1, 1]$，则

$$y'=12x^2-6x-6=12\times\left(x+\frac{1}{2}\right)(x-1)$$

令 $y'=0$，解得　$x_1=-\dfrac{1}{2}$，$x_2=1$

由表 4－2－1 可知，极大值点为 $-1/2$，极大值为 $f(-1/2)=27/4$；极小值点为 1，极小值为 $f(1)=0$.

表 4－2－1

x	$(-1, -1/2)$	$-1/2$	$(-1/2, 1)$	1
y'	$+$	0	$-$	0
y	↗	$27/4$	↘	0

例 2. 求函数 $f(x)=x-\frac{3}{2}x^{\frac{2}{3}}$ 的极值．

解： 函数的定义域为 R，

$$f'(x)=1-x^{-\frac{1}{3}}=\frac{\sqrt[3]{x}-1}{\sqrt[3]{x}}$$

可见，不可导点 $x_1=0$，驻点 $x_2=1$．具体见表 4－2－2.

表 4－2－2

x	$(-\infty, 0)$	0	$(0, 1)$	1	$(1, +\infty)$
y'	$+$		$-$	0	$+$
y	↗	0	↘	$-1/2$	↗

极大值点为 $x=0$，极大值为 $f(0)=0$；极小值点为 $x=1$，极小值为 $f(1)=-1/2$.

对于更加特殊的函数，我们还有如下更简便的判断定理：

定理 2. 设函数 $f(x)$ 在其驻点 x_0 处的二阶导数值不为零，

(1) 若 $f''(x_0)<0$，则 x_0 为函数 $f(x)$ 的极大值点．

(2) 若 $f''(x_0)>0$，则 x_0 为函数 $f(x)$ 的极小值点．

例 3. 求函数 $f(x)=x^2\ln x$ 的极值．

解： 定义域为 $x>0$，

$f'(x)=x(2\ln x+1)=0$，解得 $x=e^{-\frac{1}{2}}$，$f''(x)=2\ln x+3$，$f''(e^{-\frac{1}{2}})=2>0$

因此，函数的极小值为 $f(e^{-\frac{1}{2}})=-\frac{1}{2e}$.

2. 函数的最值

定义 2. 最大（小）的一个函数值，称为函数的最大（小）值．最大值和最小值统称为最值，函数取得最值的相应自变量的值，叫做函数的最值点．

显然，最值是对函数在整个定义域内的所有函数值而言，它是一个全局性的概念．它在生产、生活实践中具有重要意义．

下面我们讨论连续函数最值的求法．

定理 3. 闭区间上的连续函数，一定存在最大值和最小值；开区间内的连续函数，若有唯一的极值点，则其必为最值点（证明从略）．

从图 4－2－1 易见，对闭区间上的连续函数而言，其最值点不可能在某个单调区间内取得．换言之，它只可能在极值点或区间端点处取得．

因此，在理论上，我们只要求出函数的极值和区间端点处的函数值，即可确定函数的最值．

例如，我们要求前述例 1 函数的最值，只要在极大值 $f(-1/2)=27/4$、极小值 $f(1)=0$（也是区间右端点函数值）、区间左端点函数值 $f(-1)=4$ 当中比较，即可确定函数的最大值为 27/4，最小值为 0.

但是，这个过程要首先求出极值．

上述过程可以简化，在讨论极值求法的时候，大家已经知道，对一个连续函数而言，{极值点}⊆{驻点或不可导点}．不难想到，可以省略判断极值点的过程，而把驻点和不可导点的函数值计算出来，连同端点处的函数值一起比较，即可确定最值．

例 4. 求函数 $f(x)=3x^4-4x^3-12x^2+1$，$x\in[-3, 3]$ 的最值．

解: $f'(x)=12x^3-12x^2-24x=12x(x+1)(x-2)$

令 $f'(x)=0$，解得 $x_1=-1$，$x_2=0$，$x_3=2$

$f(-1)=-4$，$f(0)=1$，$f(2)=-31$；$f(-3)=244$，$f(3)=28$

比较可知，$y_{\max}=244$，$y_{\min}=-31$.

例 5. 做一个容积为 4 立方米、底为正方形的无盖长方盒子，问底边长和高为多少时用料最省？

解: 用料最省就是表面积最小．设底边长为 x 米，则高为 $\dfrac{4}{x^2}$ 米，表面积为

$$s(x)=x^2+4\cdot x\cdot\frac{4}{x^2}=x^2+\frac{16}{x},\ x\in(0, +\infty)$$

$$s'(x)=2x-\frac{16}{x^2}=\frac{2(x^3-8)}{x^2}$$

令 $s'(x)=0$，解得 $x=2$，因为 $s''(x)=2+\dfrac{32}{x^3}$，$s''(2)=6>0$，故 $x=2$ 是函数的极小值点，它是函数的唯一极值点，故它是函数的最小值点，此时高为 1.

答: 底边长为 2 米、高为 1 米时用料最省．

此题结论可用初等数学中的均值不等式法验证其正确性．

例 6. 某厂生产某种产品，固定成本为 3 万元，每生产一百件，成本增加 2 万元，若销售单价 p（万元）与产量 q（百件）满足关系式 $2p+q=10$，问产量是多少时利润最大？最大利润是多少？

解： 当产量为 q 时，可变成本为 $2q$，总成本 $C(q)=2q+3$

$R(q)=pq=5q-\frac{1}{2}q^2$，$L(q)=R(q)-C(q)=-3+3q-\frac{1}{2}q^2$

$L'(q)=3-q$，令 $L'(q)=0$，解得 $q=3$，$L''(3)=-1<0$

驻点 $q=3$ 是函数的极大值点，又是函数的唯一极值点，故它是函数的最大值点．此时 $L(3)=1.5$.

答： 产量为 3 百件时利润最大，最大利润为 1.5 万元．

例 7. 灯泡吊挂在桌面上方 B 点处，B 点在桌面的投影为 O 点，桌面上到 O 点距离为 a 的 A 点获得的照度，与该点到光源距离的平方成反比，与光线 BA 与桌面所成夹角的正弦成正比．问 B 点距离桌面多高时，A 点获得的照度最强？

解： 如图 4-2-4，设光线 BA 长度为 r，与桌面的夹角为 φ，灯泡离桌面的高度 BO 为 x，则 A 点获得的照度为

$J=k\frac{\sin\varphi}{r^2}$，其中，$k$ 为比例系数．

$\because \sin\varphi=\frac{x}{r}=\frac{x}{\sqrt{x^2+a^2}}$

$\therefore J=\frac{kx}{(x^2+a^2)^{\frac{3}{2}}}$

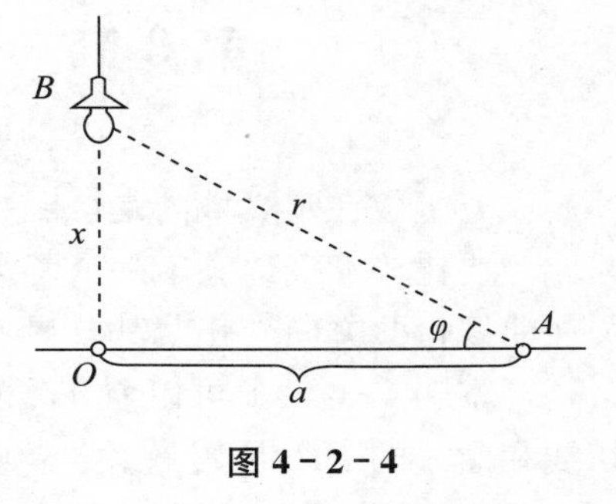

图 4-2-4

令 $J_x'=0$，解得 $x=\frac{\sqrt{2}}{2}a$．这是照度函数在 $x>0$ 时唯一的极值点（极大值点），也是最大值点．故高度为 $\frac{\sqrt{2}}{2}a$ 时，A 点获得的照度最强．

习题 4.2

1. 求下列函数的极值．

(1) $y=\frac{2x}{1+x^2}$　　(2) $y=2x^3-6x^2$　　(3) $y=xe^x$

(4)$y=x\ln x$　　　　(5)$y=\frac{2}{3}x-(x-1)^{\frac{2}{3}}$

2. 求下列函数的最值．

(1)$y=2x^3-15x^2+24x+1$，$x\in[0, 5]$

(2)$y=\frac{x+3}{x-1}$，$x\in[2, 5]$

(3)$y=\frac{x}{e^x}$，$x\in[0, 2]$

3. 一个圆锥形漏斗，其母线长 20 厘米，要使其体积最大，高应为多少？

4. 边长为 8 厘米的正方形的四角各截去一个相同的小正方形，折成无盖方盒，问截去的正方形的边长多大时方盒容积最大？最大容积是多少？

5. 做一个容积为 1 000 立方厘米的圆柱形容器，容器的底、顶部用 0.05 元/平方厘米的材料，侧面用 0.03 元/平方厘米的材料，问底半径多大时制作成本最低？

第 3 节　函数曲线的凹凸性

立方函数在定义域内是增函数，但其图像在第一、三象限的弯曲方向不同．因此，要比较准确地画出一个函数的图像，只知道单调性、极最值还不够，还要关注曲线弯曲方向变化及其分界点．

观察图 4－3－1 可以看出，曲线的弯曲方向与切线和曲线的上下位置有关：当切线总位于曲线下（上）方时，曲线向下（上）凹．为叙述方便，我们给出下面的定义．

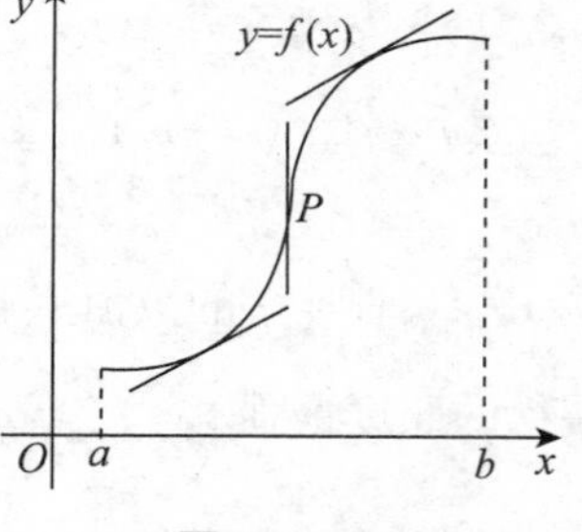

图 4－3－1

定义 1. 若在某区间内，曲线上任意一点的切线都位于曲线的下（上）方，则称曲线在该区间内是凹（凸）的．

观察图 4－3－2 和图 4－3－3 可以看出：

曲线是凹的，其切线的倾斜角随 x 的增大而增大，因此，切线的斜率是增函数，即函数的导函数 $f'(x)$ 是增函数，故 $f''(x)>0$.

这个推理过程是可逆的．即，若 $f''(x)>0$，则曲线是凹的．

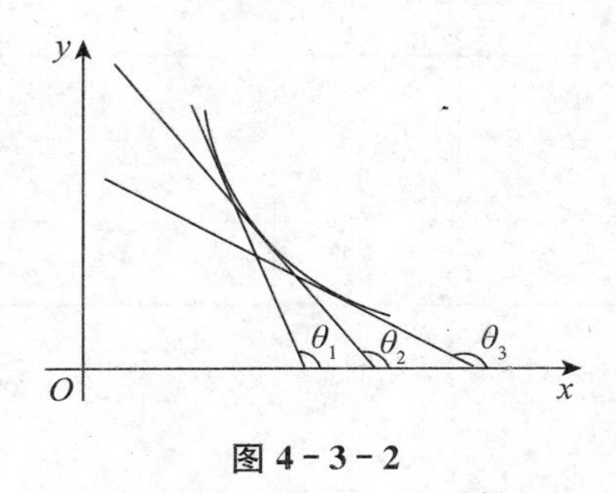

图 4-3-2

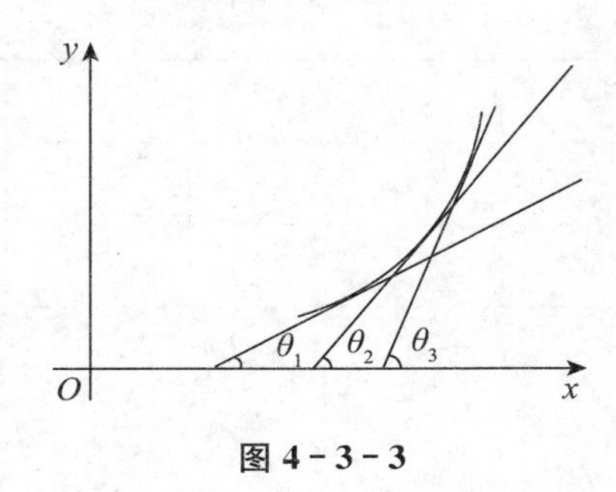

图 4-3-3

类似地，分析图 4-3-4 和图 4-3-5 可得结论：若 $f''(x)<0$，则曲线是凸的．

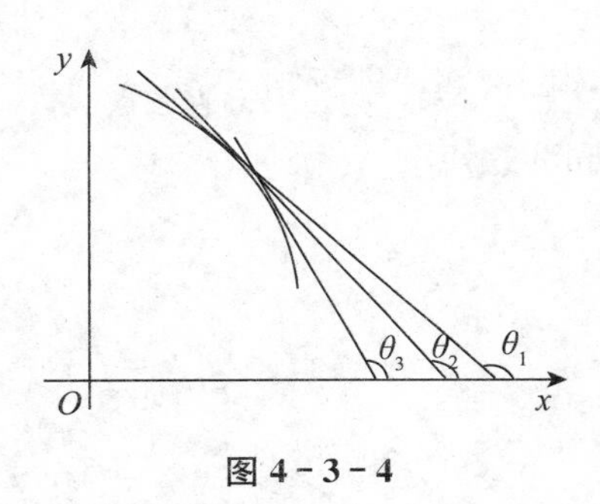

图 4-3-4

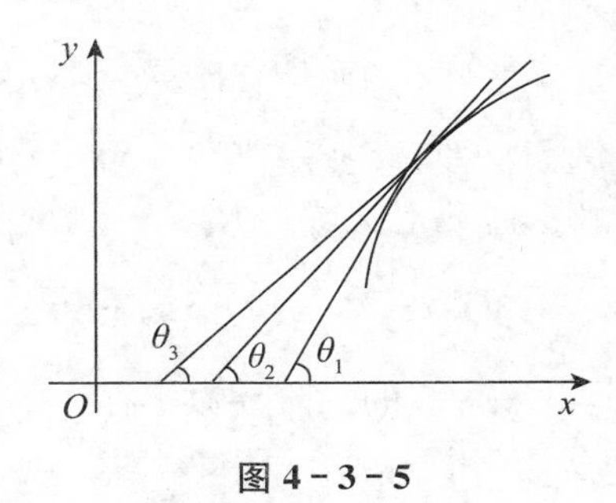

图 4-3-5

这样我们就可以得到函数曲线凹凸性的判定定理如下：

定理．设在区间 (a, b) 内函数 $f(x)$ 有二阶导数，若 $f''(x)>0$，则函数曲线是凹的；若 $f''(x)<0$，则函数曲线是凸的．

定义 2. 连续曲线凹凸两段弧的分界点，称为曲线的拐点．

显然，函数 $f(x)$ 曲线的拐点，只能是 $f''(x)=0$ 或 $f''(x)$ 不存在的点．

通过上面的分析，我们可以得到求连续函数凹凸区间和拐点的步骤：

(1) 求函数 $f(x)$ 的定义域．

(2) 求 $f''(x)=0$ 或 $f''(x)$ 不存在的点．

(3) 列表分析 (2) 所得点在其分割定义域所成各区间内 $f''(x)$ 的符号．

(4) 判定曲线的凹凸区间和拐点．

例 1. 求曲线 $y=x^4-2x^3+1$ 的凹凸区间和拐点

解： 函数定义域为 R.

$y'=4x^3-6x^2$，$y''=12x(x-1)$，令 $y''=0$，解得 $x_1=0$，$x_2=1$

列表 4-3-1 分析各区间内 $f''(x)$ 的符号如下：

表 4-3-1

x	$(-\infty, 0)$	0	$(0, 1)$	1	$(1, +\infty)$
y''	+	0	−	0	+
y	∪		∩		∪

则可以判定函数凹区间为 $(-\infty, 0)$、$(1, +\infty)$；凸区间为 $(0, 1)$；拐点为 $(0, 1)$、$(1, 0)$．

例 2. 求曲线 $y=(2x-1)^4+1$ 的凹凸区间和拐点．

解： 函数定义域为 R，

$y'=8(2x-1)^3$，$y''=48(2x-1)^2$，

令 $y''=0$，解得 $x=1/2$.

在 $x=1/2$ 的两侧二阶导数都大于零，均为凹区间，即无拐点．

例 3. 求曲线 $y=2+(x-4)^{\frac{1}{3}}$ 的凹凸区间和拐点．

解： 函数定义域为 R

$$y'=\frac{1}{3}(x-4)^{-\frac{2}{3}}, \quad y''=-\frac{2}{9}(x-4)^{-\frac{5}{3}}, \quad y''\neq 0,$$

但在 $x=4$ 的二阶导数不存在，列表 4-3-2 分析 $f''(x)$ 的符号如下：

表 4-3-2

x	$(-\infty, 4)$	4	$(4, +\infty)$
y''	+		−
y	∪		∩

则可以判定函数凹区间为 $(-\infty, 4)$；凸区间为 $(4, +\infty)$；拐点为 $(4, 2)$．

习题 4.3

求下列函数的凹凸区间和拐点：

1. $y=x^3-3x^2-x+1$

2. $y=x+\dfrac{1}{x}$

3. $y=\ln(x+\sqrt{1+x^2})$

4. $y=xe^{-2x}$

第 4 节　函数曲线的描绘

前面介绍了函数的单调性、连续性、可导性、凹凸性、极最值、拐点等知识，它们也是画函数图像的关键要素．有了它们，有了极限和导数做工具，我们可以不再用列表描点法，就可以画出能够反映函数主要特征的图像．

在介绍函数图像画法之前，我们先来介绍曲线的渐近线，它对准确地描绘函数图像有帮助作用．

1. 函数曲线的渐近线

我们对渐近线并不陌生．例如，函数 $y=\frac{1}{x^2}$ 的曲线在 x 轴上方，当 $x\to\infty$ 时，越来越充分地靠近 x 轴，但永远不会与之相交，x 轴就是函数曲线 $y=\frac{1}{x^2}$ 的一条渐近线，如图 4-4-1. 再如，$x=k\pi+\frac{\pi}{2}(k\in Z)$ 都是 $y=\tan x$ 的渐近线，如图 4-4-2.

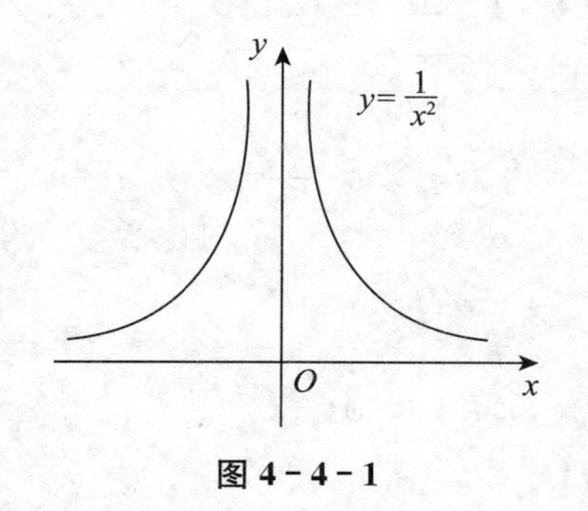

图 4-4-1

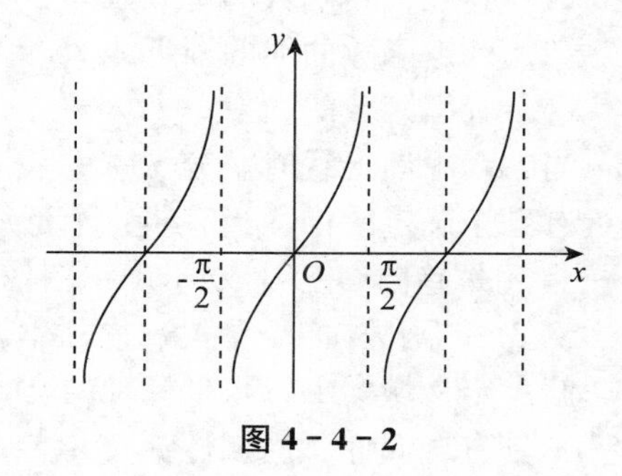

图 4-4-2

下面我们介绍水平渐近线、竖直渐近线的求法．

定理．（1）若 $\lim\limits_{x\to\infty}f(x)=c$ 或 $\lim\limits_{x\to-\infty}f(x)=c$ 或 $\lim\limits_{x\to+\infty}f(x)=c$，则直线 $y=c$ 为函数曲线 $y=f(x)$ 的水平渐近线．

（2）若 $\lim\limits_{x\to x_0}f(x)=\infty$ 或 $\lim\limits_{x\to x_0^-}f(x)=\infty$ 或 $\lim\limits_{x\to x_0^+}f(x)=\infty$，则直线 $x=x_0$ 为函数曲线 $y=f(x)$ 的竖直渐近线．

例 1. 求曲线 $y=\dfrac{1}{x-5}$ 的渐近线．

解： 因为 $\lim\limits_{x\to\infty}\dfrac{1}{x-5}=0$，$\lim\limits_{x\to 5}\dfrac{1}{x-5}=\infty$，所以直线 $y=0$ 是曲线的水平渐近线，直线 $x=5$ 是曲线的竖直渐近线．

例 2. 求曲线 $y=\dfrac{-3x^2+1}{x^2-5}$ 的渐近线．

解： 因为 $\lim\limits_{x\to\infty}\dfrac{-3x^2+1}{x^2-5}=-3$，$\lim\limits_{x\to\pm\sqrt{5}}\dfrac{-3x^2+1}{x^2-5}=\infty$，所以直线 $y=-3$ 是曲线的水平渐近线，直线 $x=\pm\sqrt{5}$ 是曲线的两条竖直渐近线．

不难理解，曲线的竖直渐近线都经过函数的无穷间断点．

2. 函数作图

综合前面学习的知识，我们现在可以不用描点法就能够作出一些我们此前做不出来的比较复杂的函数简图了．其主要步骤如下：

（1）确定函数的定义域、间断点，以及其与坐标轴的交点（难求可暂时不求）．

（2）确定函数的奇偶性和周期性．

（3）求出函数的一、二阶导数，确定一、二阶导数等于零和不存在的点．

（4）列表判断函数的单调区间、极值点和极值、凹凸区间和拐点．

（5）确定函数曲线的渐近线．

（6）画出函数的图像．

当有水平渐近线时，分 $x\to+\infty$，$x\to-\infty$ 讨论函数是在 $y=c$ 上方还是下方趋近有助于确定图像；当有竖直渐近线时，分 $x\to x_0^+$，$x\to x_0^-$ 讨论函数 y 是趋向 $+\infty$ 还是趋向 $-\infty$ 有助于确定图像．

例 3. 作函数 $y=x^3-3x^2$ 的图像．

解： 定义域为 R，与坐标轴的交点为：(0，0)、(3，0)．

不具有奇偶性、周期性．

$y'=3x(x-2)=0$，$x=0$，$x=2$

$y''=6(x-1)=0$，$x=1$

列表 4-4-1 如下：

表 4-4-1

x	$(-\infty, 0)$	0	$(0, 1)$	1	$(1, 2)$	2	$(2, +\infty)$
y'	+	0	−		−	0	+

y''	$-$		$-$	0	$+$		$+$
y	↗ ∩	极大 0	↘ ∩	拐点 (1，-2)	↘ ∪	极小 -4	↗ ∪

则可以判定该函数无渐近线，图像如图 4－4－3 所示．

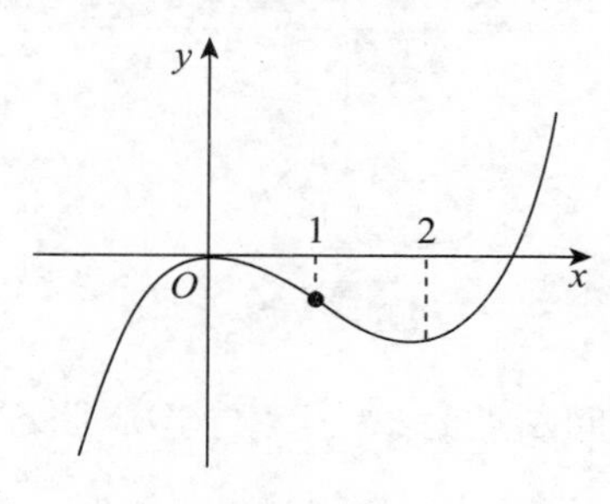

图 4－4－3

例 4. 作函数 $y=\mathrm{e}^{-x^2}$ 的图像．

解： 定义域为 R，无间断点，与坐标轴交于点（0，1），偶函数，可只在 $[0,+\infty)$ 上讨论．

$y'=-2x\mathrm{e}^{-x^2}$，令 $y'=0$，解得 $x=0$

$$y''=2(2x^2-1)\mathrm{e}^{-x^2}\text{，令 } y''=0\text{，解得 } x=\frac{\sqrt{2}}{2}$$

可列表 4－4－2 如下：

表 4－4－2

x	0	$(0,\frac{\sqrt{2}}{2})$	$\frac{\sqrt{2}}{2}$	$(\frac{\sqrt{2}}{2},+\infty)$
y'	0	$-$		$-$
y''		$-$	0	$+$
y	极大 1	↘ ∩	拐点 $(\frac{\sqrt{2}}{2},\mathrm{e}^{-\frac{1}{2}})$	↘ ∪

因为 $\lim\limits_{x\to\infty} e^{-x^2}=0$，故 $y=0$ 是曲线的一条水平渐近线，函数图像见图 4-4-4.

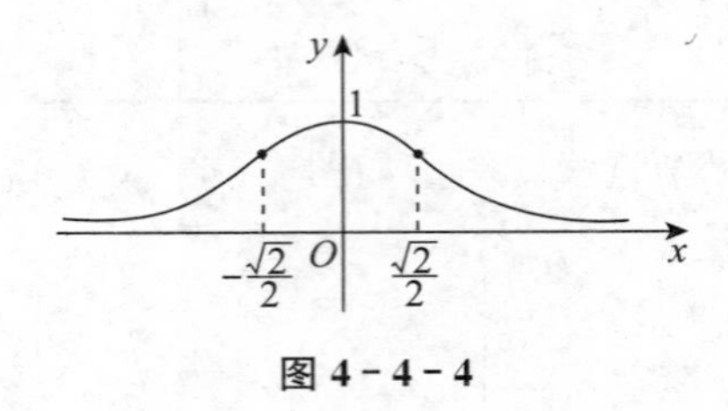

图 4-4-4

例 5. 作函数 $y=\frac{4(x+1)}{x^2}-2$ 的图像.

解： 定义域为 $x\neq 0$，间断点为 $x=0$，与坐标轴交于点（$1\pm\sqrt{3}$，0），非奇非偶函数、非周期函数.

$$y'=-\frac{4(x+2)}{x^3}，令 y'=0，解得 x=-2.$$

$$y''=\frac{8(x+3)}{x^4}，令 y''=0，解得 x=-3$$

可列表 4-4-3 如下：

表 4-4-3

x	$(-\infty,-3)$	-3	$(-3,-2)$	-2	$(-2,0)$	$(0,+\infty)$
y'	$-$		$-$	0	$+$	$-$
y''	$-$	0	$+$		$+$	$+$
y	↘ $\cap$	拐点 $\left(-3,-\frac{26}{9}\right)$	↘ $\cup$	极小 -3	↗ $\cup$	↘ $\cup$

$$\because \lim_{x\to+\infty}\frac{4(x+1)}{x^2}=0^+ \quad \therefore \lim_{x\to+\infty}\left[\frac{4(x+1)}{x^2}-2\right]=(-2)^+$$

$$\because \lim_{x\to-\infty}\frac{4(x+1)}{x^2}=0^- \quad \therefore \lim_{x\to-\infty}\left[\frac{4(x+1)}{x^2}-2\right]=(-2)^-$$

又因为 $\lim\limits_{x\to 0}\left[\frac{4(x+1)}{x^2}-2\right]=+\infty$

所以 $y=-2$ 和 $x=0$ 分别是曲线的水平渐近线和竖直渐近线.

函数图像如图 4-4-5.

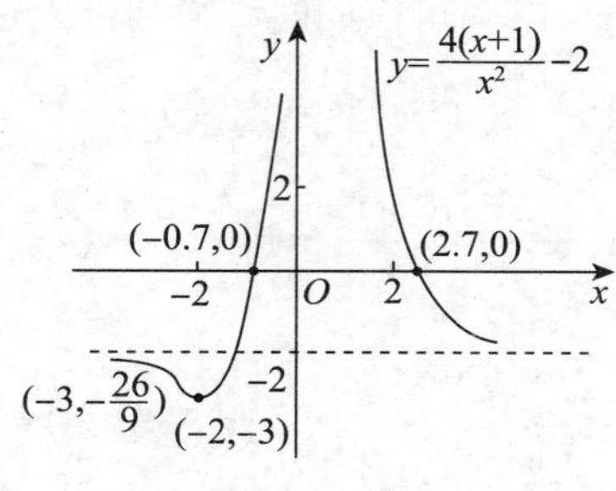

图 4－4－5

习题 4.4

1. 求下列函数的渐近线．

(1)$y=\dfrac{1}{x+4}$　　　　(2)$y=\mathrm{e}^{\frac{1}{x}}-4$

2. 画出下列函数的图像．

(1)$y=\dfrac{1}{x+4}$　　　　(2)$y=(x-2)^{\frac{5}{3}}$

(3)$y=\mathrm{e}^{\frac{1}{x}}-4$　　　　(4)$y=\ln(1+x^2)$

第 5 节　洛必达法则

在第二章我们介绍了极限的概念、四则算法、两个重要极限、利用连续函数定义求极限等，许多极限问题还是没有解决．下面我们用导数做工具解决一类叫做“不定式”的极限的求法，这个方法并非由洛必达首创，但是由他第一次写入书中流传于世，因而通常叫做洛必达法则．

定理．若函数 $f(x)$，$g(x)$ 满足下列条件：

(1) $\lim\limits_{x\to x_0}f(x)=\lim\limits_{x\to x_0}g(x)=0$(或 ∞)．

(2) 在 x_0 点的某邻域内（x_0 可以除外），$f'(x)$，$g'(x)$ 存在，且 $g'(x)\neq 0$.

(3) $\lim\limits_{x\to x_0}\dfrac{f'(x)}{g'(x)}=a$(或 ∞)．

则 $\lim\limits_{x\to x_0}\dfrac{f(x)}{g(x)}=\lim\limits_{x\to x_0}\dfrac{f'(x)}{g'(x)}=a$(或 ∞)．

注：定理中极限过程 $x \to x_0$ 可以同时替换为极限定义中的另外五种．

例 1. 求极限 $\lim\limits_{x\to 0}\dfrac{1-\cos x}{x^2}$．（$\dfrac{0}{0}$ 型不定式）

解：$\lim\limits_{x\to 0}\dfrac{1-\cos x}{x^2}=\lim\limits_{x\to 0}\dfrac{(1-\cos x)'}{(x^2)'}=\lim\limits_{x\to 0}\dfrac{\sin x}{2x}=\dfrac{1}{2}\lim\limits_{x\to 0}\dfrac{\sin x}{x}=\dfrac{1}{2}$

例 2. 求极限 $\lim\limits_{x\to +\infty}\dfrac{\dfrac{\pi}{2}-\arctan x}{\dfrac{1}{x}}$．（$\dfrac{0}{0}$ 型不定式）

解：$\lim\limits_{x\to +\infty}\dfrac{\dfrac{\pi}{2}-\arctan x}{\dfrac{1}{x}}=\lim\limits_{x\to +\infty}\dfrac{-\dfrac{1}{1+x^2}}{-\dfrac{1}{x^2}}=\lim\limits_{x\to +\infty}\dfrac{x^2}{1+x^2}=1$

例 3. 求极限 $\lim\limits_{x\to +\infty}\dfrac{\ln x}{x^c}$．（$c$ 为正常数，$\dfrac{\infty}{\infty}$ 型不定式）

解：$\lim\limits_{x\to +\infty}\dfrac{\ln x}{x^c}=\lim\limits_{x\to +\infty}\dfrac{\dfrac{1}{x}}{cx^{c-1}}=\dfrac{1}{c}\lim\limits_{x\to +\infty}\dfrac{1}{x^c}=0$

例 4. 求极限 $\lim\limits_{x\to 0+}x\ln x$．（$0\cdot\infty$ 型不定式）

解：$\lim\limits_{x\to 0+}x\ln x=\lim\limits_{x\to 0+}\dfrac{\ln x}{\dfrac{1}{x}}=\lim\limits_{x\to 0+}\dfrac{\dfrac{1}{x}}{-\dfrac{1}{x^2}}=-\lim\limits_{x\to 0+}x=0$

例 5. 求极限 $\lim\limits_{x\to 0}\left(\dfrac{1}{\sin x}-\dfrac{1}{x}\right)$.（$\infty-\infty$ 型）

解：

$$\lim_{x\to 0}\left(\frac{1}{\sin x}-\frac{1}{x}\right)=\lim_{x\to 0}\frac{x-\sin x}{x\sin x}=\lim_{x\to 0}\frac{1-\cos x}{\sin x+x\cos x}=\lim_{x\to 0}\frac{\sin x}{2\cos x-x\sin x}=0$$

例 6. 求极限 $\lim\limits_{x\to 0}(1-x)^{\frac{1}{x}}$.（$1^{\infty}$ 型不定式）

解：$\lim\limits_{x\to 0}(1-x)^{\frac{1}{x}}=\lim\limits_{x\to 0}e^{\ln(1-x)^{\frac{1}{x}}}=\lim\limits_{x\to 0}e^{\frac{\ln(1-x)}{x}}=e^{\lim\limits_{x\to 0}\frac{\ln(1-x)}{x}}=e^{\lim\limits_{x\to 0}\frac{-1}{1-x}}=e^{-1}$

例 7. $\lim\limits_{x\to 0+}x^x$.（0^0 型不定式）

解：$\lim\limits_{x\to 0+}x^x=\lim\limits_{x\to 0+}e^{x\ln x}=e^{\lim\limits_{x\to 0+}x\ln x}=e^0=1$

例 8. 求极限：$\lim\limits_{x\to\infty}\dfrac{x+\sin x}{x}$

解：这虽然是一个 $\frac{\infty}{\infty}$ 型不定式，但因为极限 $\lim\limits_{x\to\infty}\frac{(x+\sin x)'}{x'}=\lim\limits_{x\to\infty}\frac{1+\cos x}{1}$ 不存在，即不符合定理条件，所以不能用洛必达法则．此题可求解如下：

$$\lim_{x\to\infty}\frac{x+\sin x}{x}=\lim_{x\to\infty}(1+\frac{\sin x}{x})=1+\lim_{x\to\infty}\frac{\sin x}{x}=1+0=1$$

习题 4.5

求下列极限：

1. $\lim\limits_{x\to+\infty}\frac{x+\ln x}{x\ln x}$　　2. $\lim\limits_{x\to0}\frac{e^{x}-e^{-x}}{x}$　　3. $\lim\limits_{x\to1}\frac{\ln x}{x-1}$

4. $\lim\limits_{x\to1}(\frac{x}{x-1}-\frac{1}{\ln x})$　　5. $\lim\limits_{x\to0}x^{2}e^{\frac{1}{x^{2}}}$　　6. $\lim\limits_{x\to0+}\frac{\ln\tan7x}{\ln\tan2x}$

●拓展阅读：函数曲线斜渐近线的求法

在本章第四节，我们已经介绍了水平渐近线和竖直渐近线的求法．在画函数曲线时，有时还会用到斜渐近线，下面我们简单介绍一般渐近线的定义和斜渐近线的求法．

定义．如果曲线上的一点沿着曲线趋向于无穷远时，该点与一条直线的距离趋向于零，则称该直线为曲线的渐近线．

定理．若 $a=\lim\limits_{x\to\infty}\frac{f(x)}{x}$，$b=\lim\limits_{x\to\infty}[f(x)-ax]$，则直线 $y=ax+b$ 为函数曲线 $y=f(x)$ 的斜渐近线．

证明：如图 4-拓-1 所示，设斜线方程为 $y=ax+b$，函数曲线 $y=f(x)$ 上的点 $M(x,y)$ 到该斜线的距离为 δ，则

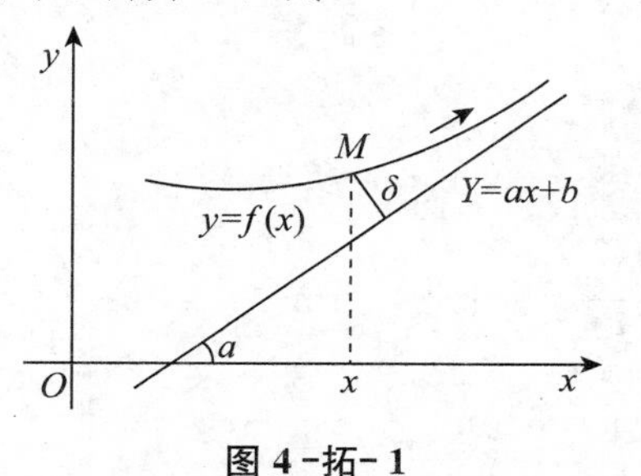

图 4-拓-1

$$\delta=\frac{|ax-y+b|}{\sqrt{a^2+(-1)^2}}$$

因为 $\lim\limits_{x\to\infty}\frac{|ax-y+b|}{\sqrt{a^2+(-1)^2}}=0\Leftrightarrow\lim\limits_{x\to\infty}(ax-y+b)=0$

而 $\lim\limits_{x\to\infty}\frac{1}{x}=0$

又因为两个无穷小之积仍为无穷小，所以

$$\lim_{x\to\infty}\frac{(ax-y+b)}{x}=0\Leftrightarrow\lim_{x\to\infty}(a-\frac{y}{x})=0\Leftrightarrow a=\lim_{x\to\infty}\frac{y}{x}$$

另一方面，由 $\lim\limits_{x\to\infty}(ax-y+b)=0$ 可得 $b=\lim\limits_{x\to\infty}(y-ax)$

故　$a=\lim\limits_{x\to\infty}\frac{f(x)}{x}$，$b=\lim\limits_{x\to\infty}[f(x)-ax]$

例 1. 求函数曲线 $y=x+\frac{1}{x}$ 的渐近线．

解： 因为 $\lim\limits_{x\to0}(x+\frac{1}{x})=\lim\limits_{x\to0}\frac{x^2+1}{x}=\infty$

$$a=\lim_{x\to\infty}\frac{x^2+1}{x^2}=1,\ b=\lim_{x\to\infty}(y-ax)=\lim_{x\to\infty}\frac{1}{x}=0$$

故直线 $x=0$ 是曲线的竖直渐近线，$y=x$ 是曲线的斜渐近线（见图 4-拓-2）．

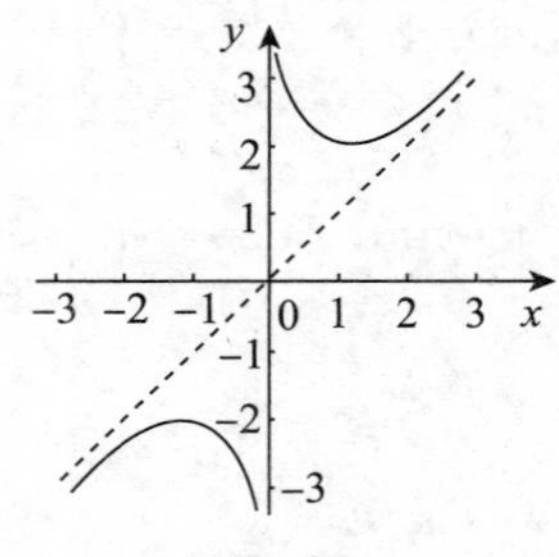

图 4-拓-2

例 2. 求函数曲线 $y=\frac{(x-3)^2}{4(x-1)}$ 的渐近线．

解： 因为 $\lim\limits_{x\to1}\frac{(x-3)^2}{4(x-1)}=\infty$；$k=\lim\limits_{x\to\infty}\frac{y}{x}=\lim\limits_{x\to\infty}\frac{(x-3)^2}{4x(x-1)}=\frac{1}{4}$

$$b=\lim_{x\to\infty}(y-\frac{1}{4}x)=\lim_{x\to\infty}[\frac{(x-3)^2}{4(x-1)}-\frac{1}{4}x]=-\frac{5}{4}$$

故直线 $x=1$ 是曲线的竖直渐近线，$y=\frac{1}{4}x-\frac{5}{4}$ 是曲线的斜渐近线．

自测题 4

1. 填空题

（1）函数 $y=x^3-3x$ 在区间________内单调递增，在区间__________内单调递减．

（2）若函数 $f(x)$ 在 $[0,1]$ 上连续，在 $(0,1)$ 内可导，且 $f'(x)<0$，则 $f(1)$__________$f(0)$．

（3）曲线 $y=x^3-3x^2-8$ 的凹区间是________，凸区间是__________．

（4）曲线 $y=\frac{1}{x-1}$ 的水平渐近线是__________，竖直渐近线________．

（5）点 $(0,1)$ 是曲线 $y=ax^3+bx^2+c$ 的拐点，则常数 $b=$______，$c=$______．

2. 判断正误

（1）函数 $f(x)$ 的极大值必定大于极小值．（　　）

（2）连续函数在开区间内不一定有最值，但也可能有最值．（　　）

（3）闭区间上的单调连续函数必定在其区间端点处取得最值．（　　）

（4）函数的极值点一定在驻点处取得．（　　）

（5）曲线的渐近线只有竖直渐近线或水平渐近线两种．（　　）

3. 选择题

（1）函数在其驻点处不一定具有的性质是（　　）

A. 连续性　　B. 可导性

C. 有极值　　D. 切线平行于 x 轴

（2）曲线 $y=x^3-3x^2-8$ 在区间 $(-1,1)$ 和 $(2,3)$ 内的凹凸性分别为（　　）

A. 凸，凸　　B. 凸，凹　　C. 凹，凸　　D. 凹，凹

（3）若函数在区间内的一、二阶导数都大于零，则函数在该区间内（　　）

A. 单调递减，凸　　B. 单调递减，凹

C. 单调递增，凸　　D. 单调递增，凹

（4）曲线 $y=\ln(x^2+1)$ 的拐点是（　　）

A. $x=1$　　B. $x=-1$

C. $x=1$ 和 $x=-1$　　　　D. $x=1$ 或 $x=-1$

（5）函数 $f(x)$ 在 $[0, 1]$ 上连续，在 $(0, 1)$ 内的导数恒小于零，则（　　）

A. $f(0)<0$　　　　B. $f(1)>0$

C. $f(0)<f(1)$　　　　D. $f(0)>f(1)$

4. 证明下列不等式

(1) $x \geqslant \arctan x \ (x \geqslant 0)$　　　　(2) $2\sqrt{x}>3-\frac{1}{x} \ (x>1)$

5. 求函数 $y=\sqrt[3]{x^3-3x^2-8}$ 的极值

6. 求下列极限

(1) $\lim\limits_{x \to 1} \frac{x^3-1}{x-1}$　　　　(2) $\lim\limits_{x \to 0} \frac{\tan x-x}{x-\sin x}$

(3) $\lim\limits_{x \to \infty} \frac{\ln(1+e^x)}{\sqrt{1+x^2}}$　　　　(4) $\lim\limits_{x \to \pi/2} \frac{\sec x}{\tan x}$

7. 求曲线 $y=\frac{2}{x^2+4}$ 的单调区间、凹凸区间、拐点

8. 计算题

甲船位于乙船正东 75 海里，以每小时 12 海里的速度向西行驶，与此同时，乙船以每小时 6 海里的速度向正北行驶，经过多长时间两船相距最近？

第5章

不定积分

本章导读

从运算的角度来看，不定积分是微分的逆运算，它为下一章的定积分问题提供了计算方法．从数学史的角度看，它的诞生晚于定积分，它在微积分中的地位举足轻重．

本章主要介绍不定积分的概念、性质和计算方法．

第1节　不定积分的概念

在第三章中，我们介绍过已知一个函数求它的导数或微分．反过来，无论是在理论上还是在实际问题中，往往需要求出一个函数，使其导数等于一个已知函数.

例如，$(?)'=2x$?

又如，列车进站时要减速，已知列车减速行驶时的速度是 $v(t)=1-\frac{1}{3}t$（千米/分钟），问需要在离站台多远时开始减速?

列车从开始减速到停止所用时间可由方程 $v(t)=1-\frac{1}{3}t=0$ 求得，为 $t=3$（分钟），设列车减速 t 分钟通过的距离为 $s(t)$．则 $s'(t)=v(t)=1-\frac{1}{3}t$，且 $s(0)=0$，而 $s(3)$ 为所求．不难验证应取 $s(t)=t-\frac{1}{6}t^2$，则 s（3）=1.5（千

米)，即列车需要在离站台 1.5 千米处开始减速．

一般地，我们给出下面的定义．

定义 1. 对定义在区间 Ⅰ 的已知函数 $f(x)$，若存在定义在区间 Ⅰ 的函数 $F(x)$，使得对任意 $x \in \mathrm{I}$，都有 $F'(x) = f(x)$ 成立，则称函数 $F(x)$ 为函数 $f(x)$ 的原函数．

例如，$\sin x$ 是 $\cos x$ 的一个原函数，x 是常函数 1 的一个原函数．

因为，若 $F'(x) = f(x)$，则 $[F(x) + C]' = f(x)$，其中 C 为任意常数(本章中此字母含义相同，以后不再注明)，所以，一个函数 $f(x)$ 若有一个原函数 $F(x)$，则它有无数多个原函数 $F(x) + C$，这些不同的原函数，只相差一个常数 C.

值得特别指出的是，定义中两个函数 $f(x)$ 和 $F(x)$ 的定义域相同，否则会产生疑问：$y = \ln x$，$y = \ln|x|$ 都是 $y = \dfrac{1}{x}(x > 0)$ 的原函数吗？若是，则与“一个函数的不同原函数只相差常数”相矛盾，违背给出原函数概念的宗旨，更多说明请见本章的“拓展阅读”．

可以证明，一个函数 $f(x)$ 若有一个原函数 $F(x)$，则除了形如 $F(x) + C$ 的原函数以外，没有其他原函数．

这就是说，$F(x) + C$ 是函数 $f(x)$ 的原函数的一般表达式．为以后叙述方便，给出下面的定义，这是一个非常重要的数学概念．

定义 2. 函数 $f(x)$ 的原函数的一般表达式 $F(x) + C$，称做 $f(x)$ 的不定积分，记作 $\int f(x)\mathrm{d}x$，其中，$f(x)$ 称做被积函数，x 称做积分变量，$f(x)\mathrm{d}x$ 称做被积表达式．

由定义有：$\int f(x)\mathrm{d}x = F(x) + C$．

例． 求不定积分：(1) $\int \cos x\,\mathrm{d}x$；(2) $\int e^x\,\mathrm{d}x$；(3) $\int 2x\,\mathrm{d}x$.

解： 根据定义，我们只要找到被积函数的一个原函数即可．

(1) $\because (\sin x)' = \cos x \quad \therefore \int \cos x\,\mathrm{d}x = \sin x + C$

(2) $\because (\mathrm{e}^x)' = \mathrm{e}^x \quad \therefore \int \mathrm{e}^x\,\mathrm{d}x = \mathrm{e}^x + C$

(3) $\because (x^2)' = 2x \quad \therefore \int 2x\,\mathrm{d}x = x^2 + C$

可见，由不定积分定义和导数（或微分）公式求不定积分，要先思考导数

（或微分）公式，这就像用加法作减法、用乘法作除法一样延迟思维速度，因此，我们应当寻找不定积分的公式和法则，下一节就学习公式和法则．

习题 5.1

1. 根据积分定义写出下列积分．

(1) $\int 1\mathrm{d}x$　(2) $\int 4x\mathrm{d}x$　(3) $\int -3x^2\mathrm{d}x$

2. 试根据导数公式写出相对应的积分公式．

第 2 节　不定积分公式和法则

在上节末尾，我们谈到直接用定义积分思维过程不简便．下面我们直接给出常用积分公式，其中除了第 8～11 四个公式将作为例题给出推导过程之外，其余均可由积分定义和导数（或微分）公式略加整理得到：

1. $\int a\mathrm{d}x = ax + C$（$a$ 为常数）
2. $\int x^a\mathrm{d}x = \frac{1}{a+1}x^{a+1} + C\,(a \neq -1)$
3. $\int \frac{1}{x}\mathrm{d}x = \ln|x| + C$
4. $\int \mathrm{e}^x\mathrm{d}x = \mathrm{e}^x + C$
5. $\int a^x\mathrm{d}x = \frac{a^x}{\ln a} + C$
6. $\int \sin x\mathrm{d}x = -\cos x + C$
7. $\int \cos x\mathrm{d}x = \sin x + C$
8. $\int \tan x\mathrm{d}x = -\ln|\cos x| + C$
9. $\int \cot x\mathrm{d}x = \ln|\sin x| + C$
10. $\int \sec x\mathrm{d}x = \ln|\sec x + \tan x| + C$
11. $\int \csc x\mathrm{d}x = \ln|\csc x - \cot x| + C$
12. $\int \sec^2 x\mathrm{d}x = \tan x + C$
13. $\int \csc^2 x\mathrm{d}x = -\cot x + C$
14. $\int \sec x\tan x\mathrm{d}x = \sec x + C$
15. $\int \csc x\cot x\mathrm{d}x = -\csc x + C$
16. $\int \frac{1}{1+x^2}\mathrm{d}x = \arctan x + C$
17. $\int \frac{1}{\sqrt{1-x^2}}\mathrm{d}x = \arcsin x + C$

利用积分公式可以直接计算一些最简单的积分．

例 1. 求下列积分：

(1)$\int 0\mathrm{d}x$　(2)$\int x^3\mathrm{d}x$　(3)$\int 3^x\mathrm{d}x$

解：(1)$\int 0\mathrm{d}x=C$　(2)$\int x^3\mathrm{d}x=\frac{1}{4}x^4+C$　(3)$\int 3^x\mathrm{d}x=\frac{1}{\ln 3}3^x+C$

只用公式能计算的积分问题太少，下面我们给出加减与常数乘法则，用这三个法则联合公式，就可以直接解决一些简单的不定积分计算问题了．

定理．两个函数和与差的积分等于它们各自积分的和与差，被积函数中的常数因子可以提到积分号的前面．即

$$\int[f(x)\pm g(x)]\mathrm{d}x=\int f(x)\mathrm{d}x\pm\int g(x)\mathrm{d}x$$

$$\int kf(x)\mathrm{d}x=k\int f(x)\mathrm{d}x\ (k\text{ 为常数}).$$

例 2. 求不定积分$\int(x^3-2\cos x+3^x)\mathrm{d}x$．

解：

$$\begin{aligned}\int(x^3-2\cos x+3^x)\mathrm{d}x&=\int x^3\mathrm{d}x-2\int\cos x\mathrm{d}x+\int 3^x\mathrm{d}x\\&=\frac{1}{4}x^4-2\sin x+\frac{3^x}{\ln 3}+C\end{aligned}$$

例 3. 求不定积分$\int\frac{x^4}{1+x^2}\mathrm{d}x$．

解：

$$\begin{aligned}\int\frac{x^4}{1+x^2}\mathrm{d}x&=\int\frac{(x^4-1)+1}{1+x^2}\mathrm{d}x=\int(x^2-1+\frac{1}{1+x^2})\mathrm{d}x\\&=\frac{1}{3}x^3-x+\arctan x+C\end{aligned}$$

例 4. 求不定积分$\int\tan^2x\mathrm{d}x$．

解：$\int\tan^2x\mathrm{d}x=\int(\sec^2x-1)\mathrm{d}x=\int\sec^2x\mathrm{d}x-\int\mathrm{d}x=\tan x-x+C$

习题 5.2

求下列不定积分：

1. $\int\sqrt{x\sqrt{x\sqrt{x}}}\,\mathrm{d}x$
2. $\int(\frac{1}{x}-\frac{3}{\sqrt{1-x^2}})\mathrm{d}x$
3. $\int\frac{1}{x^2(1+x^2)}\mathrm{d}x$
4. $\int(x^5+3\mathrm{e}^x+\csc^2x-5^x)\mathrm{d}x$

5. $\int \frac{1}{1+\cos 2x} \mathrm{d}x$　　　　6. $\int (\frac{3}{x}-\frac{x}{2})^2 \mathrm{d}x$

第 3 节　换元积分法

直接用公式和法则计算积分，只能解决一些比较简单的问题，当被积函数比较复杂时无能为力，下面介绍换元法，包括第一换元积分法（凑微分法）和第二换元积分法 .

1. 第一换元积分法（凑微分法）

先看一个比较简单的例子 .

引例： 求 $\int \cos 2x \mathrm{d}x$.

解： 没有基本公式可直接利用，但有与之接近的公式 $\int \cos x \mathrm{d}x = \sin x + C$ ，若原题中积分变量不是 x 而是 $2x$，即把 $2x$ 视为一个新变量 t，则可由公式求得结果.

由微分运算易知，$\mathrm{d}(2x)=2\mathrm{d}x$，故可求解如下：

$$\int \cos 2x \mathrm{d}x = \int \frac{1}{2}\cos 2x(2\mathrm{d}x) = \frac{1}{2}\int \cos 2x \mathrm{d}(2x)$$

$$= \frac{1}{2}\int \cos t \mathrm{d}t = \frac{1}{2}\sin t + C = \frac{1}{2}\sin 2x + C$$

可见，这个过程与复合函数求导“由外到里”恰好相反，是“从里到外”先凑微分，然后作变量替换使之符合基本公式，再用公式积分，最后还原自变量表示 . 这种积分方法叫做第一换元积分法或凑微分积分法 .

一般地，用符号语言可表述如下：

$$\int f[\varphi(x)]\varphi'(x)\mathrm{d}x = \int f[\varphi(x)]\mathrm{d}\varphi(x) = \int f(u)\mathrm{d}u$$

$$= F(u) + C = F[\varphi(x)] + C$$

例 1. 求 $\int (2x+3)^5 \mathrm{d}x$.

解: $\int (2x+3)^5 \mathrm{d}x = \int \frac{1}{2}(2x+3)^5(2x+3)'\mathrm{d}x = \frac{1}{2}\int (2x+3)^5 \mathrm{d}(2x+3)$

$$=\frac{1}{2}\int u^5\mathrm{d}u=\frac{1}{12}u^6+C=\frac{1}{12}(2x+3)^6+C$$

凑微分法的关键是凑微分，要靠自己多做题目，勤于归纳总结，才能熟练掌握凑微分的技巧．现将常用凑微分的类型列举如下：

(1) $\int f(ax+b)\mathrm{d}x=\frac{1}{a}\int f(ax+b)\mathrm{d}(ax+b)$

(2) $\int f(x^{a+1})x^a\mathrm{d}x=\frac{1}{a+1}\int f(x^{a+1})\mathrm{d}x^{a+1}$

(3) $\int f(\mathrm{e}^x)\mathrm{e}^x\mathrm{d}x=\int f(\mathrm{e}^x)\mathrm{d}(\mathrm{e}^x)$

(4) $\int f(\ln x)\frac{1}{x}\mathrm{d}x=\int f(\ln x)\mathrm{d}(\ln x)$

(5) $\int f(\sin x)\cos x\mathrm{d}x=\int f(\sin x)\mathrm{d}(\sin x)$

(6) $\int f(\cos x)\sin x\mathrm{d}x=-\int f(\cos x)\mathrm{d}(\cos x)$

(7) $\int f(\tan x)\sec^2 x\mathrm{d}x=\int f(\tan x)\mathrm{d}(\tan x)$

(8) $\int f(\cot x)\csc^2 x\mathrm{d}x=-\int f(\cot x)\mathrm{d}(\cot x)$

在方法和公式运用熟练之后，中间变量可以省略不写，凑出某种形式之后，直接用公式写出积分结果即可．

例 2. 求 $\int x\mathrm{e}^{-x^2}\mathrm{d}x$．

解： 被积函数中比较复杂的部分是 e^{-x^2}，若对其积分，与公式相比应视 $-x^2$ 为一个整体变量，而 $\mathrm{d}(-x^2)=-2x\mathrm{d}x$，被积函数恰有因子 x，故，再凑出系数 -2 即可．

$$\int x\mathrm{e}^{-x^2}\mathrm{d}x=-\frac{1}{2}\int\mathrm{e}^{-x^2}(-2x)\mathrm{d}x=-\frac{1}{2}\int\mathrm{e}^{-x^2}\mathrm{d}(-x^2)=-\frac{1}{2}\mathrm{e}^{-x^2}+C$$

例 3. 求 $\int\tan x\mathrm{d}x$．

解： $\int\tan x\mathrm{d}x=\int\frac{\sin x}{\cos x}\mathrm{d}x=-\int\frac{1}{\cos x}\mathrm{d}(\cos x)=-\ln|\cos x|+C$

类似可得 $\int\cot x\mathrm{d}x=\ln|\sin x|+C$

例 4. 求 $\int\frac{1}{a^2+x^2}\mathrm{d}x\,(a>0)$．

解: 联想公式$\int \frac{1}{1+x^2}dx = \arctan x + C$，应使被积函数的分母首项调整为1，故

$$\int \frac{1}{a^2+x^2}dx = \frac{1}{a^2}\int \frac{1}{1+(\frac{x}{a})^2}dx = \frac{1}{a}\int \frac{1}{1+(\frac{x}{a})^2}d(\frac{x}{a}) = \frac{1}{a}\arctan\frac{x}{a} + C$$

类似地，可以得到$\int \frac{1}{\sqrt{a^2-x^2}}dx = \arcsin\frac{x}{a} + C(a>0)$

例 5. 求$\int \frac{1}{a^2-x^2}dx(a>0)$.

解:

$$\begin{aligned}\int \frac{1}{a^2-x^2}dx &= \int \frac{1}{(a-x)(a+x)}dx = \int \frac{1}{2a}(\frac{1}{a-x}+\frac{1}{a+x})dx \\ &= \frac{1}{2a}(\int \frac{1}{a-x}dx + \int \frac{1}{a+x}dx) \\ &= \frac{1}{2a}[\int \frac{-1}{a-x}d(a-x) + \int \frac{1}{a+x}d(a+x)] \\ &= \frac{1}{2a}(\ln|a+x| - \ln|a-x|) + C \\ &= \frac{1}{2a}\ln\left|\frac{a+x}{a-x}\right| + C\end{aligned}$$

例 6. 求$\int \sec x dx$.

解:

$$\begin{aligned}\int \sec x dx &= \int \frac{\cos x}{\cos^2 x}dx = \int \frac{1}{1-\sin^2 x}d\sin x = \frac{1}{2}\ln\frac{1+\sin x}{1-\sin x} + C \\ &= \ln|\sec x + \tan x| + C\end{aligned}$$

类似可得　$\int \csc x dx = \ln|\csc x - \cot x| + C$

例 7. 求$\int \cos^3 x \sin^5 x dx$.

解: $\int \cos^3 x \sin^5 x dx = \int (1-\sin^2 x)\sin^5 x d\sin x$

$$= \frac{1}{6}\sin^6 x - \frac{1}{8}\sin^8 x + C_1$$

若被积表达式中只出现余弦，则有:

原式$=-\int \cos^3 x\,(1-\cos^2 x)^2 \mathrm{d}\cos x$

$=-\dfrac{1}{4}\cos^4 x+\dfrac{1}{3}\cos^6 x-\dfrac{1}{8}\cos^8 x+C_2$

两个结果形式上虽然不同，但是由三角恒等式证明可知，两者只相差常数．

2. 第二换元积分法

与凑微分法的过程相反，有时不易求得 $\int f(x)\mathrm{d}x$ ，但设 $x=\varphi(t)$，代入被积表达式后，有 $\int f(x)\mathrm{d}x=\int f[\varphi(t)]\mathrm{d}\varphi(t)=\int f[\varphi(t)]\varphi'(t)\mathrm{d}t$ ，这样就比较容易求解了．求出积分结果后，将 $t=\varphi^{-1}(x)$ 代入，即把结果还原为 x 的表达式．这种积分方法，我们称之为第二换元积分法．

用符号语言表述这个过程如下：

$$\begin{aligned}\int f(x)\mathrm{d}x&=\int f[\varphi(t)]\mathrm{d}\varphi(t)\\&=\int f[\varphi(t)]\varphi'(t)\mathrm{d}t\\&=F(t)+C=F[\varphi^{-1}(x)]+C\end{aligned}$$

这个方法可以解决的题目类型比较多，适用范围比较广．在此，我们只举例介绍一种比较简单的无理函数积分．

例 8. 求积分 $\int \dfrac{1}{1+\sqrt{x}}\mathrm{d}x$ ．

解： 设 $t=\sqrt{x}$ ，则 $x=t^2$，$\mathrm{d}x=2t\,\mathrm{d}t$

$$\begin{aligned}\int \frac{1}{1+\sqrt{x}}\mathrm{d}x&=\int \frac{2t}{1+t}\mathrm{d}t=2\int(1-\frac{1}{1+t})\mathrm{d}t\\&=2[\int \mathrm{d}t-\int \frac{1}{1+t}\mathrm{d}(1+t)]\\&=2[\sqrt{x}-\ln(1+\sqrt{x})]+C\end{aligned}$$

例 9. 求 $\int \dfrac{1}{\sqrt[4]{x}+\sqrt{x}}\mathrm{d}x$ ．

解： 设 $t=\sqrt[4]{x}$，则 $x=t^4$，$\mathrm{d}x=4t^3\mathrm{d}t$ ，则

$$\int \frac{1}{\sqrt[4]{x}+\sqrt{x}}\mathrm{d}x=\int \frac{4t^3}{t+t^2}\mathrm{d}t=4\int(t-1+\frac{1}{1+t})\mathrm{d}t$$

$$=4[\frac{1}{2}t^2-t+\ln(1+t)]+C$$

$$=2\sqrt{x}-4\sqrt[4]{x}+4\ln(1+\sqrt[4]{x})+C$$

例 10. 求 $\int\sqrt{a^2-x^2}\,dx(a>0)$.

解: 设 $x=a\sin t(-\frac{\pi}{2}<t<\frac{\pi}{2})$，则 $\sqrt{a^2-x^2}=a\cos t$，$dx=a\cos t\,dt$

$$\int\sqrt{a^2-x^2}\,dx=a^2\int\cos^2t\,dt=\frac{a^2}{2}\int(1+\cos 2t)\,dt=\frac{a^2}{2}t+\frac{a^2}{4}\sin 2t+C$$

由所设知 $\sin t=\frac{x}{a}$，$t=\arcsin\frac{x}{a}$，$\cos t=\frac{\sqrt{a^2-x^2}}{a}$，$\sin 2t=\frac{2x\sqrt{a^2-x^2}}{a^2}$

故 $\int\sqrt{a^2-x^2}\,dx=\frac{a^2}{2}t+\frac{a^2}{4}\sin 2t+C=\frac{a^2}{2}\arcsin\frac{x}{a}+\frac{1}{2}x\sqrt{a^2-x^2}+C$

例 11. 求 $\int\frac{1}{\sqrt{a^2+x^2}}dx(a>0)$.

解: 设 $x=a\tan t(-\frac{\pi}{2}<t<\frac{\pi}{2})$，则 $\sqrt{a^2+x^2}=a\sec t$，$dx=a\sec^2t\,dt$

$$\int\frac{1}{\sqrt{a^2+x^2}}dx=\int\sec t\,dt=\ln|\sec t+\tan t|+C_1$$

因为 $x=a\tan t$，$\sqrt{a^2+x^2}=a\sec t$，所以 $\tan t=\frac{x}{a}$，$\sec t=\frac{\sqrt{a^2+x^2}}{a}$

$\int\frac{1}{\sqrt{a^2+x^2}}dx=\ln|\sec t+\tan t|+C_1=\ln|x+\sqrt{a^2+x^2}|+C$，其中 $C=C_1+\ln a$

类似可得 $\int\frac{1}{\sqrt{x^2-a^2}}dx=\ln|x+\sqrt{x^2-a^2}|+C$

习题 5.3

1. 求下列不定积分：

(1) $\int e^{3x}dx$　　(2) $\int\frac{1}{2-3x}dx$　　(3) $\int(2+3x)^5dx$

(4) $\int x\sqrt{5-x^2}\,dx$　　(5) $\int\frac{1}{x^2}e^{\frac{1}{x}}dx$　　(6) $\int\frac{1}{x\ln^2x}dx$

(7) $\int \frac{\sin x}{1+\cos^2 x}\mathrm{d}x$　　(8) $\int \cos^3 x \sin x \mathrm{d}x$　　(9) $\int \frac{1}{4+x^2}\mathrm{d}x$

(10) $\int \frac{x}{4+x}\mathrm{d}x$

2. 求下列不定积分：

(1) $\int x\sqrt{1+x}\,\mathrm{d}x$　　(2) $\int \frac{\mathrm{d}x}{1+\sqrt{3-x}}$　　(3) $\int \sqrt{1+\mathrm{e}^x}\,\mathrm{d}x$

(4) $\int \frac{\mathrm{d}x}{\sqrt[3]{x}+\sqrt{x}}$

第 4 节　分部积分法

换元积分法可以解决一些积分问题，但还有大量问题不能解决，要靠其他方法来解决．下面我们介绍分部积分法，这个方法也是一种基本方法，用它可以解决某些被积函数可视为两部分之积的积分问题．

由 $[u(x)v(x)]'=u'(x)v(x)+u(x)v'(x)$，$u(x)v'(x)=[u(x)v(x)]'-u'(x)v(x)$ 可得

$$\int u(x)v'(x)\mathrm{d}x=\int [u(x)v(x)]'\mathrm{d}x-\int u'(x)v(x)\mathrm{d}x$$

$$=u(x)v(x)-\int u'(x)v(x)\mathrm{d}x$$

该式表明，当计算 $\int u(x)v'(x)\mathrm{d}x$ 困难时，可以转而试算 $\int u'(x)v(x)\mathrm{d}x$ ．

该式通常简记为 $\int u\mathrm{d}v=uv-\int v\mathrm{d}u$ ，称做分部积分公式，使用该公式积分的方法称做分部积分法．

其关键是把被积表达式恰当地分成 u、$\mathrm{d}v$ 两部分，分配的一般原则有两条：

（1）v 易求．

（2）新积分 $\int v\mathrm{d}u$ 比原积分 $\int u\mathrm{d}v$ 容易计算．

例 1. 求 $\int x\cos x\mathrm{d}x$ ．

解： 设 $u=x$，$\mathrm{d}v=\cos x\mathrm{d}x$ ，则 $\mathrm{d}u=\mathrm{d}x$，$v=\int \cos x\mathrm{d}x=\sin x$ ，由分部积分公式可得

$$\int x\cos x\mathrm{d}x = x\sin x - \int \sin x\mathrm{d}x = x\sin x + \cos x + C$$

本题如果设 $u = \cos x$，$\mathrm{d}v = x\mathrm{d}x$，反而会使积分比原题更复杂（读者可以自己实验）.

通常情况下，当被积函数是正整指数的幂函数与三角函数（或指数函数）之积时，选取幂函数作 u，运用分部积分公式后，可以降低其指数.

例 2. 求 $\int x^2 \mathrm{e}^x \mathrm{d}x$.

解： 设 $u = x^2$，$\mathrm{d}v = \mathrm{e}^x \mathrm{d}x$，则 $\mathrm{d}u = 2x\mathrm{d}x$，$v = \int \mathrm{e}^x \mathrm{d}x = \mathrm{e}^x$. 故

$$\int x^2 \mathrm{e}^x \mathrm{d}x = x^2 \mathrm{e}^x - 2\int x\mathrm{e}^x \mathrm{d}x = x^2 \mathrm{e}^x - 2\left(x\mathrm{e}^x - \int \mathrm{e}^x \mathrm{d}x\right) = (x^2 - 2x + 2)\mathrm{e}^x + C$$

可见，在一个题中，可以多次使用分部积分法.

例 3. 求 $\int x\arctan x\mathrm{d}x$.

解： 设 $u = \arctan x$，$\mathrm{d}v = x\mathrm{d}x$，则 $\mathrm{d}u = \dfrac{1}{1+x^2}\mathrm{d}x$，$v = \int x\mathrm{d}x = \dfrac{x^2}{2}$. 故

$$\begin{aligned}\int x\arctan x\mathrm{d}x &= \frac{1}{2}x^2 \arctan x - \frac{1}{2}\int \frac{x^2}{1+x^2}\mathrm{d}x \\ &= \frac{1}{2}(x^2 \arctan x - x + \arctan x) + C \\ &= \frac{1}{2}(x^2 + 1)\arctan x - \frac{1}{2}x + C\end{aligned}$$

通常情况下，当被积函数是正整指数的幂函数与反三角函数（或对数函数）之积时，选取反三角函数（或对数函数）作 u.

例 4. 求 $\int x\ln x\mathrm{d}x$.

解： 设 $u = \ln x$，$\mathrm{d}v = x\mathrm{d}x$，则 $\mathrm{d}u = \dfrac{1}{x}\mathrm{d}x$，$v = \int x\mathrm{d}x = \dfrac{x^2}{2}$. 故

$$\int x\ln x\mathrm{d}x = \frac{1}{2}x^2 \ln x - \int \frac{1}{2}x\mathrm{d}x = \frac{1}{2}x^2 \ln x - \frac{1}{4}x^2 + C$$

例 5. 求 $\int \mathrm{e}^x \cos x\mathrm{d}x$.

解： 设 $u = \mathrm{e}^x$，$\mathrm{d}v = \cos x\mathrm{d}x$，则 $\mathrm{d}u = \mathrm{e}^x \mathrm{d}x$，$v = \int \cos x\mathrm{d}x = \sin x$.

$$\int \mathrm{e}^x \cos x\mathrm{d}x = \mathrm{e}^x \sin x - \int \mathrm{e}^x \sin x\mathrm{d}x$$

$$= e^x \sin x - (-e^x \cos x + \int e^x \cos x \, dx)$$

$$= e^x (\sin x + \cos x) - \int e^x \cos x \, dx$$

$\therefore 2\int e^x \cos x \, dx = e^x (\sin x + \cos x) + C_1$

$\int e^x \cos x \, dx = \frac{1}{2} e^x (\sin x + \cos x) + C$

可见，在积分过程中，当出现“非 1 系数”的原积分式时，可以用解方程的办法求解．

本题也可选取 $u = \cos x$，读者自己可以求解．

通常情况下，当被积函数是三角函数与指数函数之积时，两者可任选其一作 u.

总之，分部选 u 的优先顺序通常分为三级：反三角函数或对数函数、正整指数的幂函数、指数函数或三角函数．可简化记忆为“反对幂指三”．

此外，分部积分法也可以与前面介绍的换元积分法、加减法则等积分方法综合运用．

例 6. 求 $\int e^{\sqrt{2x-1}} dx$．

解： 设 $t = \sqrt{2x-1}$，则 $x = \frac{1}{2}(t^2 + 1)$，$dx = t\,dt$，故

$$\int e^{\sqrt{2x-1}} dx = \int e^t t \, dt = e^t t - \int e^t dt = e^t (t-1) + C = e^{\sqrt{2x-1}} (\sqrt{2x-1} - 1) + C$$

但分部积分法也只能解决某些特殊类型的积分问题，大量积分问题还需要其他多种方法或技巧，感兴趣的读者可以阅读本科院校教材．

习题 5.4

求下列不定积分：

1. $\int \ln(1 + x^2) dx$
2. $\int x^2 \sin x \, dx$
3. $\int x e^{-x} dx$
4. $\int \frac{\ln x}{x^2} dx$
5. $\int \arccos x \, dx$
6. $\int e^{-x} \cos x \, dx$
7. $\int e^{\sqrt{x}} dx$
8. $\int \cos\sqrt{1 - x} \, dx$
9. $\int \ln(x + \sqrt{1 + x^2}) dx$
10. $\int \frac{x e^x}{(1 + x)^2} dx$

拓展阅读：关于原函数定义的表述

在诸多有关微积分的教科书和工具书中，关于原函数定义的表述，大都没有明确函数与其原函数定义域相同．因此，初学者常常会问：函数 $y=\ln|x|$ 和 $y=\ln x$ 都是 $y=\frac{1}{x}(x>0)$ 的原函数吗？若是，这与“一个函数的不同原函数只相差常数”是否矛盾？

例如，《中国大百科全书（数学）》（中国大百科全书出版社1988年版）表述为：“以某个函数为其导（函）数的函数．”再如，吉林大学数学系编《数学分析》（上）（人民教育出版社1978年版）表述为：“设已知函数 $f(x)$，如果有函数 $F(x)$，使得 $F'(x)=f(x)$，那么 $F(x)$ 叫 $f(x)$ 的原函数．”对这两种表述，初学者还会疑问：函数有两要素，为什么对定义域避而不谈？

我们如果能够放眼整个微积分学科、抓住问题本质、想到定义原函数的目的是研究微分逆运算——不定积分，即“在某个区间为已知函数 $f(x)$ 找到、命名那个导数等于它的未知函数 $F(x)$”，或许就不会关注这些次要的细节问题了．

北京师大曹才翰主编的《中国中学教学百科全书·数学卷》（沈阳出版社1991年版）给出的表述为：“设函数 $f(x)$ 在区间Ⅰ上有定义，如果存在定义在区间Ⅰ上的函数 $F(x)$，使得对Ⅰ内任意一点 x，都有 $F'(x)=f(x)$ 或 $\mathrm{d}F(x)=f(x)\mathrm{d}x$，则称 $F(x)$ 是函数 $f(x)$ 的一个原函数．”由此，函数 $y=\ln(-x)$ 是 $y=\frac{1}{x}$ 和 $y=\frac{1}{x}(x<0)$ 两个函数的原函数．

《全日制普通高中教科书（实验修订本）数学》第三册（选修Ⅱ）（人民教育出版社2001版）给出的表述为：“设 $f(x)$ 是定义在区间Ⅰ上的一个函数，如果存在函数 $F(x)$，在区间Ⅰ上任何一点 x 处都有 $F'(x)=f(x)$，那么 $F(x)$ 叫做函数 $f(x)$ 在区间Ⅰ上的一个原函数．”由此，依然不能解除本拓展阅读开头提出的初学者的疑问．

这后两种表述虽然关注了函数的区间，但“函数在区间Ⅰ有定义”与“函数定义在区间Ⅰ”两者不等价．

本教材中的表述，突出了函数与其原函数互为逆运算的关系，表明了已知与未知函数，明确了两者的定义域相同．这样可以避免种种疑问，让初学者尽快直奔学习主题．

自测题 5

1. 填空题

(1) 函数与其原函数的定义域的关系是________.

(2) 不定积分 $\int f(x)\mathrm{d}x$ 的被积表达式是______，被积函数是________，积分变量是______.

(3) $\int f'(x)\mathrm{d}x=\cos x+C_1$，$f(x)=$________________.

(4) 用分部积分法计算 $\int \frac{\arctan x}{x}\mathrm{d}x$，可设 $u=$______，$\mathrm{d}v=$________.

(5) 若 $x\ln x$ 是 $f(x)$ 的一个原函数，则 $f'(x)=$________.

2. 判断正误

(1) 常数的不定积分是一次函数.　(　　)

(2) 在同一个区间，任一函数的两个原函数之差为常数.　(　　)

(3) 函数 $y=\ln|x|$ 和 $y=\ln x$ 都是 $y=\frac{1}{x}(x>0)$ 的原函数.　(　　)

(4) 函数 $y=\ln(-x)$ 是 $y=\frac{1}{x}$ 和 $y=\frac{1}{x}(x<0)$ 两个函数的原函数.　(　　)

(5) 分部积分法在一个题中可以重复使用.　(　　)

3. 选择题

(1) 下列各对函数中，是同一函数的原函数的是　(　　)

A. $y=\sqrt{1+x}$，$y=2\sqrt{1+x}$

B. $y=\sin^2 x-\cos^2 x$，$y=2\sin^2 x$

C. $y=\mathrm{e}^{x^2}$，$y=\mathrm{e}^{2x}$

D. $y=\sin x$，$y=-\cos x$

(2) $\int(\ln x)'\mathrm{d}x=$　(　　)

A. $\ln x$　　B. $\ln x+C$　　C. $\ln x\mathrm{d}x$　　D. $1/x$

(3) 用换元积分法求 $\int \frac{\mathrm{d}x}{\sqrt{x}+\sqrt[5]{x}}$，可以设 $x=$　(　　)

A. t^2　　B. t^5　　C. t^7　　D. t^{10}

(4) 应用凑微分法积分时，下列凑微分正确的是　(　　)

A. $\frac{1}{x+1}dx=d\ln(x+1)$　　B. $2e^{x^2}dx=d(e^{x^2})$

C. $\arctan x dx=d(\frac{1}{x^2+1})$　　D. $\cos 2x dx=d(\sin 2x)$

(5) 用分部积分法求 $\int\frac{\ln(1+x)}{x^2}dx$，应分部如下　(　　)

A. $u=\ln(1+x)$，$dv=\frac{1}{x^2}dx$　　B. $u=\frac{1}{x^2}$，$dv=\ln(1+x)dx$

C. $u=\frac{1}{x}\ln(1+x)$，$dv=\frac{1}{x}dx$　　D. $u=\frac{1}{x^2}\ln(1+x)$，$dv=dx$

4. 计算积分

(1) $\int\frac{3x^2-\sqrt{x}}{x\sqrt{x}}dx$　　(2) $\int\frac{dx}{\sqrt{5-2x}}$

(3) $\int\frac{dx}{\sqrt{x}(1-x)}dx$　　(4) $\int\sqrt{x}\ln x dx$

第6章

定积分

本章导读

定积分产生于几何、物理、工程技术等问题的求解过程中，反过来又被用来解决各类实际问题和自然科学理论问题．它是一种重要的数学思想方法和工具．

本章主要介绍定积分的概念、性质、计算方法和简单应用．

第1节　定积分的思想方法和概念

定积分的思想方法是解决实际问题的一种重要的数学思想方法，在此，我们通过两个引例进行简单介绍．

引例1. 曲边梯形的面积．

计算多边形、圆等规则图形的面积，我们在中小学时已经学过了，那么，如图6-1-1所示的不规则图形的面积应该怎么计算呢？

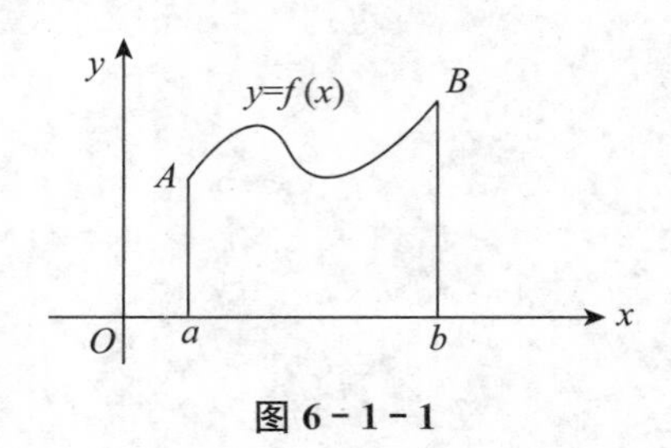

图6-1-1

该图由函数 $y=(x)$ 的曲线与 $y=0$，$x=a$，$x=b$ 三条直线围成，为了叙述方便，我们称之为曲边梯形．

为了计算曲边梯形的面积，我们可以用一些垂直于 x 轴的直线将其分割成一些小的曲边梯形．若每个小曲边梯形的曲边用直线段近似代替，则这些小曲边梯形就成为小矩形，如图 6－1－2 所示．

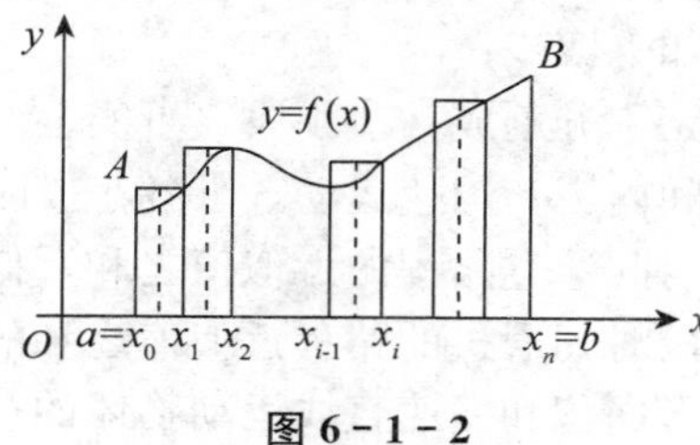

图 6－1－2

这些小矩形的长度为 x 轴垂线的垂足 x_1，x_2，…，x_n 之间的距离 Δx_i，$\Delta x_i=x_i-x_{i-1}$，高度可由各小区间 $[x_{i-1},\ x_i]$ 内的某点 ξ_i 的函数值 $f(\xi_i)$ 给出．用这些小矩形的面积 $f(\xi_i)\Delta x_i$ 近似代替这些小曲边梯形的面积，进而用其和 $\sum\limits_{i=1}^{n} f(\xi_i)\Delta x_i$ 近似代替曲边梯形的面积．

不难想象，小矩形的个数越多，即各小矩形下底边长越小，精确程度就越高．由极限思想可知，当各小矩形下底边长趋于零时，这些小矩形的面积之和的极限就是这个曲边梯形的面积．即

$$s=\lim_{\lambda\to 0}\sum_{i=1}^{n} f(\xi_i)\Delta x_i\text{，其中 }\lambda=\max\{\Delta x_1,\ \Delta x_2,\ \cdots,\ \Delta x_n\}.$$

反思上述过程，可归纳为如下四步：

(1) 分割：把曲边梯形分割成一些小曲边梯形，只要分割自变量区间即可实现；

(2) 近似：各小曲边梯形的面积用小矩形面积近似代替；

(3) 求和：曲边梯形用小曲边梯形面积之和近似代替；

(4) 求极限：求小曲边梯形面积之和的极限，得到曲边梯形的面积．

引例 2. 变速直线运动的路程．

一辆汽车在公路上行驶，其速度为 $v=v(t)$，求在时间 $[t_1,\ t_2]$ 内通过的路程．

大家知道，匀速直线运动物体在时间 t 内以匀速 v 运动的路程为 $s=vt$．但变速运动物体的运动路程该怎么求呢?

我们把时间 $[t_1,\ t_2]$ 分割成 n 段 Δt_i，$i=1$，2，3，…，n. 每小段时间内，

视变速为匀速 $v(\xi_i)$，$\xi \in [t_{i-1}, t_i]$，在时间 Δt_i 内通过的路程的近似值为 $v(\xi_i)\Delta t_i$，其和为 $\sum_{i=1}^{n} v(\xi_i)\Delta t_i \approx s$，由极限思想可知，和的极限值为该段时间 $[t_1, t_2]$ 内所通过的路程，即

$$s = \lim_{\lambda \to 0} \sum_{i=1}^{n} v(\xi_i)\Delta t_i\text{，其中，}\lambda = \max\{\Delta t_1, \Delta t_2, \cdots, \Delta t_n\}.$$

这个过程也可归纳为如下四步：

(1) 分割：把通过的路程分割成一些小段，事实上，只要分割时间段即可；

(2) 近似：各小段时间内视为匀速运动，求各小段时间通过路程的近似值；

(3) 求和：用各小段时间通过路程的近似值之和近似代替实际行程；

(4) 求极限：求各小段时间通过的路程近似值之和的极限，得到实际行程．

不难发现，求曲边梯形面积和变速直线运动物体的行程两个貌似不相干的问题，却可以用上述共同的四步来解决，这要归功于数学思维的深刻与洞明！数学家们正是在此思想方法的基础上形成了定积分的概念．

定义．设函数 $f(x)$ 在区间 $[a, b]$ 上有定义，任取分点 $a = x_0 < x_1 < x_2 < \cdots < x_n = b$，记 $\Delta x_i = x_i - x_{i-1} (i = 1, 2, 3, \cdots, n)$，$\lambda = \max\{\Delta x_1, \Delta x_2, \cdots, \Delta x_n\}$，任取 $\xi_i \in [x_{i-1}, x_i]$，作和 $\sum_{i=1}^{n} f(\xi_i)\Delta x_i$，若极限 $\lim_{\lambda \to 0}\sum_{i=1}^{n} f(\xi_i)\Delta x_i$ 存在，则称此极限值为函数 $f(x)$ 在区间 $[a, b]$ 上的定积分，记作 $\int_a^b f(x)\mathrm{d}x = \lim_{\lambda \to 0}\sum_{i=1}^{n} f(\xi_i)\Delta x_i$，其中 $[a, b]$，a，b，x，$f(x)$，$f(x)\mathrm{d}x$ 依次称做积分区间、积分下限、积分上限、积分变量、被积函数、被积表达式．

由定义的表述可以知道，不是任意函数都存在定积分．

但是可以证明，闭区间上的连续函数，或闭区间上有界而且只有有限个间断点的函数一定存在定积分．

为了推理论证和运算体系的完备，补充定义：当上下限相等时，积分值为零；当下限大于上限时，积分值等于交换上下限后积分值的相反数．即

当 $a = b$ 时，$\int_a^b f(x)\mathrm{d}x = 0$；

当 $a > b$ 时，$\int_a^b f(x)\mathrm{d}x = -\int_b^a f(x)\mathrm{d}x$.

习题 6.1

1. 某质点运动的速度为 $v(t) = 3t + 8(m/s)$，用定积分表示该质点从出发到 9 秒

时刻产生的位移．

2. 用定积分表示曲线 $y=3x^2$ 与直线 $x=2$，$x=4$，$y=0$ 围成的曲边梯形的面积．

第 2 节　定积分的几何意义

当 $f(x)\geqslant 0$ 时，从上节引例 1 知道，函数 $f(x)$ 在区间$[a,b]$上的定积分 $\int_a^b f(x)\mathrm{d}x$ 表示函数曲线 $y=f(x)$ 与 $y=0$，$x=a$，$x=b$ 围成的曲边梯形的面积.

当 $f(x)<0$ 时，因为和 $\sum_{i=1}^{n} f(\xi_i)\Delta x_i$ 的各项均为负数，所以，和及其极限均为负数，即 $\int_a^b f(x)\mathrm{d}x<0$. 此时，函数 $f(x)$ 在区间$[a,b]$上的定积分 $\int_a^b f(x)\mathrm{d}x$ 表示函数曲线 $y=f(x)$ 与 $y=0$，$x=a$，$x=b$ 围成的曲边梯形面积的相反数（如图 6－2－1）.

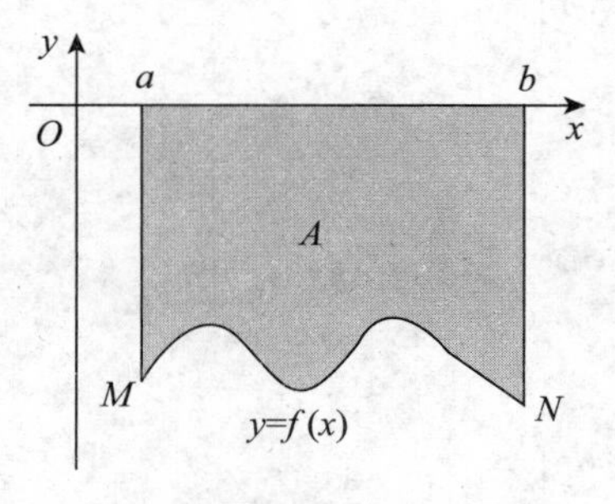

图 6－2－1

当 $f(x)$ 可正可负时，函数 $f(x)$ 在区间$[a,b]$上的定积分 $\int_a^b f(x)\mathrm{d}x$ 表示函数曲线 $y=f(x)$ 和直线 $y=0$，$x=a$，$x=b$ 围成的各部分图形面积的代数和(x 轴上方取正、下方取负)，如图 6－2－2 所示，$\int_a^b f(x)\mathrm{d}x=A_1-A_2+A_3$.

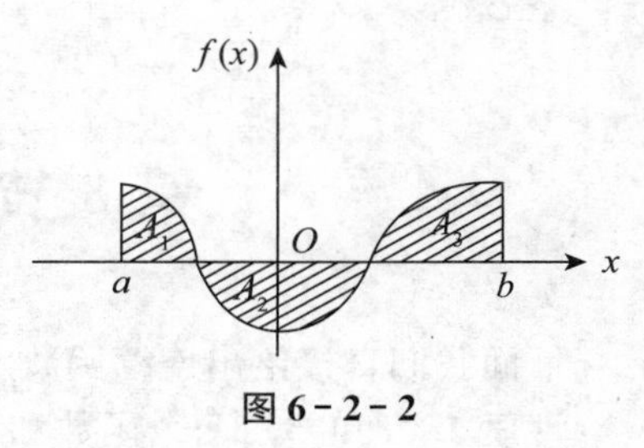

图 6－2－2

利用几何意义，可以得到一些特殊的积分结果．

例如，当 $f(x)$ 为偶函数时，$\int_{-a}^{a} f(x)\mathrm{d}x = 2\int_{0}^{a} f(x)\mathrm{d}x$.

当 $f(x)$ 为奇函数时，$\int_{-a}^{a} f(x)\mathrm{d}x = 0$.

还可利用几何意义，直接计算一些积分．

例： 求 $\int_{0}^{2} \sqrt{2x-x^2}\,\mathrm{d}x$.

解： 被积函数 $y=\sqrt{2x-x^2}$ 等价于方程 $(x-1)^2+y^2=1(y\geqslant 0)$，故函数曲线是以点（1，0）为圆心，以 1 为半径的上半圆（如图 6－2－3）．上半圆面积为 $\frac{\pi}{2}$，故 $\int_{0}^{2} \sqrt{2x-x^2}\,\mathrm{d}x = \frac{\pi}{2}$.

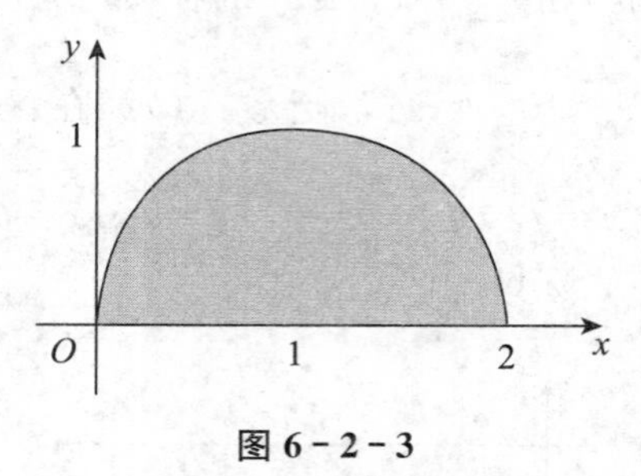

图 6－2－3

习题 6.2

利用几何意义求积分．

1. $\int_{0}^{3} \sqrt{9-x^2}\,\mathrm{d}x$
2. $\int_{-1}^{1} |x|\,\mathrm{d}x$
3. $\int_{0}^{2\pi} \sin x\,\mathrm{d}x$
4. $\int_{0}^{2\pi} \cos x\,\mathrm{d}x$

第 3 节　定积分的性质

下面我们直接给出连续函数定积分的几条简单性质，在此略去证明．

性质 1.（和差）两个函数和与差的积分等于它们各自积分的和与差，即

$$\int_{a}^{b} [f(x) \pm g(x)]\mathrm{d}x = \int_{a}^{b} f(x)\mathrm{d}x \pm \int_{a}^{b} g(x)\mathrm{d}x$$

性质 2.（常数乘）被积函数中的常数因子可以提到积分符号的前面，即

$$\int_a^b kf(x)\mathrm{d}x = k\int_a^b f(x)\mathrm{d}x\text{（}k\text{ 为常数）}$$

性质3.（分段）无论 a，b，c 大小顺序如何，都有

$$\int_a^b f(x)\mathrm{d}x = \int_a^c f(x)\mathrm{d}x + \int_c^b f(x)\mathrm{d}x$$

性质4.（可比）同一区间上函数值恒大的函数，积分值也大，即

若在 $[a, b]$ 上恒有 $f(x) \geqslant g(x)$，则

$$\int_a^b f(x)\mathrm{d}x \geqslant \int_a^b g(x)\mathrm{d}x$$

性质5.（估值）函数积分值介于区间长度乘最小值与区间长度乘最大值之间，即若 $f(x)$ 在区间 $[a, b]$ 上的最小值为 m，最大值为 M，则

$$m(b-a) \leqslant \int_a^b f(x)\mathrm{d}x \leqslant M(b-a)$$

例1. 比较大小：(1) $\int_0^1 x^2\mathrm{d}x$，$\int_0^1 x^3\mathrm{d}x$；(2) $\int_1^2 x^2\mathrm{d}x$，$\int_1^2 x^3\mathrm{d}x$.

解: 因为在 $[0, 1]$，$x^2 \geqslant x^3$，故

$$\int_0^1 x^2\mathrm{d}x \geqslant \int_0^1 x^3\mathrm{d}x$$

因为在 $[1, 2]$，$x^2 \leqslant x^3$，故

$$\int_0^1 x^2\mathrm{d}x \leqslant \int_0^1 x^3\mathrm{d}x$$

例2. 估计积分值 $\int_{-1}^1 \mathrm{e}^{-x^2}\mathrm{d}x$.

解: 设 $f(x) = \mathrm{e}^{-x^2}$，则 $f'(x) = -2x\mathrm{e}^{-x^2}$，

令 $f'(x) = 0$，解得 $x = 0$，

$f(0) = 1$，$f(\pm 1) = \frac{1}{\mathrm{e}}$，故 $m = \frac{1}{\mathrm{e}}$，$M = 1$，故 $\frac{2}{\mathrm{e}} \leqslant \int_{-1}^1 \mathrm{e}^{-x^2}\mathrm{d}x \leqslant 2$

习题6.3

1. 比较大小.

(1) $\int_0^1 x\mathrm{d}x$，$\int_0^1 \sin x\mathrm{d}x$　　(2) $\int_1^2 \ln x\mathrm{d}x$，$\int_1^2 (\ln x)^2\mathrm{d}x$

2. 估值.

(1) $\int_{-1}^1 (4x^4 - 2x^3 + 5)\mathrm{d}x$　　(2) $\int_1^8 \ln x\mathrm{d}x$

第 4 节　定积分的计算

上一节我们介绍的前三条性质，都是定积分的运算性质，但是，只有它们还避免不了使用定义进行烦琐分析．这也就是说，还必须寻找另外的行之有效、简便易行的计算方法．

牛顿和莱布尼兹为此做出了卓越贡献，他们发明了微积分基本定理，使得定积分的计算可以借助于不定积分的计算方法来进行．

下面我们直接给出微积分基本定理，俗称牛顿-莱布尼兹公式．对证明感兴趣的读者可以阅读其他书籍，在此不再证明．

定理． 若 $F(x)$ 是 $[a, b]$ 上连续函数 $f(x)$ 的一个原函数，则 $\int_a^b f(x)\mathrm{d}x = F(b) - F(a)$．

为了书写方便，通常记作

$$\int_a^b f(x)\mathrm{d}x = F(b) - F(a) = F(x)\big|_a^b = [F(x)]_a^b$$

例 1. 求 $\int_1^2 3x^2\mathrm{d}x$．

解： $\because \int 3x^2\mathrm{d}x = x^3 + C \quad \therefore \int_1^2 3x^2\mathrm{d}x = x^3\big|_1^2 = 2^3 - 1^3 = 7$

例 2. 求 $\int_0^{\frac{\pi}{4}} \tan^2 x\mathrm{d}x$．

解： $\because \int \tan^2 x\mathrm{d}x = \int (\sec^2 x - 1)\mathrm{d}x = \tan x - x + C$

$$\therefore \int_0^{\frac{\pi}{4}} \tan^2\mathrm{d}x = (\tan x - x)\big|_0^{\frac{\pi}{4}} = (\tan\frac{\pi}{4} - \frac{\pi}{4}) - (\tan 0 - 0) = 1 - \frac{\pi}{4}$$

例 3. 求 $\int_0^{\frac{\pi}{2}} \left|\frac{1}{2} - \sin x\right| \mathrm{d}x$．

解： 当 $x \in [0, \frac{\pi}{6}]$ 时，$\left|\frac{1}{2} - \sin x\right| = \frac{1}{2} - \sin x$

当 $x \in [\frac{\pi}{6}, \frac{\pi}{2}]$ 时，$\left|\frac{1}{2} - \sin x\right| = \sin x - \frac{1}{2}$

故

$$原式 = \int_0^{\frac{\pi}{6}} \left|\frac{1}{2} - \sin x\right| \mathrm{d}x + \int_{\frac{\pi}{6}}^{\frac{\pi}{2}} \left|\frac{1}{2} - \sin x\right| \mathrm{d}x$$

$$=\int_0^{\frac{\pi}{6}}(\frac{1}{2}-\sin x)\mathrm{d}x+\int_{\frac{\pi}{6}}^{\frac{\pi}{2}}(\sin x-\frac{1}{2})\mathrm{d}x$$

$\because \int(\frac{1}{2}-\sin x)\mathrm{d}x=\frac{1}{2}x+\cos x+C_1$，$\int(\sin x-\frac{1}{2})\mathrm{d}x=-(\cos x+\frac{1}{2}x)+C_2$

$\therefore \int_0^{\frac{\pi}{6}}(\frac{1}{2}-\sin x)\mathrm{d}x=(\frac{1}{2}x+\cos x)\Big|_0^{\frac{\pi}{6}}=(\frac{1}{2}\times\frac{\pi}{6}+\cos\frac{\pi}{6})-(\frac{1}{2}\times 0+\cos 0)$

$$=\frac{\pi}{12}+\frac{\sqrt{3}}{2}-1$$

$\int_{\frac{\pi}{6}}^{\frac{\pi}{2}}(\sin x-\frac{1}{2})\mathrm{d}x=-(\cos x+\frac{1}{2}x)\Big|_{\frac{\pi}{6}}^{\frac{\pi}{2}}=(\cos\frac{\pi}{6}+\frac{1}{2}\times\frac{\pi}{6})-(\cos\pi+\frac{1}{2}\times\frac{\pi}{2})$

$$=\frac{\sqrt{3}}{2}+1-\frac{\pi}{6}$$

$\therefore$ 原式 $=(\frac{\pi}{12}+\frac{\sqrt{3}}{2}-1)+(\frac{\sqrt{3}}{2}+1-\frac{\pi}{6})=\sqrt{3}-\frac{\pi}{12}$

通过上述几例可见，求定积分时，可以先计算不定积分，求出一个原函数，然后用牛顿-莱布尼兹公式即可．

但是，为了更加简洁地表述求解过程，也可一气呵成．只是在运用第二换元积分法时，注意相应的变换上、下限．

为了避免不必要的大量重复，我们不再介绍定积分的公式、法则，只借助两个例子来说明使用换元积分法和分部积分法的过程．

例 4. 求 $\int_{-2}^{2}x^2\sqrt{4-x^2}\,\mathrm{d}x$．

解： 因为被积函数是偶函数，所以

$$\int_{-2}^{2}x^2\sqrt{4-x^2}\,\mathrm{d}x=2\int_0^2 x^2\sqrt{4-x^2}\,\mathrm{d}x$$

设 $x=2\sin t(-\frac{\pi}{2}\leqslant t\leqslant\frac{\pi}{2})$（$t$ 的范围满足使 x 取遍允许值且 $\sqrt{4-x^2}$ 不含绝对值符号），则 $\mathrm{d}x=2\cos t\,\mathrm{d}t$，$\sqrt{4-x^2}=2\cos t$．

下面要更换积分变量，自然要更换积分的上限和下限．

当 $x=0$ 时 $t=0$，当 $x=2$ 时 $t=\frac{\pi}{2}$．因此

$$\text{原式}=2\int_0^{\frac{\pi}{2}}16\sin^2 t\cos^2 t\,\mathrm{d}t=8\int_0^{\frac{\pi}{2}}\sin^2 2t\,\mathrm{d}t=4\int_0^{\frac{\pi}{2}}(1-\cos 4t)\mathrm{d}t$$

$$=4\int_0^{\frac{\pi}{2}}\mathrm{d}t-\int_0^{\frac{\pi}{2}}\cos 4t\,\mathrm{d}(4t)=(4t-\sin 4t)\Big|_0^{\frac{\pi}{2}}=2\pi$$

在本例中，积分变量由 x 替换为 t 以后，积分上下限也要做相应的变换；但用凑微分法计算 $\int_0^{\frac{\pi}{2}} \cos 4t\,\mathrm{d}t$ 时，没有引入新变量，故上下限不再变换．

值得注意的是，运用第二换元积分法时，替换函数 $x=\varphi(t)$，$t\in[\alpha,\beta]$ 必须是连续函数，其导函数也必须是连续函数，而且，其定义域必须是以原积分上下限为端点的区间，否则，就会出错．例如，$x=\frac{1}{t}$，$t\in[-1,1]\Rightarrow\int_{-1}^{1}\frac{\mathrm{d}x}{1+x^2}=-\int_{-1}^{1}\frac{\mathrm{d}t}{1+t^2}=-\frac{\pi}{2}$ 错．

例 5. 求 $\int_1^2 x\ln x\,\mathrm{d}x$．

解： 设 $u=\ln x$，$\mathrm{d}v=x\,\mathrm{d}x$，则 $\mathrm{d}u=\frac{1}{x}\mathrm{d}x$，$v=\frac{1}{2}x^2$，故

$$\int_1^2 x\ln x\,\mathrm{d}x=\frac{1}{2}x^2\ln x\Big|_1^2-\int_1^2\frac{1}{2}x\,\mathrm{d}x=2\ln 2-\frac{1}{4}x^2\Big|_1^2=2\ln 2-\frac{3}{4}$$

习题 6.4

求下列定积分．

1. $\int_0^2 \cos^2 x\,\mathrm{d}x$
2. $\int_1^2 \frac{1}{x+1}\mathrm{d}x$
3. $\int_{\frac{1}{\pi}}^{\frac{2}{\pi}} \frac{\sin\frac{1}{t}}{t^2}\mathrm{d}t$
4. $\int_0^1 x\mathrm{e}^{-x}\mathrm{d}x$
5. $\int_1^2 \frac{\sqrt{x-1}}{x}\mathrm{d}x$
6. $\int_0^8 \frac{1}{\sqrt[3]{x}+1}\mathrm{d}x$
7. $\int_1^e x^2\ln x\,\mathrm{d}x$
8. $\int_0^\pi x^2\sin x\,\mathrm{d}x$

第 5 节　无限区间上的积分

前面几节我们讨论了有限闭区间上函数的定积分，但在概率论和经济分析等许多问题当中，经常需要用到无限区间上函数的定积分．因此，我们有必要对定积分的概念加以推广，推广到无限区间上去，这类积分称为无限区间上的积分．

定义． 设函数 $f(x)$ 在区间 $[a,+\infty)$ 上连续，若极限 $\lim\limits_{b\to+\infty}\int_a^b f(x)\mathrm{d}x\,(a<b)$

存在，则称此极限值为函数 $f(x)$ 在区间 $[a, +\infty)$ 上的定积分，记作 $\int_a^{+\infty} f(x)\mathrm{d}x = \lim\limits_{b\to+\infty}\int_a^b f(x)\mathrm{d}x$．这时，也称定积分 $\int_a^{+\infty} f(x)\mathrm{d}x$ 存在或收敛，有时也称做广义积分或反常积分；若上述极限值不存在，则称定积分 $\int_a^{+\infty} f(x)\mathrm{d}x$ 不存在或发散．

类似地，可以定义区间 $(-\infty, b]$ 上的定积分 $\int_{-\infty}^{b} f(x)\mathrm{d}x = \lim\limits_{a\to-\infty}\int_a^b f(x)\mathrm{d}x$ $(a<b)$；区间 $(-\infty, +\infty)$ 上的定积分 $\int_{-\infty}^{+\infty} f(x)\mathrm{d}x = \int_{-\infty}^{c} f(x)\mathrm{d}x + \int_c^{+\infty} f(x)\mathrm{d}x$（$c$ 为任意实数）．

为了书写方便，上述三个定义式也统一到牛顿-莱布尼兹公式中，即

$$\int_a^{+\infty} f(x)\mathrm{d}x = F(x)\Big|_a^{+\infty} = F(+\infty) - F(a) = \lim_{x\to+\infty} F(x) - F(a)$$

$$\int_{-\infty}^{b} f(x)\mathrm{d}x = F(x)\Big|_{-\infty}^{b} = F(b) - F(-\infty) = F(b) - \lim_{x\to-\infty} F(x)$$

$$\int_{-\infty}^{+\infty} f(x)\mathrm{d}x = F(x)\Big|_{-\infty}^{+\infty} = F(+\infty) - F(-\infty) = \lim_{x\to+\infty} F(x) - \lim_{x\to-\infty} F(x)$$

其计算方法、步骤、表述均与上节的普通积分相同．

例 1. 求 $\int_0^{+\infty} \mathrm{e}^x \mathrm{d}x$．

解: $\int_0^{+\infty} \mathrm{e}^x \mathrm{d}x = \mathrm{e}^x \Big|_0^{+\infty} = \mathrm{e}^{+\infty} - \mathrm{e}^0 = \lim\limits_{b\to+\infty} \mathrm{e}^b - 1 = +\infty$，即不存在．

例 2. 求 $\int_{-\infty}^{0} \mathrm{e}^x \mathrm{d}x$．

解: $\int_{-\infty}^{0} \mathrm{e}^x \mathrm{d}x = \mathrm{e}^x \Big|_{-\infty}^{0} = \mathrm{e}^0 - \mathrm{e}^{-\infty} = 1 - \lim\limits_{a\to-\infty} \mathrm{e}^a = 1 - 0 = 1$

例 3. 求 $\int_{-\infty}^{+\infty} \dfrac{1}{1+x^2}\mathrm{d}x$．

解:

$$\int_{-\infty}^{+\infty} \frac{1}{1+x^2}\mathrm{d}x = \arctan x \Big|_{-\infty}^{+\infty} = \arctan(+\infty) - \arctan(-\infty)$$

$$= \frac{\pi}{2} - \left(-\frac{\pi}{2}\right) = \pi.$$

习题 6.5

求无穷积分．

1. $\int_0^{+\infty} \dfrac{1}{1+x^2}\mathrm{d}x$　　2. $\int_{-\infty}^{0} \mathrm{e}^{2x} \mathrm{d}x$　　3. $\int_{-\infty}^{+\infty} \dfrac{1}{x^2+2x+2}\mathrm{d}x$

第 6 节　定积分的应用

定积分在几何、物理、经济、工程等领域的应用十分广泛．例如，在几何中常用来求面积、体积、弧长、侧面积等；在物理中，常用来求路程、重心等．本节我们只介绍在求面积、经济函数方面的应用．

1. 平面图形的面积

在定积分的几何意义一节，我们已经知道：

当 $f(x)\geqslant 0$ 时，$\int_a^b f(x)\mathrm{d}x$ 表示曲线 $y=f(x)$ 与 $y=0$，$x=a$，$x=b$ 围成的曲边梯形的面积；当 $f(x)<0$ 时，$\int_a^b f(x)\mathrm{d}x$ 表示曲线 $y=f(x)$ 与 $y=0$，$x=a$，$x=b$ 围成的曲边梯形的面积的相反数．

由此结合图 6－6－1 易知：若闭区间 $[a, b]$ 上的连续函数 $f(x)$，$g(x)$ 满足 $f(x)\geqslant g(x)\geqslant 0$，则这两条函数曲线与直线 $x=a$、$x=b$ 围成的图形的面积为

$$\int_a^b f(x)\mathrm{d}x-\int_a^b g(x)\mathrm{d}x=\int_a^b [f(x)-g(x)]\mathrm{d}x$$

事实上，无论两条函数曲线都在 x 轴上方还是都在下方，或一个在上方另一个在下方，甚至一条或两条曲线本身穿过 x 轴（如图 6－6－2），只要满足 $f(x)\geqslant g(x)$，结论总成立．

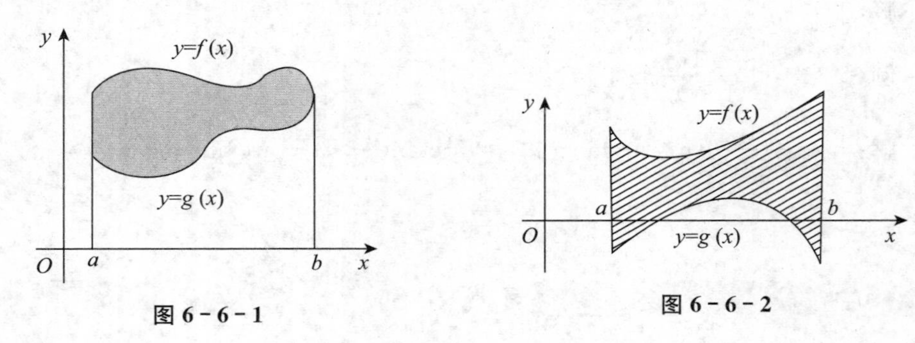

图 6－6－1　　图 6－6－2

即有如下定理．

定理 1. 若区间 $[a, b]$ 上的连续函数 $f(x)$，$g(x)$ 满足 $f(x)\geqslant g(x)$，则

两条函数曲线与直线 $x=a$，$x=b$ 围成的图形的面积为 $S=\int_a^b[f(x)-g(x)]\mathrm{d}x$.

可见，被积函数是曲线在上方的函数，减去曲线在下方的函数，可以简记为“上减下”或“大减小”.

例 1. 求曲线 $y=\mathrm{e}^x$，$y=\mathrm{e}^{-x}$ 与直线 $x=1$ 围成的平面图形的面积.

解： 如图 6－6－3，曲线 $y=\mathrm{e}^x$，$y=\mathrm{e}^{-x}$ 与直线 $x=1$ 的交点为 $A(1,\ \mathrm{e})$，$B(1,\ \mathrm{e}^{-1})$，则所求面积为

$$S=\int_0^1(\mathrm{e}^x-\mathrm{e}^{-x})\mathrm{d}x=\mathrm{e}+\mathrm{e}^{-1}-2$$

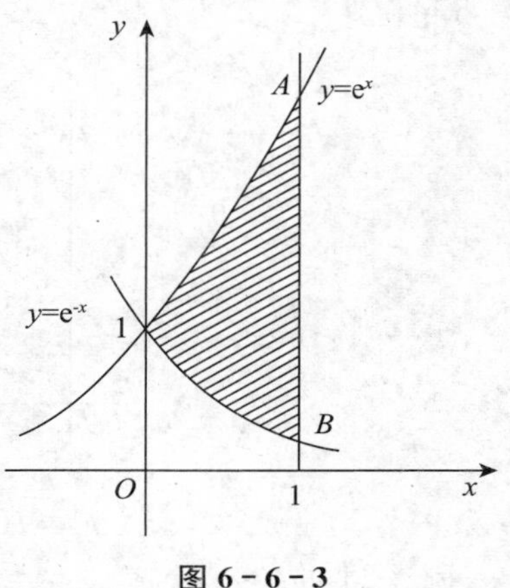

图 6－6－3

例 2. 求曲线 $4y^2=x$ 与直线 $x+y=\frac{3}{2}$ 围成的图形的面积.

解： 先联立方程组求得曲线与直线的交点 $A(1,\ \frac{1}{2})$，$B(\frac{9}{4},\ -\frac{3}{4})$，画图 6－6－4，用垂直于 x 轴的直线平移扫过整个所求面积的图形会发现，图形的上曲边不是一个而是两个函数的部分图像，其分界线为 $x=1$，故可分两部分来求，过程如下：

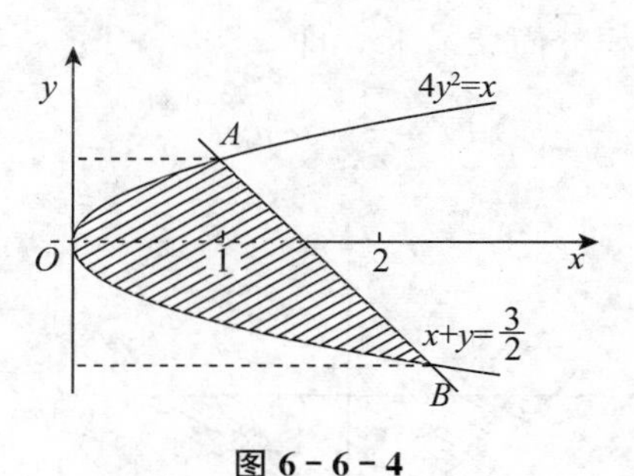

图 6－6－4

$$S=\int_0^1\left[\frac{\sqrt{x}}{2}-\left(-\frac{\sqrt{x}}{2}\right)\right]\mathrm{d}x+\int_1^{\frac{9}{4}}\left[\left(\frac{3}{2}-x\right)-\left(-\frac{\sqrt{x}}{2}\right)\right]\mathrm{d}x=\frac{125}{96}$$

反思我们的解答过程，是否可以简化呢？不易发现，那就连同其理论根据即定理一同反思.

如果我们用垂直于 y 轴的直线平移扫过整个所求面积的图形会发现，图形的右边界总是已知直线的一段，而左边界总是抛物线的部分曲线段，“右减左”也是“大减小”，自然可联想到：可否更换积分变量呢？试解如下：

$$\int_{-\frac{3}{4}}^{\frac{1}{2}}\left[\left(\frac{3}{2}-y\right)-4y^2\right]\mathrm{d}y=\frac{125}{96}=S$$

这个过程非常简洁，事实上，它不失一般性．一般地，有如下结论成立：

定理 2. 若区间 $[c,d]$ 上的连续函数 $x=\varphi(y)$，$x=\psi(y)$ 满足 $\varphi(y)\geqslant\psi(y)$，则两条函数曲线与直线 $y=c$，$y=d$ 围成的图形的面积为 $S=\int_c^d[\varphi(y)-\psi(y)]\mathrm{d}y$．

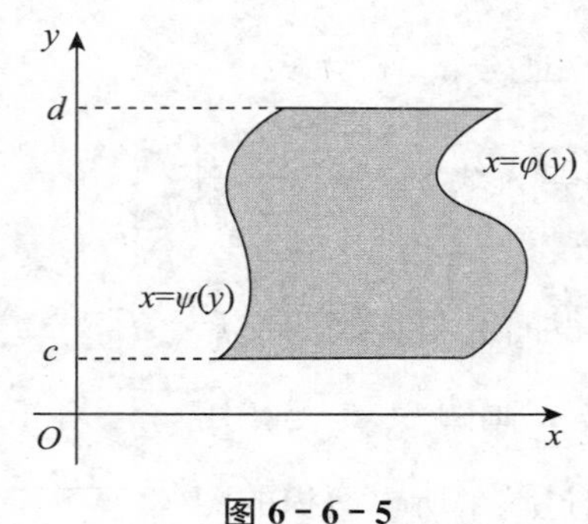

图 6－6－5

例 3. 求曲线 $y=x^2$，$4y=x^2$，$y=1$ 围成的图形的面积．

解： 画图 6－6－6 可见，图形对称于 y 轴，故只要求出第一象限的部分即可，而该部分对变量 y 积分简便易求．即

$$S=2\int_0^1(2\sqrt{y}-\sqrt{y})\mathrm{d}y=\frac{4}{3}y^{\frac{3}{2}}\Big|_0^1=\frac{4}{3}$$

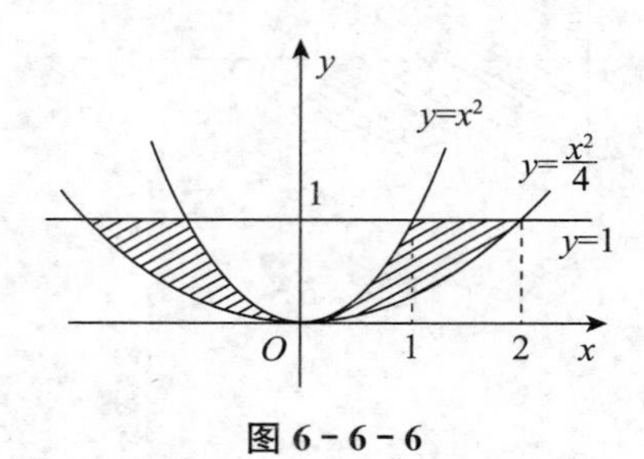

图 6－6－6

2. 经济应用问题

定积分在经济学中的应用极为广泛，在此只介绍用于求成本、收入和利润三个常见的经济函数．

在前面介绍导数与微分时，大家已经知道，成本、收入、利润的导数，分别

是边际成本、边际收入和边际利润.

学习不定积分时大家还知道，对函数进行积分运算，就能求出其原函数.

再结合微积分基本定理，我们不难理解下面的定理.

定理 3. 若边际成本为 $C'(x)$、边际收入为 $R'(x)$，则当产量由 x_1 增加到 x_2 时，成本、收入、利润的改变量依次为

$$\Delta C=\int_{x_1}^{x_2}C'(x)\mathrm{d}x,\ \Delta R=\int_{x_1}^{x_2}R'(x)\mathrm{d}x$$

$$\Delta L=\int_{x_1}^{x_2}[R'(x)-C'(x)]\mathrm{d}x=\int_{x_1}^{x_2}L'(x)\mathrm{d}x$$

例 4. 某厂日产 q 吨产品的成本为 $C(q)$，已知边际成本为

$$C'(q)=5+\frac{25}{\sqrt{q}}\text{（万元/吨）}$$

求日产量从 64 吨增加到 100 吨时成本的增量.

解: $\Delta C=C(100)-C(64)=\int_{64}^{100}(5+\frac{25}{\sqrt{q}})\mathrm{d}q=280$(万元).

答: 日产量从 64 吨增加到 100 吨时成本的增量为 280 万元.

例 5. 已知生产某种商品 x 件时，收入的变化率为

$$R'(x)=100-\frac{x}{20}\text{（元/件）}$$

求生产 10 件的收入、从生产 10 件到 20 件所增加的收入.

解: 生产 10 件的收入为

$$R(10)=\int_0^{10}R'(x)\mathrm{d}x=\int_0^{10}(100-\frac{x}{20})\mathrm{d}x=997.5\text{(元)}$$

从生产 10 件到 20 件所增加的收入为

$$\Delta R=\int_{10}^{20}R'(x)\mathrm{d}x=\int_{10}^{20}(100-\frac{x}{20})\mathrm{d}x=992.5\text{(元)}$$

答: 生产 10 件的收入为 997.5 元，从生产 10 件到 20 件所增加的收入为 992.5 元.

例 6. 已知生产某种产品的边际成本和边际收入分别为

$$C'(q)=3+\frac{1}{3}q\text{(万元 / 百台)},\ R'(q)=7-q\text{(万元 / 百台)}$$

其中 $C(q)$、$R(q)$ 分别为成本函数和收入函数.

(1) 若固定成本为 1 万元，求成本函数、收入函数和利润函数;

(2) 产量为多少时，利润最大? 最大利润是多少?

解：（1）成本为固定成本与可变成本之和，生产 x 百台时，成本函数为

$$C(x)=C(0)+\int_0^x(3+\frac{1}{3}q)\mathrm{d}q=1+3x+\frac{1}{6}x^2$$

生产 x 百台时，收入函数为

$$R(x)=\int_0^x(7-q)\mathrm{d}q=7x-\frac{1}{2}x^2$$

生产 x 百台时，利润函数为

$$L(x)=R(x)-C(x)=(7x-\frac{1}{2}x^2)-(1+3x+\frac{1}{6}x^2)$$

$$=-1+4x-\frac{2}{3}x^2$$

(2) $L'(x)=4-\frac{4}{3}x=0$，解得 $x=3$，故 $L(3)=5$(万元)

答：（1）成本函数、收入函数和利润函数分别为

$$C(q)=1+3q+\frac{1}{6}q^2,R(q)=7q-\frac{1}{2}q^2,L(q)=-1+4q-\frac{2}{3}q^2$$

（2）当生产 3 百台时，利润最大；最大利润为 5 万元．

习题 6.6

1. 求曲线 $y=x^2$，$y=2x$ 围成的图形的面积．
2. 求曲线 $y=x^3$，$y=0$，$x=1$，$x=2$ 围成的图形的面积．
3. 求曲线 $y=\sqrt{x}$，$y=x-2$，$y=0$ 围成的图形的面积．
4. 求曲线 $y=\sin x$，$y=\cos x$，$x=0$，$x=\pi$ 围成的图形的面积．
5. 求曲线 $y=1-\mathrm{e}^x$，$y=1-\mathrm{e}^{-x}$，$x=1$ 围成的图形的面积．
6. 求曲线 $y=x^3$，$y=\sqrt[3]{x}$ 围成的图形的面积．
7. 求曲线 $y=\mathrm{e}^x$ 和该曲线过原点的切线及 y 轴围成的图形的面积．
8. 销售某种商品 x 件时，边际收入为 $R'(x)=1\,000-\frac{x}{2}$，问销售 100 件时收入多少？销量从 200 件增加到 400 件时，收入增加多少？
9. 某厂生产某种产品 x（百台）的成本（万元）变化率 $C'(x)=2$，收入变化率为 $R'(x)=7-2x$，问生产多少时利润最大？在利润最大的产量基础上再生产 0.5 百台时，利润有何变化？
10. 某产品的边际成本是产量 q 的函数 $C'(q)=4+0.25q$（万元/吨），边际收入是

产量q的函数$R'(q)=80-q$（万元/吨），求产量从10吨增加到50吨时成本和收入各增加多少？若固定成本为10万元，求成本函数、收入函数和利润函数．

拓展阅读：微元法

本章开头介绍定积分概念时，从求曲边梯形的面积和变速直线运动物体的行程两个引例归纳得到四个共同步骤：

(1) 分割：将整体量F分割为部分量ΔF_i之和$F=\sum\limits_{i=1}^{n}\Delta F_i$．

(2) 近似：求各部分量ΔF_i的近似值$f(\xi_i)\Delta x_i$（$i=1, 2, \cdots, n$）．

(3) 求和：写出整体量F的近似值$\sum\limits_{i=1}^{n}f(\xi_i)\Delta x_i$．

(4) 求极限：取$\lambda=\max\{\Delta x_1, \Delta x_2, \cdots, \Delta x_n\}$，求极限得整体量的精确值$F=\lim\limits_{\lambda\to 0}\sum\limits_{i=1}^{n}f(\xi_i)\Delta x_i=\int_a^b f(x)\mathrm{d}x$.

分析上述四步可以发现：(1) 指出所求整体量F具有可加性，这是可用定积分运算的前提；(3)、(4) 可以合并为无限累加一步；关键是 (2)，在$f(\xi_i)\Delta x_i$中，ξ_i换为x、Δx_i换为$\mathrm{d}x$，就得到被积表达式$f(x)\mathrm{d}x$．

由此，上述四步可以简化为两步：

(1) 在区间$[a, b]$上任取一个小区间$[x, x+\mathrm{d}x]$，写出该小区间上的部分量ΔF的近似值$f(x)\mathrm{d}x$，记作$\mathrm{d}F$，叫做F的微元，即$\mathrm{d}F=f(x)\mathrm{d}x$．

(2) 求微元在$[a, b]$上的积分（无限累加），即得整体量$F=\int_a^b f(x)\mathrm{d}x$.

用这两步解决问题的方法叫做微元法（见图6-拓-1）．

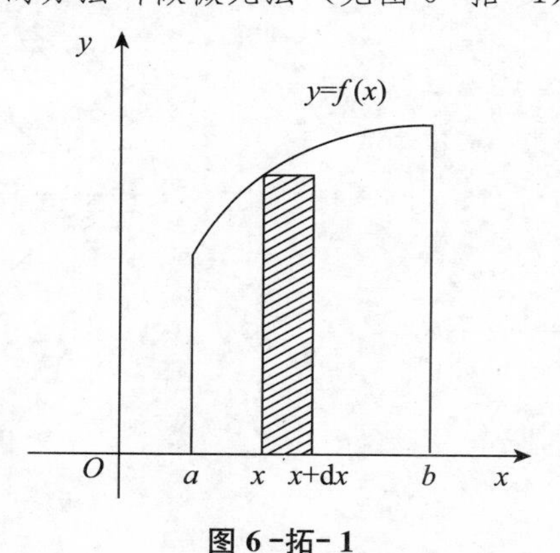

图6-拓-1

例如，求曲线 $y=f(x)$ 和直线 $y=0$，$x=a$，$x=b(a<b)$ 围成的曲边梯形绕 x 轴旋转一周所形成的几何体（图 6-拓-2）的体积．

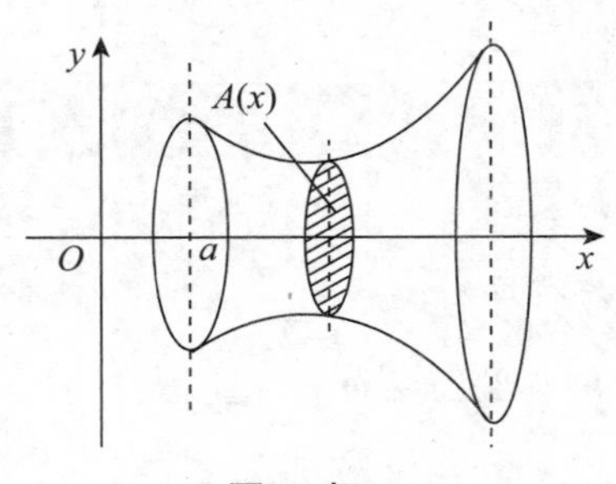

图 6-拓-2

几何体在区间 $[a, b]$ 上 x 处垂直于 x 轴的截面面积为 $A=\pi f^2(x)$，小区间 $[x, x+\mathrm{d}x]$ 上的部分体积 ΔV 的近似值，即微元 $\mathrm{d}V=\pi f^2(x)\mathrm{d}x$，则几何体的体积 $V=\pi\int_a^b f^2(x)\mathrm{d}x$．

同理，曲线 $x=\varphi(y)$，$y=c$，$y=d$，$x=0$ 所围成的曲边梯形绕 y 轴旋转一周所得到的旋转体（图 6-拓-3）的体积为 $V=\pi\int_c^d \varphi^2(y)\mathrm{d}y$．

具体如，星形线（图 6-拓-4）$x^{\frac{2}{3}}+y^{\frac{2}{3}}=a^{\frac{2}{3}}(a>0)$ 绕 x 轴旋转一周所形成的几何体的体积为 $V=\pi\int_{-a}^{a} y^2\mathrm{d}y=2\pi\int_0^a (a^{\frac{2}{3}}-x^{\frac{2}{3}})^3\mathrm{d}x=\frac{32}{105}\pi a^3$.

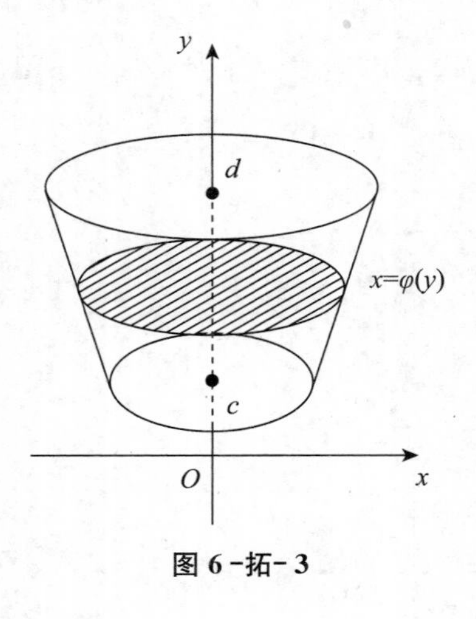

图 6-拓-3

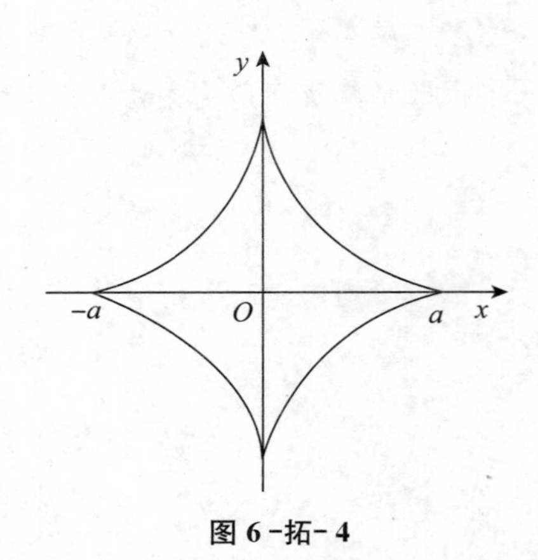

图 6-拓-4

自测题 6

1. 填空题

（1）$\int_1^1 x^{-3}\mathrm{d}x=$________，$\int_1^5 x^{-3}\mathrm{d}x=$________$\int_5^1 x^{-3}\mathrm{d}x$．

（2）$\int_1^0 \sqrt{1-x^2}\,\mathrm{d}x=$________，$\int_0^{2\pi}\cos x\,\mathrm{d}x=$________．

（3）若 $\int_0^a \frac{1}{\sqrt{1-4x^2}}\mathrm{d}x=\frac{\pi}{4}$，$a=$______；$\int_0^1 (\mathrm{e}^x-1)^3\mathrm{e}^x\,\mathrm{d}x=$________．

（4）$f(x)=\begin{cases}x, & x\geqslant 0,\\ \mathrm{e}^x, & x<0.\end{cases}$，$\int_{-1}^2 f(x)\mathrm{d}x=$________．

（5）________ $\leqslant \int_0^{2\pi}\frac{1}{2-\sin x}\mathrm{d}x\leqslant$ ________．

2. 判断正误

（1）定积分是一个和式的极限．（　　）

（2）定积分与积分变量符号无关．（　　）

（3）$f(x)\geqslant 0(a\leqslant x\leqslant b)\Rightarrow \int_a^b f(x)\mathrm{d}x\geqslant 0$．（　　）

（4）$\int_0^2 \frac{\mathrm{d}x}{(x-1)^2}=\left[-\frac{1}{x-1}\right]_0^2=-2$．（　　）

（5）$\int_2^{+\infty}\frac{\mathrm{d}x}{x-1}$ 收敛．（　　）

3. 选择题

（1）积分 $\int_a^u f(x+s)\mathrm{d}x$ 的结果表达式中会含有（　　）

A. a，u　　B. a，u，x

C. a，u，x，s　　D. a，u，s

（2）设 $a=\int_0^1 x\mathrm{d}x$，$b=\int_0^1\sqrt{x}\,\mathrm{d}x$，不计算积分值，可确定大小关系是（　　）

A. $a<b<0$　　B. $b<a<0$

C. $a>b>0$　　D. $b>a>0$

（3）估计积分值 $a=\int_0^1 \mathrm{e}^{x^2}\mathrm{d}x$（　　）

A. $\mathrm{e}\leqslant a\leqslant \mathrm{e}^2$　　B. $-\mathrm{e}\leqslant a\leqslant 0$

C. $1\leqslant a\leqslant \mathrm{e}$　　D. $0\leqslant a\leqslant 1$

(4) 在公式 $\int_a^b f(x)\mathrm{d}x=\int_a^c f(x)\mathrm{d}x+\int_c^b f(x)\mathrm{d}x$ 中，c 满足 ( )

A. $a<c<b$　　B. $a<b<c$

C. $c<a<b$　　D. 以上均有可能

(5) 下列各式中，正确的一个是 ( )

A. $\int_{-1}^{1} x^{-3}\mathrm{d}x=0$　　B. $\int_{-\infty}^{+\infty} x\sin x\mathrm{d}x=0$

C. $\int_{-1}^{1} \sin^5 x\mathrm{d}x=0$　　D. $\int_{-\infty}^{+\infty} x^4\mathrm{d}x=0$

4. 求下列积分

(1) $\int_1^e \frac{1}{x\sqrt{1+\ln x}}\mathrm{d}x$　　(2) $\int_{-1}^4 \frac{|x|}{\sqrt{2+x}}\mathrm{d}x$

(3) $\int_1^e x^2\ln x\mathrm{d}x$　　(4) $\int_0^{+\infty} \frac{1}{1+4x^2}\mathrm{d}x$

5. 求曲线 $2y=x^2$，$x^2+y^2=8$ 围成的平面图形的面积

6. 计算题

某厂某种产品的产量为 x 吨，边际成本 $C'(x)=4+4/\sqrt{x}$，固定成本 $C(0)=100$ 元，求：(1) 生产 49 吨产品的成本 $C(x)$；(2) 产量从 25 吨增加到 81 吨时，成本的增加值 .

第 7 章

矩 阵

本章导读

矩阵是数学中最重要的基本概念之一，是线性代数研究的主要内容之一，是研究数学、自然科学、工程技术、管理科学的有力工具．

本章主要介绍矩阵的概念、矩阵的运算、矩阵的秩、逆矩阵等内容，同时也为后续 n 维向量、线性方程组等知识的学习奠定基础．

第 1 节　矩阵的概念

矩阵，是矩形数表的简称，数学中是如何定义矩阵的呢？先看两个例子．

引例 1. 在物资调运中，某类物资有三个产地、四个销地，物资调运情况如表 7-1-1 所示．

表 7-1-1　　**物资调运方案**　　(单位：吨)

产地	销地			
	一	二	三	四
A	0	3	4	7
B	8	2	3	0
C	5	4	0	6

如果用一个3行4列或称之为3×4的数表来表示该调运方案，可以简单记为：

$$\begin{bmatrix} 0 & 3 & 4 & 7 \\ 8 & 2 & 3 & 0 \\ 5 & 4 & 0 & 6 \end{bmatrix}$$

其中每一行表示1个产地调往4个销地的调运量，每一列表示3个产地调往1个销地的调运量.

引例2. 含 n 个未知数 m 个方程的线性方程组

$$\begin{cases} a_{11}x_1+a_{12}x_2+\cdots+a_{1n}x_n=b_1 \\ a_{21}x_1+a_{22}x_2+\cdots+a_{2n}x_n=b_2 \\ \cdots\cdots\cdots\cdots \\ a_{m1}x_1+a_{m2}x_2+\cdots+a_{mn}x_n=b_m \end{cases}$$

其中，起决定作用的是各未知数的系数和常数项，如果把它们按原来的顺序位置排成一个数表，并用方括号括起来，则有

$$\begin{bmatrix} a_{11} & a_{12} & \cdots & a_{1n} & b_1 \\ a_{21} & a_{22} & \cdots & a_{2n} & b_2 \\ \vdots & \vdots & & \vdots & \vdots \\ a_{m1} & a_{m2} & \cdots & a_{mn} & b_m \end{bmatrix}$$

那么，这个数表就可以简明地表示这个线性方程组.

由上面的两个例子可以看出，用数表可以简明地表示许多问题，这样的数表就是矩阵.

定义. 由 $m\times n$ 个数 a_{ij}（$i=1, 2, \cdots, m$；$j=1, 2, \cdots, n.$）排成一个矩形数表，并用方括号或圆括号括在一起

$$\begin{bmatrix} a_{11} & a_{12} & \cdots & a_{1n} \\ a_{21} & a_{22} & \cdots & a_{2n} \\ \vdots & \vdots & & \vdots \\ a_{m1} & a_{m2} & \cdots & a_{mn} \end{bmatrix} \text{或} \begin{pmatrix} a_{11} & a_{12} & \cdots & a_{1n} \\ a_{21} & a_{22} & \cdots & a_{2n} \\ \vdots & \vdots & & \vdots \\ a_{m1} & a_{m2} & \cdots & a_{mn} \end{pmatrix}$$

称做一个 m 行 n 列的矩阵，简称 $m\times n$ 矩阵，其中这 $m\times n$ 个数叫做矩阵的元素，元素 a_{ij} 位于该矩阵的第i行第j列（横排称为行，竖排称为列）.

$m\times n$ 矩阵通常记作 $\boldsymbol{A}_{m\times n}$ 或 $(a_{ij})_{m\times n}$，有时也用大写字母 $\boldsymbol{A}$，$\boldsymbol{B}$，$\boldsymbol{C}$ 等简单表示.

如果一个矩阵的元素全为零，则称此矩阵为零矩阵，通常记为 $\boldsymbol{O}$，即

$$O=\begin{bmatrix} 0 & 0 & \cdots & 0 \\ 0 & 0 & \cdots & 0 \\ \vdots & \vdots & & \vdots \\ 0 & 0 & \cdots & 0 \end{bmatrix}$$

只有一行的矩阵 $\boldsymbol{A}=(a_{11} \quad a_{12} \quad \cdots \quad a_{1n})$ 称做行矩阵.

只有一列的矩阵 $\boldsymbol{A}=\begin{pmatrix} a_{11} \\ a_{21} \\ \vdots \\ a_{m1} \end{pmatrix}$ 称做列矩阵.

当 $m=n$ 时，矩阵 A 称做 n 阶方阵.

在方阵中，从左上角到右下角的对角线称做主对角线. 处在主对角线上的元素 a_{11} ，a_{22} ，…，a_{nn} 称做主对角线元素.

如果一个方阵的主对角线左下方的元素（不包括主对角线的元素）全为零，则称此矩阵为上三角矩阵. 例如

$$\begin{bmatrix} 1 & -2 & 5 \\ 0 & 7 & 0 \\ 0 & 0 & 6 \end{bmatrix}$$

如果一个方阵的主对角线右上方的元素（不包括主对角线的元素）全为零，则称此矩阵为下三角矩阵. 例如

$$\begin{bmatrix} 1 & 0 & 0 & 0 \\ 2 & 3 & 0 & 0 \\ 0 & 5 & 4 & 0 \\ 8 & 0 & 7 & 6 \end{bmatrix}$$

上三角矩阵和下三角矩阵统称为三角矩阵.

如果一个方阵的主对角线以外的元素（不包括主对角线的元素）全为零，则称此矩阵为对角矩阵. 例如

$$\begin{bmatrix} 1 & 0 & 0 & 0 \\ 0 & 3 & 0 & 0 \\ 0 & 0 & 4 & 0 \\ 0 & 0 & 0 & 6 \end{bmatrix}$$

如果一个对角矩阵主对角线上的元素全为 1，则称此矩阵为单位矩阵，通常记作 $\boldsymbol{E}$. 有时为了指明单位矩阵的阶数，将 n 阶单位矩阵记作 $\boldsymbol{E}_n$. 例如

$$E_3=\begin{bmatrix}1&0&0\\0&1&0\\0&0&1\end{bmatrix}$$

习题 7.1

1. 分别写出下列方程组的系数矩阵．

(1) $\begin{cases}2x+3y=4\\5x-9y=7\end{cases}$　　(2) $\begin{cases}2x+3y+9z=4\\5x-9y=7\end{cases}$

(3) $\begin{cases}-2x+3y+\pi z=1\\8x-4z=5\\y=3\\7x+6y-8w=e\end{cases}$

2. 分别写出 2 行 3 列的零矩阵和 3 行 2 列的零矩阵．

3. 分别写出 2 阶单位矩阵和 5 阶单位矩阵．

4. 已知矩阵

$$\begin{bmatrix}1&0&a&a\\0&b&c&0\\d&e&f&0\\0&0&g&h\end{bmatrix}$$

当该矩阵元素中的各字母分别满足什么条件时，矩阵是上三角矩阵、下三角矩阵、对角矩阵、单位矩阵和零矩阵？

5. 在矩阵 $\boldsymbol{A}=(a_{ij})_{m\times n}$ 的各元素的前面都添写上负号所得到的矩阵，称做矩阵 $\boldsymbol{A}$ 的负矩阵，记作：$-\boldsymbol{A}$．试写出矩阵 $\begin{bmatrix}1&-2\\3&a\end{bmatrix}$ 的负矩阵．

第 2 节　矩阵的线性运算和乘法运算

本节讨论矩阵的简单运算及其性质．在讨论运算之前，我们先介绍矩阵相等的概念．

定义 1. 如果两个矩阵 $\boldsymbol{A}$，$\boldsymbol{B}$ 的行数和列数分别相等，而且对应位置的元素相等，则称这两个矩阵相等，记作 $\boldsymbol{A}=\boldsymbol{B}$．

例如

$$\begin{bmatrix} a & b \\ c & d \end{bmatrix} = \begin{bmatrix} 1 & 0 \\ -3 & 2 \end{bmatrix}$$

当且仅当 $a=1$，$b=0$，$c=-3$，$d=2$ 都成立．而无论 e、f、g 取何值

$$[e \quad f \quad g] \neq \begin{bmatrix} a & b \\ c & d \end{bmatrix} = \begin{bmatrix} 1 & 0 \\ -3 & 2 \end{bmatrix}$$

1. 矩阵的加减法

定义 2. 把两个 $m \times n$ 矩阵 $\boldsymbol{A}$，$\boldsymbol{B}$ 对应位置的元素相加（或相减）得到的一个 $m \times n$ 矩阵，称做这两个矩阵的和（或差），记作 $\boldsymbol{A}+\boldsymbol{B}$（或 $\boldsymbol{A}-\boldsymbol{B}$）．即

$$\boldsymbol{A}= \begin{bmatrix} a_{11} & a_{12} & \cdots & a_{1n} \\ a_{21} & a_{22} & \cdots & a_{2n} \\ \vdots & \vdots & & \vdots \\ a_{m1} & a_{m2} & \cdots & a_{mn} \end{bmatrix} \qquad \boldsymbol{B}= \begin{bmatrix} b_{11} & b_{12} & \cdots & b_{1n} \\ b_{21} & b_{22} & \cdots & b_{2n} \\ \vdots & \vdots & & \vdots \\ b_{m1} & b_{m2} & \cdots & b_{mn} \end{bmatrix}$$

$$\boldsymbol{A} \pm \boldsymbol{B}= \begin{bmatrix} a_{11} \pm b_{11} & a_{12} \pm b_{12} & \cdots & a_{1n} \pm b_{1n} \\ a_{21} \pm b_{21} & a_{22} \pm b_{22} & \cdots & a_{2n} \pm b_{2n} \\ \vdots & \vdots & & \vdots \\ a_{m1} \pm b_{m1} & a_{m2} \pm b_{m2} & \cdots & a_{mn} \pm b_{mn} \end{bmatrix}$$

例 1. 现有两种物资（单位：吨），从 3 个产地运往 4 个用地，其调运方案分别为矩阵

$$\boldsymbol{A}= \begin{bmatrix} 30 & 25 & 17 & 0 \\ 20 & 0 & 14 & 23 \\ 0 & 20 & 20 & 30 \end{bmatrix} \qquad \boldsymbol{B}= \begin{bmatrix} 10 & 15 & 13 & 30 \\ 0 & 40 & 16 & 17 \\ 50 & 10 & 0 & 10 \end{bmatrix}$$

这两种物资从 3 个产地运往 4 个用地的总运量分别是多少？

解： $\boldsymbol{A}+\boldsymbol{B} = \begin{bmatrix} 30 & 25 & 17 & 0 \\ 20 & 0 & 14 & 23 \\ 0 & 20 & 20 & 30 \end{bmatrix} + \begin{bmatrix} 10 & 15 & 13 & 30 \\ 0 & 40 & 16 & 17 \\ 50 & 10 & 0 & 10 \end{bmatrix}$

$$= \begin{bmatrix} 40 & 40 & 30 & 30 \\ 20 & 40 & 30 & 40 \\ 50 & 30 & 20 & 40 \end{bmatrix}$$

设 $\boldsymbol{A}$，$\boldsymbol{B}$，$\boldsymbol{C}$，$\boldsymbol{O}$（零矩阵）都是 $m \times n$ 矩阵，不难验证加法满足如下运算规律：

（1）加法交换律：$\boldsymbol{A}+\boldsymbol{B}=\boldsymbol{B}+\boldsymbol{A}$；

（2）加法结合律：$(\boldsymbol{A}+\boldsymbol{B})+\boldsymbol{C}=\boldsymbol{A}+(\boldsymbol{B}+\boldsymbol{C})$；

（3）吸收零阵率：$\boldsymbol{A}+\boldsymbol{O}=\boldsymbol{A}$；

（4）负阵存在率：$\boldsymbol{A}-\boldsymbol{A}=\boldsymbol{A}+(-\boldsymbol{A})=\boldsymbol{O}$.

2. 数与矩阵的乘法

定义 3. 以任意数 k 乘以矩阵 $\boldsymbol{A}$ 的每一个元素所得到的矩阵，称做数 k 与矩阵 $\boldsymbol{A}$ 的乘积，记作 $k\boldsymbol{A}$（或 $\boldsymbol{A}k$），这种运算称做数与矩阵的乘积，简称数乘矩阵．即

$$k\boldsymbol{A}=\begin{bmatrix} ka_{11} & ka_{12} & \cdots & ka_{1n} \\ ka_{21} & ka_{22} & \cdots & ka_{2n} \\ \vdots & \vdots & & \vdots \\ ka_{m1} & ka_{m2} & \cdots & ka_{mn} \end{bmatrix}=\boldsymbol{A}k$$

容易验证：对任意实数 k，h，两个 $m\times n$ 矩阵 $\boldsymbol{A}$，$\boldsymbol{B}$，满足以下运算规律：

（1）数对矩阵的分配律：$k(\boldsymbol{A}+\boldsymbol{B})=k\boldsymbol{A}+k\boldsymbol{B}$

（2）矩阵对数的分配率：$\boldsymbol{A}(k+h)=k\boldsymbol{A}+h\boldsymbol{A}$

（3）数乘矩阵的结合律：$(kh)\boldsymbol{A}=k(h\boldsymbol{A})=h(k\boldsymbol{A})$

例 2. 设矩阵

$$\boldsymbol{A}=\begin{bmatrix} 3 & -2 \\ 5 & 0 \\ 1 & 6 \end{bmatrix} \quad \boldsymbol{B}=\begin{bmatrix} 4 & -3 \\ 8 & 2 \\ -1 & 7 \end{bmatrix}$$

求：$3\boldsymbol{A}-2\boldsymbol{B}$.

解： 因为

$$3\boldsymbol{A}=\begin{bmatrix} 3\times 3 & 3\times(-2) \\ 3\times 5 & 3\times 0 \\ 3\times 1 & 3\times 6 \end{bmatrix}=\begin{bmatrix} 9 & -6 \\ 15 & 0 \\ 3 & 18 \end{bmatrix}$$

$$2\boldsymbol{B}=\begin{bmatrix} 2\times 4 & 2\times(-3) \\ 2\times 8 & 2\times 2 \\ 2\times(-1) & 2\times 7 \end{bmatrix}=\begin{bmatrix} 8 & -6 \\ 16 & 4 \\ -2 & 14 \end{bmatrix}$$

所以

$$3\boldsymbol{A}-2\boldsymbol{B}=\begin{bmatrix} 9 & -6 \\ 15 & 0 \\ 3 & 18 \end{bmatrix}-\begin{bmatrix} 8 & -6 \\ 16 & 4 \\ -2 & 14 \end{bmatrix}=\begin{bmatrix} 1 & 0 \\ -1 & -4 \\ 5 & 4 \end{bmatrix}$$

矩阵的加减与矩阵的数乘运算统称为矩阵的线性运算．

3. 矩阵与矩阵的乘法

定义 4. 设矩阵 $\boldsymbol{A}=(a_{ik})_{m\times s}$，$\boldsymbol{B}=(b_{kj})_{s\times n}$，则称矩阵 $\boldsymbol{C}=(c_{ij})_{m\times n}$ 为矩阵 $\boldsymbol{A}$ 左乘矩阵 $\boldsymbol{B}$ 的积，其中

$$c_{ij}=a_{i1}b_{1j}+a_{i2}b_{2j}+\cdots+a_{in}b_{nj}=\sum_{k=1}^{s}a_{ik}b_{kj}\ (i=1, 2, \cdots, m; j=1, 2, \cdots, n; k=1, 2, \cdots, s)$$

记作：$\boldsymbol{C}_{m\times n}=\boldsymbol{A}_{m\times s}\boldsymbol{B}_{s\times n}$，也可简记为 $\boldsymbol{C}=\boldsymbol{AB}$.

由定义可知：

(1) 当且仅当左矩阵 $\boldsymbol{A}$ 的列数等于右矩阵 $\boldsymbol{B}$ 的行数时，才能计算 $\boldsymbol{A}$ 左乘 $\boldsymbol{B}$.

(2) $\boldsymbol{AB}=\boldsymbol{C}$ 结果仍是矩阵，它的行数是 $\boldsymbol{A}$ 的行数，它的列数是 $\boldsymbol{B}$ 的列数.

(3) $\boldsymbol{C}$ 的第 i 行第 j 列的元素，等于 $\boldsymbol{A}$ 的第 i 行各元素与 $\boldsymbol{B}$ 的第 j 列的对应元素的乘积之和.

例 3. 设

$$\boldsymbol{A}=\begin{bmatrix}3 & 2 & -1\\ 2 & -3 & 5\end{bmatrix}\quad \boldsymbol{B}=\begin{bmatrix}1 & 3\\ -5 & 4\\ 3 & 6\end{bmatrix}$$

求：$\boldsymbol{AB}$，$\boldsymbol{BA}$.

解：
$$\boldsymbol{AB}=\begin{bmatrix}3 & 2 & -1\\ 2 & -3 & 5\end{bmatrix}\begin{bmatrix}1 & 3\\ -5 & 4\\ 3 & 6\end{bmatrix}$$
$$=\begin{bmatrix}3\times1+2\times(-5)+(-1)\times3 & 3\times3+2\times4+(-1)\times6\\ 2\times1+(-3)\times(-5)+5\times3 & 2\times3+(-3)\times4+5\times6\end{bmatrix}$$
$$=\begin{bmatrix}-10 & 11\\ 32 & 24\end{bmatrix}$$

同理可得

$$\boldsymbol{BA}=\begin{bmatrix}9 & -7 & 14\\ -7 & -22 & 25\\ 21 & -12 & 27\end{bmatrix}$$

可见，$\boldsymbol{AB}\neq\boldsymbol{BA}$.

例 4. 已知

$$\boldsymbol{A}=\begin{bmatrix}a_{11} & a_{12} & \cdots & a_{1n}\\ a_{21} & a_{22} & \cdots & a_{2n}\\ \vdots & \vdots & & \vdots\\ a_{m1} & a_{m2} & \cdots & a_{mn}\end{bmatrix}\quad \boldsymbol{X}=\begin{bmatrix}x_1\\ x_2\\ \vdots\\ x_n\end{bmatrix}\quad \boldsymbol{B}=\begin{bmatrix}b_1\\ b_2\\ \vdots\\ b_m\end{bmatrix}$$

若 $\boldsymbol{AX}=\boldsymbol{B}$，试写出三个矩阵 $\boldsymbol{A}$，$\boldsymbol{B}$，$\boldsymbol{X}$ 的元素之间的关系．

解：

$$\because \boldsymbol{AX}=\begin{bmatrix} a_{11} & a_{12} & \cdots & a_{1n} \\ a_{21} & a_{22} & \cdots & a_{2n} \\ \vdots & \vdots & & \vdots \\ a_{m1} & a_{m2} & \cdots & a_{mn} \end{bmatrix}\begin{bmatrix} x_1 \\ x_2 \\ \vdots \\ x_n \end{bmatrix}=\begin{bmatrix} a_{11}x_1+a_{12}x_2+\cdots+a_{1n}x_n \\ a_{21}x_1+a_{22}x_2+\cdots+a_{2n}x_n \\ \vdots \\ a_{m1}x_1+a_{m2}x_2+\cdots+a_{mn}x_n \end{bmatrix}=\boldsymbol{B}$$

$$\therefore \begin{cases} a_{11}x_1+a_{12}x_2+\cdots+a_{1n}x_n=b_1 \\ a_{21}x_1+a_{22}x_2+\cdots+a_{2n}x_n=b_2 \\ \cdots \\ a_{m1}x_1+a_{m2}x_2+\cdots+a_{mn}x_n=b_m \end{cases}$$

该题沟通了矩阵与方程组的关系，在第九章讨论方程组时将会用到．

例 5. 设 $\boldsymbol{A}=\begin{bmatrix} -2 & 4 \\ -3 & 6 \end{bmatrix}$，$\boldsymbol{B}=\begin{bmatrix} 2 & 10 \\ 1 & 5 \end{bmatrix}$，$\boldsymbol{C}=\begin{bmatrix} -6 & 4 \\ -3 & 2 \end{bmatrix}$，求：$\boldsymbol{AB}$ 和 $\boldsymbol{AC}$.

解： $\boldsymbol{AB}=\begin{bmatrix} -2 & 4 \\ -3 & 6 \end{bmatrix}\begin{bmatrix} 2 & 10 \\ 1 & 5 \end{bmatrix}=\begin{bmatrix} 0 & 0 \\ 0 & 0 \end{bmatrix}$，$\boldsymbol{AC}=\begin{bmatrix} -2 & 4 \\ -3 & 6 \end{bmatrix}\begin{bmatrix} -6 & 4 \\ -3 & 2 \end{bmatrix}=\begin{bmatrix} 0 & 0 \\ 0 & 0 \end{bmatrix}$

可见，非零矩阵的乘积可能为零矩阵，即由两个矩阵乘积为零矩阵，推不出其中至少有一个零矩阵．

例 6. 某校计划明、后年建教学楼和宿舍楼，建筑面积及耗材量如表 7－2－1 所示．

表 7－2－1　　教学楼和宿舍楼的建筑面积及耗材量表

项目	建筑面积（百平方米）		百平方米耗材量		
	明年	后年	钢材（吨）	水泥（吨）	木材（方）
教学楼	20	30	2	18	4
宿舍楼	10	20	1	15	5

试将明、后年各类建材耗材量用矩阵形式表示出来．

解： 设 $\boldsymbol{A}=\begin{bmatrix} 20 & 10 \\ 30 & 20 \end{bmatrix}$，$\boldsymbol{B}=\begin{bmatrix} 2 & 18 & 4 \\ 1 & 15 & 5 \end{bmatrix}$

则明、后年各类建材耗材量用矩阵形式可表示为：

$$\boldsymbol{AB}=\begin{bmatrix} 20 & 10 \\ 30 & 20 \end{bmatrix}\begin{bmatrix} 2 & 18 & 4 \\ 1 & 15 & 5 \end{bmatrix}=\begin{bmatrix} 50 & 510 & 130 \\ 80 & 840 & 220 \end{bmatrix}$$

请读者自己说出 $\boldsymbol{AB}$ 中每个元素的实际意义．

由定义可知，本例中 $\boldsymbol{BA}$ 没有意义，不能计算，这可由 $\boldsymbol{A}$ 与 $\boldsymbol{B}$ 元素的实际意义来说明．

由本例和例3可知，当 $\boldsymbol{AB}$ 有意义时，$\boldsymbol{BA}$ 不一定有意义；而且，即便 $\boldsymbol{BA}$ 有意义，也不一定有 $\boldsymbol{AB}=\boldsymbol{BA}$．即矩阵乘法不满足交换律．

当然，不排除有特殊矩阵 $\boldsymbol{A}$，$\boldsymbol{B}$ 满足 $\boldsymbol{AB}=\boldsymbol{BA}$，此时称矩阵 $\boldsymbol{A}$ 与 $\boldsymbol{B}$ 是可交换矩阵．

例如，可以验证下列矩阵 $\boldsymbol{A}$，$\boldsymbol{B}$ 可交换：

$$\boldsymbol{A}=\begin{bmatrix}-1 & 4\\ 1 & 2\end{bmatrix},\ \boldsymbol{B}=\begin{bmatrix}0 & 4\\ 1 & 3\end{bmatrix}$$

以上借几个例题指出了矩阵乘法运算与数的乘法运算性质的不同之处，但二者也有一些相同或相似的性质．

假定下列各式中矩阵的乘法都有意义，矩阵乘法有下列运算性质：

(1) 乘法结合律：$(\boldsymbol{AB})\boldsymbol{C}=\boldsymbol{A}(\boldsymbol{BC})$

(2) 左乘分配律：$\boldsymbol{A}(\boldsymbol{B}+\boldsymbol{C})=\boldsymbol{AB}+\boldsymbol{AC}$

(3) 右乘分配律：$(\boldsymbol{B}+\boldsymbol{C})\boldsymbol{A}=\boldsymbol{BA}+\boldsymbol{CA}$

(4) 数乘结合律：$k(\boldsymbol{AB})=(k\boldsymbol{A})\boldsymbol{B}=\boldsymbol{A}(k\boldsymbol{B})$

(5) 吸收率：$\boldsymbol{A}_{m\times n}\boldsymbol{E}_n=\boldsymbol{A}_{m\times n}$，$\boldsymbol{E}_m\boldsymbol{A}_{m\times n}=\boldsymbol{A}_{m\times n}$

习题 7.2

1. 设矩阵

$$\boldsymbol{A}=\begin{bmatrix}a & -1 & 3\\ 0 & b & -4\\ -5 & 8 & 7\end{bmatrix},\ \boldsymbol{B}=\begin{bmatrix}-2 & -1 & c\\ 0 & 1 & -4\\ d & 8 & 7\end{bmatrix}$$

(1) 若 $\boldsymbol{A}=\boldsymbol{B}$，求：$a$，$b$，$c$，$d$.

(2) 若 $a=1$，$b=-2$，$c=3$，$d=-4$，求：$\boldsymbol{A}+\boldsymbol{B}$，$2\boldsymbol{A}-3\boldsymbol{B}$，$\boldsymbol{AB}$，$\boldsymbol{BA}$.

2. 设矩阵

$$\boldsymbol{A}=\begin{bmatrix}2 & 4\\ 1 & 1\end{bmatrix},\ \boldsymbol{B}=\begin{bmatrix}2 & -2\\ -1 & 1\end{bmatrix}$$

(1) 若 $\boldsymbol{A}+2\boldsymbol{X}=\boldsymbol{B}$，求：矩阵 $\boldsymbol{X}$；

(2) 若 $\boldsymbol{AX}=\boldsymbol{B}$，$\boldsymbol{YA}=\boldsymbol{B}$，用待定系数法分别求矩阵 $\boldsymbol{X}$，$\boldsymbol{Y}$.

3. 设矩阵

$$A=\begin{bmatrix}3&0&5\\-2&4&1\end{bmatrix},\ B=\begin{bmatrix}-1&1&4&0\\3&-2&5&-3\\2&0&-6&4\end{bmatrix},\ C=\begin{bmatrix}1\\1\\1\\1\end{bmatrix}$$

验证：$(AB)C=A(BC)$.

4. 计算：(1) $\begin{bmatrix}1&-2&4\end{bmatrix}\begin{bmatrix}1\\2\\3\end{bmatrix}$

(2) $\begin{bmatrix}5&0\\3&-2\\-1&1\end{bmatrix}\begin{bmatrix}-1&2&3\\2&-4&3\end{bmatrix}$

5. 设A为方阵，称$A^n=\overbrace{AA\cdots A}^{n个}$为$A$的$n$(自然数)次幂，当$n=0$时，$A^0=E$. 试说明：

(1) 对任意自然数n、m都有$A^nA^m=A^{n+m}$，$(A^n)^m=A^{nm}$成立；

(2) 对任意自然数n和任意矩阵A，B，不一定有$(AB)^n=A^nB^n$成立.

6. 设矩阵A，B，C满足$AB=BA$，$AC=CA$. 试证：

(1)A，B，C为同阶方阵. (2)$A(B+C)=(B+C)A$；(3)$A(BC)=(BC)A$.

7. 用矩阵$A=\begin{bmatrix}1&2\\1&3\end{bmatrix}$，$B=\begin{bmatrix}1&0\\1&2\end{bmatrix}$验证下列各式是否成立.

(1)$AB=BA$. (2)$(A\pm B)(A\mp B)=A^2-B^2$.

(3)$(A\pm B)^2=A^2\pm 2AB+B^2$. (4)$(A\pm B)^3=A^3\pm 3A^2B+3AB^2\pm B^3$.

8. 举反例说明下列各命题均不成立：

(1) 若$A^2=0$，则$A=0$. (2) 若$A^2=A$，则$A=0$或$A=E$.

9. 试分别求出符合上面第8题(1)，(2)要求的反例中的所有二阶实方阵A.

10. 实验小学一年级三个班在校运会上获得的名次结果统计如表7-2-2所示.

表7-2-2　三个班名次结果统计表

班次	名次			
	一	二	三	四
一	3	1	1	3
二	1	4	5	5
三	2	3	2	4

第一至第四名的得分依次为7，5，4，3，用矩阵运算表示并计算回答：

(1) 二班、三班第一名和第二名共为本班获得多少分?

(2) 各班团体总分分别是多少?

第3节　矩阵的转置和初等变换

1. 矩阵的转置

定义1. 把矩阵 $\boldsymbol{A}$ 的各行按原来的顺序依次转换成相应的各列所得到的矩阵，称做矩阵 $\boldsymbol{A}$ 的转置矩阵，记作：$\boldsymbol{A}^T$.

由定义可知，矩阵 $\boldsymbol{A}^T$ 的第 i 行第 j 列的元素，就是 $\boldsymbol{A}$ 的第 i 列第 j 行的元素.

例1. 设矩阵 $\boldsymbol{A}=\begin{bmatrix}1 & 2 & 3\\4 & 5 & 6\end{bmatrix}$

求： $\boldsymbol{A}^T$.

解： $\boldsymbol{A}^T=\begin{bmatrix}1 & 4\\2 & 5\\3 & 6\end{bmatrix}$

例2. 设矩阵

$$\boldsymbol{A}=\begin{bmatrix}4 & -1\\0 & 2\\-3 & 2\end{bmatrix},\ \boldsymbol{B}=\begin{bmatrix}2 & 1\\3 & 4\end{bmatrix}$$

求： $(\boldsymbol{AB})^T$，$\boldsymbol{A}^T\boldsymbol{B}^T$，$\boldsymbol{B}^T\boldsymbol{A}^T$.

解： 因为 $\boldsymbol{AB}=\begin{bmatrix}4 & -1\\0 & 2\\-3 & 2\end{bmatrix}\begin{bmatrix}2 & 1\\3 & 4\end{bmatrix}=\begin{bmatrix}5 & 0\\6 & 8\\0 & 5\end{bmatrix}$

所以 $(\boldsymbol{AB})^T=\begin{bmatrix}5 & 6 & 0\\0 & 8 & 5\end{bmatrix}$

因为 $\boldsymbol{A}^T=\begin{bmatrix}4 & 0 & -3\\-1 & 2 & 2\end{bmatrix}$，$\boldsymbol{B}^T=\begin{bmatrix}2 & 3\\1 & 4\end{bmatrix}$

所以 $\boldsymbol{A}^T\boldsymbol{B}^T$ 不存在.

而 $\boldsymbol{B}^T\boldsymbol{A}^T=\begin{bmatrix}5 & 6 & 0\\0 & 8 & 5\end{bmatrix}$.

可见，$(\boldsymbol{AB})^T=\boldsymbol{B}^T\boldsymbol{A}^T\neq\boldsymbol{A}^T\boldsymbol{B}^T$.

一般地，矩阵的转置满足下列运算规律：

(1) $(\boldsymbol{A}^T)^T=\boldsymbol{A}$.

(2) $(\boldsymbol{A}+\boldsymbol{B})^T=\boldsymbol{A}^T+\boldsymbol{B}^T$.

(3) $(k\boldsymbol{A})^T=k\boldsymbol{A}^T$，其中 k 是实数.

(4) $(\boldsymbol{AB})^T=\boldsymbol{B}^T\boldsymbol{A}^T$，$(\boldsymbol{ABC})^T=\boldsymbol{C}^T\boldsymbol{B}^T\boldsymbol{A}^T$.

2. 矩阵的初等变换

矩阵的初等变换，在矩阵的求秩、求逆以及线性方程组的求解等问题中，都有十分重要的作用.

我们已经知道，在中学利用消元法解线性方程组时，经常反复进行如下三种变换：

（1）对换：对换某两个方程的位置；

（2）倍乘：用一个非零数乘某一个方程的两边；

（3）倍加：用一个非零数乘某一个方程的两边，加到另一个方程上去（消去某个未知数）.

这三种变换称做方程组的初等变换. 我们知道，方程组的初等变换不改变方程组的解.

类似地，我们可以定义矩阵的初等变换.

定义 2. 对矩阵进行下列三种变换，统称为矩阵的初等行变换，简称为矩阵的初等变换：

（1）对换：对换第 i，j 两行的位置，记作（ⓘⓙ）；

（2）倍乘：非零数 k 乘第 i 行的所有元素，记作 kⓘ ；

（3）倍加：非零数 k 乘第 j 行所有元素，加到第 i 行的相应元素上去，记作ⓘ$+k$ⓙ.

例 3. 设矩阵 $\boldsymbol{A}=\begin{bmatrix}a_1 & a_2 & a_3\\ b_1 & b_2 & b_3\\ c_1 & c_2 & c_3\end{bmatrix}$，则

（1）对换第 1，2 两行：

$$\boldsymbol{A}=\begin{bmatrix}a_1 & a_2 & a_3\\ b_1 & b_2 & b_3\\ c_1 & c_2 & c_3\end{bmatrix}\xrightarrow{(①②)}\begin{bmatrix}b_1 & b_2 & b_3\\ a_1 & a_2 & a_3\\ c_1 & c_2 & c_3\end{bmatrix}$$

（2）3 乘第 2 行：

$$\boldsymbol{A}=\begin{bmatrix}a_1 & a_2 & a_3\\ b_1 & b_2 & b_3\\ c_1 & c_2 & c_3\end{bmatrix}\xrightarrow{3②}\begin{bmatrix}a_1 & a_2 & a_3\\ 3b_1 & 3b_2 & 3b_3\\ c_1 & c_2 & c_3\end{bmatrix}$$

(3) -3 乘第 1 行加到第 3 行上去：

$$\boldsymbol{A}=\begin{bmatrix}a_1 & a_2 & a_3\\ b_1 & b_2 & b_3\\ c_1 & c_2 & c_3\end{bmatrix}\xrightarrow{③+(-3)①}\begin{bmatrix}a_1 & a_2 & a_3\\ b_1 & b_2 & b_3\\ c_1-3a_1 & c_2-3a_2 & c_3-3a_3\end{bmatrix}$$

与方程组经过初等变换不改变它的解等性质一样，矩阵经过初等变换，其元素可能发生很大变化，但其本身所具有的许多性质也保持不变．因此，初等变换在矩阵理论中具有十分重要的价值．

利用初等变换可以将矩阵化成比较简单的矩阵．

例 4. 设矩阵

$$\boldsymbol{A}=\begin{bmatrix}1 & -2 & -1 & 0 & 2\\ 2 & -1 & 0 & 2 & 3\\ 3 & 3 & 3 & 3 & 4\\ -2 & 4 & 2 & 6 & -6\end{bmatrix}$$

将矩阵 $\boldsymbol{A}$ 的第 1 行分别乘以 -2，-3，2 加到第 2，3，4 行，得矩阵

$$\boldsymbol{B}=\begin{bmatrix}1 & -2 & -1 & 0 & 2\\ 0 & 3 & 2 & 2 & -1\\ 0 & 9 & 6 & 3 & -2\\ 0 & 0 & 0 & 6 & -2\end{bmatrix}$$

再将矩阵 $\boldsymbol{B}$ 的第 2 行乘以 -3 加到第 3 行，得矩阵

$$\boldsymbol{C}=\begin{bmatrix}1 & -2 & -1 & 0 & 2\\ 0 & 3 & 2 & 2 & -1\\ 0 & 0 & 0 & -3 & 1\\ 0 & 0 & 0 & 6 & -2\end{bmatrix}$$

最后将矩阵 $\boldsymbol{C}$ 的第 3 行乘以 2 加到第 4 行，得矩阵

$$\boldsymbol{D}=\begin{bmatrix}1 & -2 & -1 & 0 & 2\\ 0 & 3 & 2 & 2 & -1\\ 0 & 0 & 0 & -3 & 1\\ 0 & 0 & 0 & 0 & 0\end{bmatrix}$$

矩阵 $\boldsymbol{D}$ 有如下特点：元素全为 0 的行（称做 0 行）在矩阵的最下边；每行左起第 1 个非零元素（叫做该行的主元）所在的列中，所有主元下面的元素全为 0，

这是一种重要的矩阵．

定义 3. 一个非零矩阵，如果有 0 行，则所有 0 行在最下边，而且在每行主元所在的列中，主元下面的元素全为 0，这样的矩阵称做行阶梯形矩阵，简称阶梯形矩阵．

进一步地，将上述矩阵 $\boldsymbol{D}$ 依次施行下列初等变换：第 3 行乘以 $-1/3$，第 3 行乘以 -2 加到第 2 行，第 2 行乘以 $1/3$，第 2 行乘以 2 加到第 1 行，得到阶梯形矩阵

$$\boldsymbol{F}=\begin{bmatrix}1&0&1/3&0&16/9\\0&1&2/3&0&-1/9\\0&0&0&1&-1/3\\0&0&0&0&0\end{bmatrix}$$

其特点是：每行主元都为 1，各主元所在列中的其余元素全为 0，这是更重要的一类矩阵．

定义 4. 一个阶梯形矩阵，如果它各行的主元全为 1，而且主元所在列中其余的元素全为 0，则称这样的阶梯形矩阵为最简阶梯形矩阵．

阶梯形矩阵和最简阶梯形矩阵，在后面我们将常常用到．

定理 1. 任何一个非零矩阵，均可经过有限次初等变换化为阶梯形矩阵，进而可化为最简阶梯形矩阵（可用数学归纳法证明，略）．

例 5. 把下面的矩阵先化为阶梯形矩阵，再化为最简阶梯形矩阵：

$$\boldsymbol{A}=\begin{bmatrix}2&3&1\\3&1&3\\1&2&1\end{bmatrix}$$

解： $\boldsymbol{A}\rightarrow\begin{bmatrix}1&2&1\\3&1&3\\2&3&1\end{bmatrix}\rightarrow\begin{bmatrix}1&2&1\\0&-5&0\\0&-1&-1\end{bmatrix}\rightarrow\begin{bmatrix}1&2&1\\0&1&0\\0&-1&-1\end{bmatrix}\rightarrow\begin{bmatrix}1&2&1\\0&1&0\\0&0&-1\end{bmatrix}$

这是一个阶梯形矩阵．

一般来说，对一个矩阵而言，变化过程不同，变化的繁简程度可能会不同，得到的阶梯形矩阵也不会相同．

变换时，一般先不考虑倍乘变换以免过早引入分数运算，而是先力求用对换或倍加变换，使第 1 行第 1 列交叉位置的元素成为该列所有元素的公约数（最好是 1），然后，使其正下方的所有元素全为 0；再对上一步得到的矩阵的第 2 行第 2 列交叉位置的元素及其正下方的所有元素重复上一步的做法；依此类推并始终保持只作行变换．

下面我们对上面得到的阶梯型矩阵继续进行初等行变换，化出最简阶梯形矩阵.

$$\begin{bmatrix}1&2&1\\0&1&0\\0&0&-1\end{bmatrix}\to\begin{bmatrix}1&0&1\\0&1&0\\0&0&1\end{bmatrix}\to\begin{bmatrix}1&0&0\\0&1&0\\0&0&1\end{bmatrix}$$

这是一个最简阶梯形矩阵.

如果该题只要求化为最简阶梯形矩阵，过程中的第三步之后也可简化如下：

$$\begin{bmatrix}1&2&1\\0&1&0\\0&-1&-1\end{bmatrix}\to\begin{bmatrix}1&0&1\\0&1&0\\0&0&-1\end{bmatrix}\to\begin{bmatrix}1&0&0\\0&1&0\\0&0&-1\end{bmatrix}\to\begin{bmatrix}1&0&0\\0&1&0\\0&0&1\end{bmatrix}$$

与化阶梯形矩阵同样的道理，变化过程不同，繁简程度可能会不同，但是，得到的最简阶梯形矩阵必然相同. 即一个矩阵对应唯一一个最简阶梯形矩阵.

把一个矩阵化为阶梯形矩阵和最简阶梯形矩阵的过程，其中有许多简便技巧(例如本节后面的例7)，大家必须通过多做题目加以体验，并熟练掌握，在后面我们会经常用到.

3. 矩阵的秩及其求法

矩阵的秩是一个重要的概念，秩的求法是一个基本的方法，在后面的学习中会经常用到.

定义5. 矩阵$\boldsymbol{A}$经过初等变换化为阶梯形矩阵$\boldsymbol{B}$，$\boldsymbol{B}$的非零行的行数称做矩阵$\boldsymbol{A}$的秩，记作$r(\boldsymbol{A})$，有时简记为r.

显然，$r(0)=0$；$r(\boldsymbol{B})=r(\boldsymbol{A})$，而且，矩阵$\boldsymbol{A}$化成矩阵$\boldsymbol{B}$的过程中的每一个矩阵的秩均为$r(A)$.

例如，对本节中的例4有$r(\boldsymbol{A})=r(\boldsymbol{B})=r(\boldsymbol{C})=r(\boldsymbol{D})=3$；对例5有$r(\boldsymbol{A})=3$.

定义5是构造性的，它本身给出了矩阵秩的求法.

例6. 设矩阵

$$\boldsymbol{A}=\begin{bmatrix}2&0&5&2\\-2&4&1&0\end{bmatrix}\quad \boldsymbol{B}=\begin{bmatrix}-1&1&4&0\\3&-2&5&-3\\2&0&-6&4\\0&1&1&2\end{bmatrix}$$

求：$r(\boldsymbol{A})$，$r(\boldsymbol{A}^T)$，$r(\boldsymbol{B})$，$r(\boldsymbol{AB})$.

解： 因为

$$A \to \begin{bmatrix} 2 & 0 & 5 & 2 \\ 0 & 4 & 6 & 2 \end{bmatrix} \quad A^T = \begin{bmatrix} 2 & -2 \\ 0 & 4 \\ 5 & 1 \\ 2 & 0 \end{bmatrix} \to \begin{bmatrix} 1 & 5 \\ 0 & 2 \\ 0 & 0 \\ 0 & 0 \end{bmatrix}$$

$$B \to \begin{bmatrix} -1 & 1 & 4 & 0 \\ 0 & 1 & 17 & -3 \\ 0 & 0 & -32 & 10 \\ 0 & 0 & 0 & 0 \end{bmatrix}$$

$$AB = \begin{bmatrix} 8 & 4 & -20 & 24 \\ 16 & -10 & 6 & -8 \end{bmatrix} \to \begin{bmatrix} 8 & 4 & -20 & 24 \\ 0 & -18 & 46 & -56 \end{bmatrix}$$

所以，$r(A)=2$，$r(A^T)=2$，$r(B)=3$，$r(AB)=2$.

可见，矩阵的秩不超过其行数和列数中的较小者，两矩阵乘积的秩不超过各自秩中的较小者，矩阵与其转置有相同的秩，这三条结论一般情况下也成立.

定义 6. 若 n 阶方阵的秩为 n，则称该方阵为满秩矩阵，或非奇异矩阵.

例如，矩阵

$$A = \begin{bmatrix} -1 & 3 & 5 \\ 0 & 4 & -1 \\ 0 & 0 & 2 \end{bmatrix} \quad E_n = \begin{bmatrix} 1 & 0 & \cdots & 0 \\ 0 & 1 & \cdots & 0 \\ \vdots & \vdots & & \vdots \\ 0 & 0 & \cdots & 1 \end{bmatrix}$$

及本节例 5 的矩阵 A 都是满秩矩阵，而本节例 6 中的矩阵 B 不是满秩矩阵.

定理 2. 一个满秩的方阵，可以经过有限次初等变换化为单位矩阵.

例 7. 设矩阵

$$A = \begin{bmatrix} -1 & 3 & 5 \\ 0 & 4 & -1 \\ 0 & 0 & 2 \end{bmatrix}$$

将其化为单位矩阵（也是最简阶梯形矩阵）的过程如下：

$$A \to \begin{bmatrix} 1 & -3 & -5 \\ 0 & 4 & -1 \\ 0 & 0 & 1 \end{bmatrix} \to \begin{bmatrix} 1 & -3 & 0 \\ 0 & 4 & 0 \\ 0 & 0 & 1 \end{bmatrix} \to \begin{bmatrix} 1 & -3 & 0 \\ 0 & 1 & 0 \\ 0 & 0 & 1 \end{bmatrix} \to \begin{bmatrix} 1 & 0 & 0 \\ 0 & 1 & 0 \\ 0 & 0 & 1 \end{bmatrix}$$

4. 初等矩阵

为了便于推理证明（本书中不多见），矩阵的初等变换有时需要用矩阵的乘法运算来表示，即用矩阵等式的传递替代矩阵初等变换的过程．为此，下面先介绍初等矩阵的概念．

定义 7. 由单位矩阵 $\boldsymbol{E}$ 经过一次初等变换所得到的矩阵，叫做初等矩阵，三种初等变换对应着三种初等矩阵：

(1) 初等对换矩阵：由单位矩阵 $\boldsymbol{E}$ 的第 i 行和第 j 行对换得到的矩阵，记作 $\boldsymbol{E}(ⓘⓙ)$.

(2) 初等倍乘矩阵：由非零数 k 乘单位矩阵 $\boldsymbol{E}$ 的第 i 行得到的矩阵，记作 $E(kⓘ)$.

(3) 初等倍加矩阵：由非零数 k 乘单位矩阵 $\boldsymbol{E}$ 的第 j 行加到第 i 行上去得到的矩阵，记作 $\boldsymbol{E}(ⓘ+kⓙ)$.

例如：$\boldsymbol{E}_3(①②)=\begin{bmatrix}0&1&0\\1&0&0\\0&0&1\end{bmatrix}$　$\boldsymbol{E}_4(①②)=\begin{bmatrix}0&1&0&0\\1&0&0&0\\0&0&1&0\\0&0&0&1\end{bmatrix}$

$$\boldsymbol{E}_3(k②)=\begin{bmatrix}1&0&0\\0&k&0\\0&0&1\end{bmatrix}\quad \boldsymbol{E}_4(③+k②)=\begin{bmatrix}1&0&0&0\\0&1&0&0\\0&k&1&0\\0&0&0&1\end{bmatrix}$$

显然，初等矩阵的转置矩阵仍为初等矩阵．

下面我们讨论用矩阵的乘法运算表示初等变换过程的问题，先看一个例子．

例 8. 设矩阵

$\boldsymbol{A}=\begin{bmatrix}1&2&3&4\\5&6&7&8\\9&10&11&12\end{bmatrix}$，则

$$\begin{bmatrix}0&1&0\\1&0&0\\0&0&1\end{bmatrix}\begin{bmatrix}1&2&3&4\\5&6&7&8\\9&10&11&12\end{bmatrix}=\begin{bmatrix}5&6&7&8\\1&2&3&4\\9&10&11&12\end{bmatrix}$$

$$\begin{bmatrix}1&0&0\\0&1&0\\0&0&k\end{bmatrix}\begin{bmatrix}1&2&3&4\\5&6&7&8\\9&10&11&12\end{bmatrix}=\begin{bmatrix}1&2&3&4\\5&6&7&8\\9k&10k&11k&12k\end{bmatrix}$$

$$\begin{bmatrix}1&0&0\\k&1&0\\0&0&1\end{bmatrix}\begin{bmatrix}1&2&3&4\\5&6&7&8\\9&10&11&12\end{bmatrix}=\begin{bmatrix}1&2&3&4\\5+k&6+2k&7+3k&8+4k\\9&10&11&12\end{bmatrix}$$

由此可见，上述三个等式等号左边的左因子矩阵，是三阶单位矩阵分别施行

第一行和第二行对换、数 k 乘第三行、数 k 乘第一行加到第二行所得到的三个初等矩阵．这三个初等矩阵左乘矩阵 $\boldsymbol{A}$ 所得到的等号右边的矩阵，恰好相当于对矩阵 A 施行同样的初等变换．

一般地，有下面的定理成立：

定理 3. 对 m 行 n 列矩阵 $\boldsymbol{A}$ 施行一次初等变换，相当于在 $\boldsymbol{A}$ 的左边乘上一个相应的 m 阶初等矩阵．即

(1) 若 $\boldsymbol{A} \xrightarrow{(ⓘⓙ)} \boldsymbol{B}$，则 $\boldsymbol{B}=\boldsymbol{E}(ⓘⓙ)\boldsymbol{A}$，反之亦然．

(2) 若 $\boldsymbol{A} \xrightarrow{kⓘ} \boldsymbol{B}$，则 $\boldsymbol{B}=\boldsymbol{E}(kⓘ)\boldsymbol{A}$，反之亦然．

(3) 若 $\boldsymbol{A} \xrightarrow{ⓘ+kⓙ} \boldsymbol{B}$，则 $\boldsymbol{B}=\boldsymbol{E}(ⓘ+k\,ⓙ)\boldsymbol{A}$，反之亦然．

由定理 3 和定理 2 可得到下面的定理．

定理 4. 一个满秩方阵，可左乘有限个与之同阶的初等矩阵得到一个单位矩阵.

例如，前面的例 7，$\boldsymbol{A}$ 化为单位矩阵 E 的初等变换过程依次为：

$-1$①，$1/2$③；①$+5$③，②$+$③；$1/4$ ②；①$+3$②.

相应的初等矩阵依次为：

$$\boldsymbol{E}(-1①)=\begin{bmatrix}-1 & 0 & 0\\ 0 & 1 & 0\\ 0 & 0 & 1\end{bmatrix} \quad \boldsymbol{E}(1/2③)=\begin{bmatrix}1 & 0 & 0\\ 0 & 1 & 0\\ 0 & 0 & 1/2\end{bmatrix}$$

$$\boldsymbol{E}(①+5③)=\begin{bmatrix}1 & 0 & 5\\ 0 & 1 & 0\\ 0 & 0 & 1\end{bmatrix} \quad \boldsymbol{E}(②+③)=\begin{bmatrix}1 & 0 & 0\\ 0 & 1 & 1\\ 0 & 0 & 1\end{bmatrix}$$

$$\boldsymbol{E}(1/4②)=\begin{bmatrix}1 & 0 & 0\\ 0 & 1/4 & 0\\ 0 & 0 & 1\end{bmatrix} \quad \boldsymbol{E}(①+3②)=\begin{bmatrix}1 & 3 & 0\\ 0 & 1 & 0\\ 0 & 0 & 1\end{bmatrix}$$

不难验证：

$$\boldsymbol{E}(①+3②)\boldsymbol{E}(1/4②)\boldsymbol{E}(②+③)\boldsymbol{E}(①+5③)\boldsymbol{E}(1/2③)\boldsymbol{E}(-1①)A=\boldsymbol{E}$$

习题 7.3

1. 设矩阵

$$\boldsymbol{A}=\begin{bmatrix}2 & -5\\ -3 & 4\\ 0 & 1\end{bmatrix} \quad \boldsymbol{B}=\begin{bmatrix}5 & -8\\ -6 & 3\\ 2 & 0\end{bmatrix}$$

求：$5A^T-2B^T$．你是怎样求的？还有别的求解过程吗？

2．若矩阵 A，B 分别满足 $A^T=A$，$B^T=-B$，则分别称矩阵 A，B 为对称矩阵和反对称矩阵．试举例说明这两种矩阵的元素布局有何特殊规律，判断下列矩阵哪个是对称矩阵或反对称矩阵：

$$A=\begin{bmatrix}1&2&-3\\2&4&6\\-3&6&5\end{bmatrix}\quad B=\begin{bmatrix}7&1&2\\3&-1&2\\1&1&7\end{bmatrix}\quad C=\begin{bmatrix}0&2&-3\\-2&0&4\\3&-4&0\end{bmatrix}$$

3．设 A，B 是同阶对称矩阵，求证：AB 是对称矩阵 $\Leftrightarrow A$，B 可交换．

4．把下列矩阵先化成阶梯形矩阵，再化成最简阶梯形矩阵：

(1) $\begin{bmatrix}-2&-1&6\\4&0&5\\-6&-1&1\end{bmatrix}$　　(2) $\begin{bmatrix}1&-1&1\\1&1&3\\2&-3&2\end{bmatrix}$

5．求下列矩阵的秩，并指出该矩阵是否为满秩矩阵：

(1)$A=\begin{bmatrix}1&2\\0&0\end{bmatrix}$　　(2)$B=\begin{bmatrix}1&2\\3&4\end{bmatrix}$

(3)$C=\begin{bmatrix}1&2&3\\2&4&6\\3&6&8\end{bmatrix}$　　(4)$D=\begin{bmatrix}2&2&2&3\\1&1&1&1\\3&3&3&4\end{bmatrix}$

6．写出下列各题中的初等矩阵 P：

(1)$P\begin{bmatrix}2&1&3\\5&4&6\\8&7&9\end{bmatrix}=\begin{bmatrix}8&7&9\\5&4&6\\2&1&3\end{bmatrix}$　　(2)$P\begin{bmatrix}2&1&3\\5&4&6\\8&7&9\end{bmatrix}=\begin{bmatrix}4&2&6\\5&4&6\\8&7&9\end{bmatrix}$

(3)$P\begin{bmatrix}2&1&3\\5&4&6\\8&7&9\end{bmatrix}=\begin{bmatrix}2&1&3\\5&4&6\\14&10&18\end{bmatrix}$

7．设矩阵 $A=\begin{bmatrix}2&3&0\\1&1&0\\0&0&1\end{bmatrix}$，且 $XA=E$，求矩阵 X．

第4节　可逆矩阵和逆矩阵

大家知道，一元一次方程 $ax=b$ 当 $a\neq0$ 时，方程两边同乘以 a^{-1}，可以求得

解 $x=a^{-1}b$. 这也就是说，通过引进倒数的概念，可以用乘法运算代替除法运算.

类似地，已知矩阵 $\boldsymbol{A}$，$\boldsymbol{B}$，若 $\boldsymbol{AX}=\boldsymbol{B}$，求矩阵 $\boldsymbol{X}$. 此时自然会联想到，可否定义 $\boldsymbol{A}$ 的“倒矩阵”并求出来乘在矩阵方程 $\boldsymbol{AX}=\boldsymbol{B}$ 的两边，从而求出 $\boldsymbol{X}$ 呢？为此，我们引入逆矩阵的概念.

1. 逆矩阵的概念和性质

定义. 对 n 阶方阵 $\boldsymbol{A}$，若存在 n 阶方阵 B，使 $\boldsymbol{AB}=\boldsymbol{BA}=\boldsymbol{E}$，则称矩阵 $\boldsymbol{A}$ 可逆，称矩阵 $\boldsymbol{B}$ 为 $\boldsymbol{A}$ 的逆矩阵，简称 $\boldsymbol{A}$ 的逆. 记作 $\boldsymbol{B}=\boldsymbol{A}^{-1}$，读作 $\boldsymbol{A}$ 逆.

定理 1. 若方阵 $\boldsymbol{A}$ 可逆，则其逆由 $\boldsymbol{A}$ 唯一确定.

证明：设方阵 $\boldsymbol{B}$、$\boldsymbol{C}$ 都是矩阵 $\boldsymbol{A}$ 的逆，则由定义可得 $\boldsymbol{AB}=\boldsymbol{BA}=\boldsymbol{E}$，$\boldsymbol{AC}=\boldsymbol{CA}=\boldsymbol{E}$，于是 $\boldsymbol{B}=\boldsymbol{BE}=\boldsymbol{B}(\boldsymbol{AC})=(\boldsymbol{BA})\boldsymbol{C}=\boldsymbol{EC}=\boldsymbol{C}$，这就是说，$\boldsymbol{A}$ 的逆唯一确定.

逆矩阵具有如下性质：

(1) 若矩阵 $\boldsymbol{A}$ 可逆，则 $\boldsymbol{A}^{-1}$ 也可逆，且 $(\boldsymbol{A}^{-1})^{-1}=\boldsymbol{A}$（即 $\boldsymbol{A}$ 与 $\boldsymbol{A}^{-1}$ 互为逆矩阵).

(2) 若矩阵 $\boldsymbol{A}$ 可逆，数 $k\neq 0$，则 $k\boldsymbol{A}$ 可逆，且 $(k\boldsymbol{A})^{-1}=k^{-1}\boldsymbol{A}^{-1}$.

(3) 若矩阵 $\boldsymbol{A}$，$\boldsymbol{B}$ 都是 n 阶可逆方阵，则 $\boldsymbol{AB}$ 可逆，且 $(\boldsymbol{AB})^{-1}=\boldsymbol{B}^{-1}\boldsymbol{A}^{-1}$.

该性质可推广到任意有限个同阶可逆矩阵的情形.

(4) 若矩阵 $\boldsymbol{A}$ 可逆，则 $\boldsymbol{A}$ 的转置矩阵也可逆，且 $(\boldsymbol{A}^{T})^{-1}=(\boldsymbol{A}^{-1})^{T}$.

值得注意的是，$\boldsymbol{O}$ 矩阵不可逆；单位矩阵 $\boldsymbol{E}$ 可逆且其逆仍为单位矩阵；初等矩阵可逆，且其逆仍为初等矩阵；两个同阶可逆矩阵之和不一定可逆，即 $(\boldsymbol{A}+\boldsymbol{B})^{-1}=\boldsymbol{A}^{-1}+\boldsymbol{B}^{-1}$ 不一定成立.

例如

$$\boldsymbol{A}=\begin{bmatrix}1 & 0 & 0\\ 0 & -1 & 0\\ 0 & 0 & 2\end{bmatrix},\ \boldsymbol{B}=\begin{bmatrix}1 & 0 & 0\\ 0 & 1 & 0\\ 0 & 0 & 2\end{bmatrix}$$

都可逆，但

$$\boldsymbol{A}+\boldsymbol{B}=\begin{bmatrix}2 & 0 & 0\\ 0 & 0 & 0\\ 0 & 0 & 4\end{bmatrix}$$

不可逆. 而 $\boldsymbol{A}+\boldsymbol{A}=2\boldsymbol{A}$ 可逆，且

$(\boldsymbol{A}+\boldsymbol{A})^{-1}=(2\boldsymbol{A})^{-1}=2^{-1}\boldsymbol{A}^{-1}\neq\boldsymbol{A}^{-1}+\boldsymbol{A}^{-1}=2\boldsymbol{A}^{-1}$.

定理 2. 方阵 $\boldsymbol{A}$ 可逆 $\Leftrightarrow$ 方阵 $\boldsymbol{A}$ 满秩（证明已超出本书范围）.

该定理给出了可逆矩阵的一条性质，也给出了矩阵可逆的判定定理.

2. 逆矩阵的求法

逆矩阵的求法在矩阵代数及其应用的各个领域都具有非常重要的意义，下面介绍逆矩阵的求法．

由本节定理 2 可知，上节定理 4 可等价地表述为：一个可逆方阵，可以左乘有限个与之同阶的初等矩阵，得到单位矩阵．

设 $\boldsymbol{A}$ 是可逆方阵，$\boldsymbol{E}$ 是同阶单位矩阵，一定存在有限个同阶的初等矩阵 $\boldsymbol{P}_1$，$\boldsymbol{P}_2$，…，$\boldsymbol{P}_k$，使得 $\boldsymbol{P}_k\cdots\boldsymbol{P}_2\boldsymbol{P}_1\boldsymbol{A}=\boldsymbol{E}$.

此式两边都右乘 $\boldsymbol{A}^{-1}$ 得 $\boldsymbol{P}_k\cdots\boldsymbol{P}_2\boldsymbol{P}_1\boldsymbol{A}\boldsymbol{A}^{-1}=\boldsymbol{E}\boldsymbol{A}^{-1}$，即 $\boldsymbol{P}_k\cdots\boldsymbol{P}_2\boldsymbol{P}_1\boldsymbol{E}=\boldsymbol{A}^{-1}$，此式告诉我们，欲求 $\boldsymbol{A}^{-1}$，只要找到 $\boldsymbol{P}_1$，$\boldsymbol{P}_2$，…，$\boldsymbol{P}_k$ 即可．

这是一个可行的、但是比较麻烦的过程，可否找到更加简便的过程呢？

等式 $\boldsymbol{P}_k\cdots\boldsymbol{P}_2\boldsymbol{P}_1\boldsymbol{A}=\boldsymbol{E}$ 表明，可逆矩阵 $\boldsymbol{A}$ 经有限次初等变换可化为单位矩阵 $\boldsymbol{E}$；而等式 $\boldsymbol{P}_k\cdots\boldsymbol{P}_2\boldsymbol{P}_1\boldsymbol{E}=\boldsymbol{A}^{-1}$ 表明，单位矩阵 $\boldsymbol{E}$ 经"同样"的初等变换可化为矩阵 $\boldsymbol{A}$ 的逆矩阵 $\boldsymbol{A}^{-1}$.

把这两个过程合并在一起"同时"完成，也就找到了求逆矩阵 $\boldsymbol{A}^{-1}$ 的简便过程：在方阵 $\boldsymbol{A}$ 的右侧写上一个同阶单位矩阵 $\boldsymbol{E}$，得到矩阵 $(\boldsymbol{A}\mid\boldsymbol{E})$；对矩阵 $(\boldsymbol{A}\mid\boldsymbol{E})$ 用化 $\boldsymbol{A}$ 为 $\boldsymbol{E}$ 的过程实施初等变换，当左半部化成 $\boldsymbol{E}$ 时，右半部就化成了 $\boldsymbol{A}^{-1}$. 即 $(\boldsymbol{A}\mid\boldsymbol{E})\xrightarrow{\text{初等变换}}(\boldsymbol{E}\mid\boldsymbol{A}^{-1})$．

例 1. 设矩阵 $\boldsymbol{A}=\begin{bmatrix}1&-1&1\\1&1&3\\2&-3&2\end{bmatrix}$，求 $\boldsymbol{A}^{-1}$．

解： $(\boldsymbol{A}\mid\boldsymbol{E})$

$$=\begin{bmatrix}1&-1&1&1&0&0\\1&1&3&0&1&0\\2&-3&2&0&0&1\end{bmatrix}\to\begin{bmatrix}1&-1&1&1&0&0\\0&2&2&-1&1&0\\0&-1&0&-2&0&1\end{bmatrix}$$

$$\to\begin{bmatrix}1&0&1&3&0&-1\\0&0&2&-5&1&2\\0&-1&0&-2&0&1\end{bmatrix}\to\begin{bmatrix}1&0&1&3&0&-1\\0&1&0&2&0&-1\\0&0&2&-5&1&2\end{bmatrix}$$

$$\to\begin{bmatrix}1&0&1&3&0&-1\\0&1&0&2&0&-1\\0&0&1&-5/2&1/2&1\end{bmatrix}\to\begin{bmatrix}1&0&0&11/2&-1/2&-2\\0&1&0&2&0&-1\\0&0&1&-5/2&1/2&1\end{bmatrix}$$

$$\therefore \boldsymbol{A}^{-1}=\begin{bmatrix} 11/2 & -1/2 & -2 \\ 2 & 0 & -1 \\ -5/2 & 1/2 & 1 \end{bmatrix}$$

值得注意的是，变换过程可以不同，但计算结果必然相同；如果变换过程中发现 $\boldsymbol{A}$ 出现零行，不是满秩矩阵，可断言不存在 $\boldsymbol{A}^{-1}$.

例 2. 若 $\boldsymbol{AX}=\boldsymbol{B}$，$\boldsymbol{YA}=\boldsymbol{B}$，其中

$$\boldsymbol{A}=\begin{bmatrix} 2 & 4 \\ 1 & 1 \end{bmatrix},\ \boldsymbol{B}=\begin{bmatrix} 2 & -2 \\ -1 & 1 \end{bmatrix}$$

求：矩阵 $\boldsymbol{X}$，$\boldsymbol{Y}$.

解： 给 $\boldsymbol{AX}=\boldsymbol{B}$ 两边左乘 $\boldsymbol{A}^{-1}$ 得 $\boldsymbol{A}^{-1}\boldsymbol{AX}=\boldsymbol{A}^{-1}\boldsymbol{B}$，即 $\boldsymbol{X}=\boldsymbol{A}^{-1}\boldsymbol{B}$，可见，须先求 $\boldsymbol{A}^{-1}$，过程如下：

$$\text{因为，}(\boldsymbol{A}\mid\boldsymbol{E})=\begin{bmatrix} 2 & 4 & 1 & 0 \\ 1 & 1 & 0 & 1 \end{bmatrix}\rightarrow\begin{bmatrix} 1 & 1 & 0 & 1 \\ 2 & 4 & 1 & 0 \end{bmatrix}\rightarrow\begin{bmatrix} 1 & 1 & 0 & 1 \\ 0 & 2 & 1 & -2 \end{bmatrix}$$

$$\rightarrow\begin{bmatrix} 1 & 1 & 0 & 1 \\ 0 & 1 & 1/2 & -1 \end{bmatrix}\rightarrow\begin{bmatrix} 1 & 0 & -1/2 & 2 \\ 0 & 1 & 1/2 & -1 \end{bmatrix}$$

$$\text{所以，}\boldsymbol{A}^{-1}=\begin{bmatrix} -1/2 & 2 \\ 1/2 & -1 \end{bmatrix}$$

$$\boldsymbol{X}=\boldsymbol{A}^{-1}\boldsymbol{B}=\begin{bmatrix} -1/2 & 2 \\ 1/2 & -1 \end{bmatrix}\begin{bmatrix} 2 & -2 \\ -1 & 1 \end{bmatrix}=\begin{bmatrix} -3 & 3 \\ 2 & -2 \end{bmatrix}$$

同理，对 $\boldsymbol{YA}=\boldsymbol{B}$ 两边右乘 $\boldsymbol{A}^{-1}$，得 $\boldsymbol{YAA}^{-1}=\boldsymbol{BA}^{-1}$，即 $\boldsymbol{Y}=\boldsymbol{BA}^{-1}$，

$$\text{所以，}\boldsymbol{Y}=\boldsymbol{BA}^{-1}=\begin{bmatrix} 2 & -2 \\ -1 & 1 \end{bmatrix}\begin{bmatrix} -1/2 & 2 \\ 1/2 & -1 \end{bmatrix}=\begin{bmatrix} -2 & 6 \\ 1 & -3 \end{bmatrix}$$

习题 7.4

1. 把下列方程组表示成矩阵方程的形式，并用逆矩阵求解：

(1) $\begin{cases} x_1+3x_2=7 \\ 4x_1+8x_2=20 \end{cases}$　　(2) $\begin{cases} x_1+x_2+x_3=3 \\ 2x_1+2x_2+x_3=5 \\ 3x_1+2x_2+x_3=6 \end{cases}$

2. 判断下列方阵是否可逆？若可逆，求逆矩阵．

(1) $\begin{bmatrix} 3 & -4 & 5 \\ 2 & -3 & 1 \\ 3 & -5 & -1 \end{bmatrix}$　　(2) $\begin{bmatrix} 2 & 0 & 0 \\ 1 & 2 & 0 \\ 0 & 1 & 2 \end{bmatrix}$

(3) $\begin{bmatrix}1 & a & a^2 & a^3\\0 & 1 & a & a^2\\0 & 0 & 1 & a\\0 & 0 & 0 & 1\end{bmatrix}$ (4) $\begin{bmatrix}3 & 2 & 0 & 0\\4 & 5 & 0 & 0\\0 & 0 & 4 & 1\\0 & 0 & 6 & 2\end{bmatrix}$

3. 求满足下列方程的矩阵 $\boldsymbol{X}$.

(1) $\boldsymbol{X}\begin{bmatrix}1 & 1 & 1\\0 & 1 & 1\\0 & 0 & 1\end{bmatrix}=\begin{bmatrix}1 & -2 & 1\\0 & 1 & -1\end{bmatrix}$ (2) $\boldsymbol{X}-\begin{bmatrix}0 & 0 & -1\\1 & 0 & -1\\-2 & 1 & 0\end{bmatrix}\boldsymbol{X}=\begin{bmatrix}2\\0\\-3\end{bmatrix}$

(3) $\begin{bmatrix}1 & -2 & 0\\4 & -2 & -1\\-3 & 1 & 2\end{bmatrix}\boldsymbol{X}\begin{bmatrix}3 & -1 & 2\\1 & 0 & -1\\-2 & 1 & 4\end{bmatrix}=\begin{bmatrix}5 & 0 & -1\\1 & -3 & 0\\-2 & 1 & 3\end{bmatrix}$

拓展阅读：用矩阵运算编译密码

编译密码有多种方法，利用矩阵变换就是其中之一，下面我们给出用矩阵乘法和求逆运算进行编译的一个例子.

先把“春风有情摇绿柳，红花无意香满天.青山白云引鸟唱，碧湖银波逗鱼欢”这28个字，与不同的数字1～28依次建立一一对应关系（数字取得不同或对应顺序不同，破译更难）.

现在要发送信息“春有鸟花青天”，使用上述代码，此信息的编码是1，3，20，9，15，14，写成列矩阵 $\begin{pmatrix}1\\3\\20\end{pmatrix}$，$\begin{pmatrix}9\\15\\14\end{pmatrix}$，取矩阵 $\boldsymbol{A}=\begin{pmatrix}1 & 2 & 3\\1 & 1 & 2\\0 & 1 & 2\end{pmatrix}$，让明码信息 $\boldsymbol{\alpha}$ 变成密码 $\boldsymbol{A\alpha}$，则

$$\begin{pmatrix}1\\3\\20\end{pmatrix}\to\boldsymbol{A}\begin{pmatrix}1\\3\\20\end{pmatrix}=\begin{pmatrix}1 & 2 & 3\\1 & 1 & 2\\0 & 1 & 2\end{pmatrix}\begin{pmatrix}1\\3\\20\end{pmatrix}=\begin{pmatrix}67\\44\\43\end{pmatrix}$$

$$\begin{pmatrix}9\\15\\14\end{pmatrix}\to\boldsymbol{A}\begin{pmatrix}9\\15\\14\end{pmatrix}=\begin{pmatrix}1 & 2 & 3\\1 & 1 & 2\\0 & 1 & 2\end{pmatrix}\begin{pmatrix}9\\15\\14\end{pmatrix}=\begin{pmatrix}81\\52\\43\end{pmatrix}$$

发出密码67，44，43，81，52，43，收到后可用逆矩阵解码恢复信息：

$$A^{-1}\begin{pmatrix}67\\44\\43\end{pmatrix}=\begin{pmatrix}0&1&-1\\2&-2&-1\\-1&1&1\end{pmatrix}\begin{pmatrix}67\\44\\43\end{pmatrix}=\begin{pmatrix}1\\3\\20\end{pmatrix}$$

$$A^{-1}\begin{pmatrix}81\\52\\43\end{pmatrix}=\begin{pmatrix}0&1&-1\\2&-2&-1\\-1&1&1\end{pmatrix}\begin{pmatrix}81\\52\\43\end{pmatrix}=\begin{pmatrix}9\\15\\14\end{pmatrix}$$

于是，所得信息为：1，3，20，9，15，14，按对应关系得到“春有鸟花青天”.

感兴趣的读者，可以试着完成下面的编译任务（字与数字对应关系同上）：

（1）用矩阵 $A=\begin{pmatrix}1&0&0\\3&1&0\\2&0&1\end{pmatrix}$ 把句子“风摇柳鸟欢唱”编成密码.

（答案：2，11，11，20，88，61）

（2）破译用矩阵 $B=\begin{bmatrix}2&3\\1&2\end{bmatrix}$ 编成的密码：43，26，102，64，138，83.

（答案：红花香逗鱼欢）

自测题 7

1. 填空题

（1）若 $A=\begin{bmatrix}1&3\\2&4\end{bmatrix}$，则 $-A=$________，$A^T=$________，$A^{-1}=$________，$r(A)=$________.

（2）若 $A=\begin{bmatrix}a&b\\c&d\end{bmatrix}$，则当________时是上三角矩阵，当________时是下三角矩阵，当________时是对角矩阵，当________时是单位矩阵，当________时是零矩阵.

（3）若矩阵 $\begin{bmatrix}a&b\\5&-1\end{bmatrix}=\begin{bmatrix}1&2\\c&d\end{bmatrix}$，则 a，b，c，d 分别等于__________.

（4）$(AB)^T$ ________ B^TA^T，$(AB)^{-1}$ ________ $A^{-1}B^{-1}$.

（5）最简阶梯形矩阵与阶梯形矩阵的区别是____________.

2. 判断正误

（1）零矩阵的元素均为零.（　　）

（2）$\boldsymbol{B}+\boldsymbol{A}=\boldsymbol{A}+\boldsymbol{B}$.　（　　）

（3）$\boldsymbol{BA}=\boldsymbol{AB}$.　（　　）

（4）$\boldsymbol{B}^T\boldsymbol{A}^T=\boldsymbol{A}^T\boldsymbol{B}^T$.　（　　）

（5）$2\begin{bmatrix}1 & 3\\2 & 5\end{bmatrix}=\begin{bmatrix}2 & 6\\4 & 10\end{bmatrix}$.　（　　）

3. 选择题

（1）设有矩阵 $\boldsymbol{A}_{k\times t}$，$\boldsymbol{B}_{m\times n}$，若 $\boldsymbol{AC}^T\boldsymbol{B}$ 有意义，则矩阵 $\boldsymbol{C}$ 的行列数分别为　（　　）

A. t，m　　B. n，t　　C. m，t　　D. t，n

（2）假设下列各式中涉及的矩阵运算都有意义，则不正确的一个是　（　　）

A. $(\boldsymbol{AB})\boldsymbol{C}\neq\boldsymbol{A}(\boldsymbol{BC})$　　B. $\boldsymbol{A}(\boldsymbol{B}+\boldsymbol{C})=\boldsymbol{AB}+\boldsymbol{AC}$

C. $(\boldsymbol{B}+\boldsymbol{C})\boldsymbol{A}=\boldsymbol{BA}+\boldsymbol{CA}$　　D. $\boldsymbol{AE}=\boldsymbol{EA}=\boldsymbol{A}$

（3）假设下列各式中涉及的矩阵运算都有意义，则不正确的一个是　（　　）

A. $(\boldsymbol{A}+\boldsymbol{B})^T=\boldsymbol{A}^T+\boldsymbol{B}^T$

B. $(\boldsymbol{A}+\boldsymbol{B})^{-1}\neq\boldsymbol{A}^{-1}+\boldsymbol{B}^{-1}$

C. $r(\boldsymbol{A}+\boldsymbol{B})=r(\boldsymbol{A})+r(\boldsymbol{B})$

D. $(\boldsymbol{A}^T)^{-1}=(\boldsymbol{A}^{-1})^T$

（4）假设下列各式中涉及的矩阵运算都有意义，则不正确的一个是　（　　）

A. $(k\boldsymbol{A})^T=k\boldsymbol{A}^T$　　B. $(k\boldsymbol{A})^{-1}=k\boldsymbol{A}^{-1}$

C. $(\boldsymbol{A}^{-1})^{-1}=\boldsymbol{A}$　　D. $(\boldsymbol{A}^T)^{-1}=(\boldsymbol{A}^{-1})^T$

（5）下列矩阵不是初等矩阵的一个是　（　　）

A. $\begin{bmatrix}0 & 1 & 0\\1 & 0 & 0\\0 & 0 & 1\end{bmatrix}$　　B. $\begin{bmatrix}1 & 0 & 0\\0 & 2 & 0\\0 & 0 & 1\end{bmatrix}$

C. $\begin{bmatrix}1 & 0 & 0\\0 & 1 & 2\\0 & 0 & 1\end{bmatrix}$　　D. $\begin{bmatrix}1 & 2 & 0\\0 & 1 & 2\\0 & 0 & 1\end{bmatrix}$

4. 计算题

（1）已知 $\boldsymbol{A}=\begin{pmatrix}1 & -2\\2 & 1\\3 & -3\end{pmatrix}$，$\boldsymbol{B}=\begin{pmatrix}-3 & 0\\-1 & 2\\0 & 1\end{pmatrix}$，求 $2\boldsymbol{A}-3\boldsymbol{B}$.

（2）已知 $\boldsymbol{A}=\begin{pmatrix}1 & -2\\2 & 1\\3 & -3\end{pmatrix}$，$\boldsymbol{B}=\begin{pmatrix}1 & -4 & 2\\3 & 5 & -1\end{pmatrix}$，求 $\boldsymbol{AB}$.

5. 已知 $\boldsymbol{A}=\begin{bmatrix}0 & 1 & 2\\1 & 1 & 4\\2 & -1 & 0\end{bmatrix}$，（1）化 $\boldsymbol{A}$ 为阶梯形矩阵，（2）求 $\boldsymbol{A}$ 的秩，（3）求 $\boldsymbol{A}$ 的逆矩阵.

6. 解矩阵方程 $\boldsymbol{AX}=\boldsymbol{B}$，其中：

$$\boldsymbol{A}=\begin{bmatrix}1 & -1 & 2\\2 & -3 & 5\\3 & -2 & 4\end{bmatrix}\quad \boldsymbol{B}=\begin{bmatrix}1 & -1\\-2 & 3\\5 & -4\end{bmatrix}.$$

7. 为 2 亿客户服务的 A，M，S 三家电信公司分别有客户 9 千万、4 千万、7 千万．因竞争等原因，每年客户互有调整．每年末统计，A 流失 20%的老客户，吸引 10%M 的客户、10%S 的客户；M 流失 30%的老客户，吸收 10%A 的客户、20%S 的客户；S 流失 30%的老客户，吸引 10%A 的客户、20%M 的客户．若每年客户总数不变，调整变化率不变，求三年后三家公司各有多少客户？

第8章

n 维向量

本章导读

在中学时，我们曾学习过用几何方法讨论平面向量和空间向量，大家已有体会，该方法极为简便．但是，这还远远不能满足解决自然科学、工程技术和数学自身问题的需要．

把向量的概念加以推广，并用代数方法来处理，会使得向量的应用范围更广、讨论过程更简便，这就是向量代数．向量代数是数学的重要分支学科．

本章介绍向量代数中一些最基本、最简单的知识，主要包括 n 维向量的概念和线性运算、向量的线性相关性、向量组的秩与极大无关组．本章的学习将为下一章线性方程组解的结构分析做准备．

第1节　n 维向量及其线性运算

大家在中学学过的平面向量和空间向量，我们分别称之为2维向量和3维向量．要推广向量的概念，只要把维数增大即可得到 n 维向量的概念．

1. n 维向量的概念

定义1. 由 n 个实数组成的一个有序数组，叫做 R 上的一个 n 维向量，实数的个数叫做向量的维数，每个实数按照组成向量的顺序依次叫做向量的第1，2，…，n 个分量．分量排成行时叫做行向量，排成列时叫做列向量．各分量平方和的算术平方根，称做向量的模．

向量通常用小写希腊字母表示，其分量通常用小写拉丁字母表示．

例如，行向量 $\alpha=(a_1, a_2, \cdots, a_n)$，各分量用逗号分开，用圆括号括在一起．

列向量

$$\boldsymbol{\beta}=\begin{pmatrix} b_1 \\ b_2 \\ \vdots \\ b_m \end{pmatrix}，或 \boldsymbol{\beta}=(b_1, b_2, \cdots, b_m)^T$$

前者各分量之间不用标点符号，后者综合借用了行向量的记号和转置矩阵的记号．

事实上，行向量可视为行矩阵，列向量可视为列矩阵，反之亦然．

而且，比如矩阵

$$\boldsymbol{A}=\begin{bmatrix} 1 & 2 & 1 & 3 \\ 1 & 3 & -4 & 4 \\ 2 & 5 & -3 & 7 \end{bmatrix}$$

中的每一列都是一个 3 维列向量.

$$\begin{bmatrix} 1 \\ 1 \\ 2 \end{bmatrix}, \begin{bmatrix} 2 \\ 3 \\ 5 \end{bmatrix}, \begin{bmatrix} 1 \\ -4 \\ -3 \end{bmatrix}, \begin{bmatrix} 3 \\ 4 \\ 7 \end{bmatrix}$$

称为矩阵 $\boldsymbol{A}$ 的列向量；同样，$\boldsymbol{A}$ 的每一行都是一个 4 维行向量：

$(1, 2, 1, 3)$，$(1, 3, -4, 4)$，$(2, 5, -3, 7)$

大家不难发现，中学学过的平面向量和空间向量用坐标表示，就是这里的 2 维向量和 3 维向量．

值得特别指出的是，分量都是 0 的向量，称做零向量，记作

$$\boldsymbol{O}=(0, 0, \cdots, 0), \quad \boldsymbol{O}=\begin{pmatrix} 0 \\ 0 \\ \vdots \\ 0 \end{pmatrix} 或 \boldsymbol{O}=(0, 0, \cdots, 0)^T$$

模等于 1 的向量称做单位向量．例如，$\alpha=(1, 0, 0)$，$\beta=\left(\frac{1}{2}, \frac{\sqrt{3}}{2}\right)$.

定义 2. 各对应分量都相等的两个向量，称做相等向量；向量 $\boldsymbol{\alpha}=(a_1, a_2, \cdots, a_n)$ 的各分量的相反数组成的向量 $(-a_1, -a_2, \cdots, -a_n)$，称做向量 $\boldsymbol{\alpha}$ 的相反向量或负向量，记作

$-\boldsymbol{\alpha}=(-a_1, -a_2, \cdots, -a_n)$．

2. n 维向量的线性运算

定义 3. 设两个 n 维向量 $\boldsymbol{\alpha}=(a_1, a_2, \cdots, a_n)$ 和 $\boldsymbol{\beta}=(b_1, b_2, \cdots, b_n)$，则称它们对应分量的和组成的向量 $(a_1+b_1, a_2+b_2, \cdots, a_n+b_n)$ 为这两个向量的和向量，记作 $\boldsymbol{\alpha}+\boldsymbol{\beta}=(a_1+b_1, a_2+b_2, \cdots, a_n+b_n)$.

定义 4. 设两个 n 维向量 $\boldsymbol{\alpha}=(a_1, a_2, \cdots, a_n)$ 和 $\boldsymbol{\beta}=(b_1, b_2, \cdots, b_n)$，则称它们对应分量的差组成的向量 $(a_1-b_1, a_2-b_2, \cdots, a_n-b_n)$ 为这两个向量的差向量，记作 $\boldsymbol{\alpha}-\boldsymbol{\beta}=(a_1-b_1, a_2-b_2, \cdots, a_n-b_n)$.

显然，$\boldsymbol{\alpha}-\boldsymbol{\beta}=\boldsymbol{\alpha}+(-\boldsymbol{\beta})$.

定义 5. 设一个 n 维向量 $\boldsymbol{\alpha}=(a_1, a_2, \cdots, a_n)$，一个常数 k，则称 k 乘 $\boldsymbol{\alpha}=(a_1, a_2, \cdots, a_n)$ 的各分量所得到的 n 维向量为数与向量的乘积，简称数乘，记作 $k\boldsymbol{\alpha}$，即 $k\boldsymbol{\alpha}=(ka_1, ka_2, \cdots, ka_n)$.

例如，设向量 $\boldsymbol{\alpha}=(3, 2, -1)$，$\boldsymbol{\beta}=(1, -8, 3)$，则

$2\boldsymbol{\alpha}=(6, 4, -2)$，$-3\boldsymbol{\beta}=(-3, 24, -9)$，$2\boldsymbol{\alpha}-3\boldsymbol{\beta}=(3, 28, -11)$.

向量的和、差、数乘运算统称为线性运算.

向量的线性运算具有如下性质：

(1) 交换律：$\boldsymbol{\alpha}+\boldsymbol{\beta}=\boldsymbol{\beta}+\boldsymbol{\alpha}$.

(2) 结合律：$(\boldsymbol{\alpha}+\boldsymbol{\beta})+\boldsymbol{\gamma}=\boldsymbol{\alpha}+(\boldsymbol{\beta}+\boldsymbol{\gamma})$.

(3) 分配率：$k(\boldsymbol{\alpha}+\boldsymbol{\beta})=k\boldsymbol{\alpha}+k\boldsymbol{\beta}(k\in R)$；$(k+l)\boldsymbol{\alpha}=k\boldsymbol{\alpha}+l\boldsymbol{\alpha}(k, l\in R)$.

习题 8.1

1. 设 $\boldsymbol{\alpha}=(3, 2, -1, 3)$，$\boldsymbol{\beta}=(1, -8, 3, -7)$，求 $2\boldsymbol{\alpha}+3\boldsymbol{\beta}$.
2. 设 $\boldsymbol{\alpha}=(3, 2, -1, 3)$，$\boldsymbol{\beta}=(1, -8, 3, -7)$，若，$2\boldsymbol{\alpha}+\boldsymbol{\gamma}=3\boldsymbol{\beta}$，求 $\boldsymbol{\gamma}$.
3. 若 $(a, 2, b, 3)=(1, x, 3, y)$，求 a, b, x, y.
4. 设 $\boldsymbol{\alpha}=(3, 2, -1, 3)$，$\boldsymbol{\beta}=(1, -8, 3, -7)$，若 $2(\boldsymbol{\alpha}+\boldsymbol{\gamma})-3(\boldsymbol{\beta}-\boldsymbol{\gamma})=-4(\boldsymbol{\beta}-2\boldsymbol{\alpha}+\boldsymbol{\gamma})$，求 $\boldsymbol{\gamma}$.

第 2 节　向量的线性相关性

讨论向量的线性相关性，对认识向量之间的关系、简化向量组具有重要意义.

1. 向量的线性组合

在上节最后给出的例题中，涉及3个向量

$$\boldsymbol{\alpha}=(3,\ 2,\ -1),\ \boldsymbol{\beta}=(1,\ -8,\ 3),\ \boldsymbol{\gamma}=(3,\ 28,\ -11)$$

它们的关系是$\gamma=2\alpha-3\beta$，这时称γ是α，β的线性组合，或称γ可由α，β线性表出．

一般地，我们有如下定义．

定义1. 设有n维向量组$\boldsymbol{\alpha}_1$，$\boldsymbol{\alpha}_2$，…，$\boldsymbol{\alpha}_m$，$\boldsymbol{\beta}$，若存在一组数k_1，k_2，…，k_m，使得$\boldsymbol{\beta}=k_1\boldsymbol{\alpha}_1+k_2\boldsymbol{\alpha}_2+\cdots+k_m\boldsymbol{\alpha}_m$，则称向量$\boldsymbol{\beta}$为向量组$\boldsymbol{\alpha}_1$，$\boldsymbol{\alpha}_2$，…，$\boldsymbol{\alpha}_m$的线性组合，或称向量$\boldsymbol{\beta}$可由向量组$\boldsymbol{\alpha}_1$，$\boldsymbol{\alpha}_2$，…，$\boldsymbol{\alpha}_m$线性表出，$k_1$，$k_2$，…，$k_m$称为线性组合系数．

显然，向量组$\boldsymbol{\alpha}_1$，$\boldsymbol{\alpha}_2$，…，$\boldsymbol{\alpha}_m$中的任一向量都能由这个向量组线性表出$\boldsymbol{\alpha}_i=0\boldsymbol{\alpha}_1+\cdots+0\boldsymbol{\alpha}_{i-1}+1\boldsymbol{\alpha}_i+0\boldsymbol{\alpha}_{i+1}+\cdots+0\boldsymbol{\alpha}_m$.

n维零向量是任一n维向量组$\boldsymbol{\alpha}_1$，$\boldsymbol{\alpha}_2$，…，$\boldsymbol{\alpha}_m$的线性组合，因为n维零向量$\boldsymbol{o}=0\boldsymbol{\alpha}_1+0\boldsymbol{\alpha}_2+\cdots+0\boldsymbol{\alpha}_m$.

任一二维向量$\boldsymbol{\alpha}=(a_1,\ a_2)$都可表示为二维单位向量组$e_1=(1,\ 0)$，$e_2=(0,\ 1)$的线性组合$\boldsymbol{\alpha}=a_1(1,\ 0)+a_2(0,\ 1)$.

易知，向量$\begin{bmatrix}-1\\1\end{bmatrix}$不是向量组$\begin{bmatrix}1\\0\end{bmatrix}$和$\begin{bmatrix}-2\\0\end{bmatrix}$的线性组合(请大家自己用反证法试证).

例1. 对于线性方程组

$$\begin{cases}x_1+2x_2+x_3=3\\x_1+3x_2-4x_3=4\\2x_1+5x_2-3x_3=7\end{cases}$$

不难发现，组中前两个方程两边分别相加即得第三个方程．这一关系也可由各方程的系数和常数写成的行向量来表示，即

$$\boldsymbol{\alpha}=(1,\ 2,\ 1,\ 3),\ \boldsymbol{\beta}=(1,\ 3,\ -4,\ 4),\ \boldsymbol{\gamma}=(2,\ 5,\ -3,\ 7),\ \boldsymbol{\gamma}=\boldsymbol{\alpha}+\boldsymbol{\beta}$$

如果方程组中各未知数的系数和常数都用列向量表示：

$$\begin{pmatrix}1\\1\\2\end{pmatrix},\ \begin{pmatrix}2\\3\\5\end{pmatrix},\ \begin{pmatrix}1\\-4\\-3\end{pmatrix},\ \begin{pmatrix}3\\4\\7\end{pmatrix}$$

则方程组可以写成

$$x_1\begin{pmatrix}1\\1\\2\end{pmatrix}+x_2\begin{pmatrix}2\\3\\5\end{pmatrix}+x_3\begin{pmatrix}1\\-4\\-3\end{pmatrix}=\begin{pmatrix}3\\4\\7\end{pmatrix}$$

即常数列向量写成了系数列向量线性组合的形式．也就是说，只要求得方程组的解，也就把常数列向量表示成了系数列向量的线性组合．

但对一般线性方程组而言，这种形式能否写出，取决于方程组是否有解，反之亦然．关于方程组有无解的判定以及有解时的求解方法，我们会在下一章介绍简便的判定和求解方法，此处介绍的向量的线性组合表示这一结论，将在下一章讨论方程组解的结构时用到．

结合定义，有下面的定理．

定理 1. 向量$\boldsymbol{\beta}$可由向量组$\boldsymbol{\alpha}_1$，$\boldsymbol{\alpha}_2$，…，$\boldsymbol{\alpha}_m$线性表出$\Leftrightarrow$以$\boldsymbol{\beta}$为常数列向量，以$\boldsymbol{\alpha}_1$，$\boldsymbol{\alpha}_2$，…，$\boldsymbol{\alpha}_m$为系数列向量的线性方程组有解．

例 2. 设向量

$$\boldsymbol{\beta}=\begin{pmatrix}2\\3\\-1\end{pmatrix}\quad\boldsymbol{\alpha}_1=\begin{pmatrix}1\\-1\\2\end{pmatrix}\quad\boldsymbol{\alpha}_2=\begin{pmatrix}-1\\2\\-3\end{pmatrix}\quad\boldsymbol{\alpha}_3=\begin{pmatrix}2\\-3\\6\end{pmatrix}$$

判断向量$\boldsymbol{\beta}$可否由向量组$\boldsymbol{\alpha}_1$，$\boldsymbol{\alpha}_2$，$\boldsymbol{\alpha}_3$线性表出？如可，写出它的一种表达式．

解： 设$\boldsymbol{\beta}=x_1\boldsymbol{\alpha}_1+x_2\boldsymbol{\alpha}_2+x_3\boldsymbol{\alpha}_3$，由此可得到线性方程组

$$\begin{cases}x_1-x_2+2x_3=2\\-x_1+2x_2-3x_3=3\\2x_1-3x_2+6x_3=-1\end{cases}$$

解此方程组．因为有解$x_1=7$，$x_2=5$，$x_3=0$，所以向量$\boldsymbol{\beta}$可由向量组$\boldsymbol{\alpha}_1$，$\boldsymbol{\alpha}_2$，$\boldsymbol{\alpha}_3$线性表示为$\boldsymbol{\beta}=7\boldsymbol{\alpha}_1+5\boldsymbol{\alpha}_2+0\boldsymbol{\alpha}_3$.

2. 向量组的线性相关性

定义 2. 设有m个n维向量$\boldsymbol{\alpha}_1$，$\boldsymbol{\alpha}_2$，…，$\boldsymbol{\alpha}_m$，若存在不全为零的m个数k_1，k_2，…，k_m，使得$k_1\boldsymbol{\alpha}_1+k_2\boldsymbol{\alpha}_2+\cdots+k_m\boldsymbol{\alpha}_m=\boldsymbol{0}$成立，则称向量组$\boldsymbol{\alpha}_1$，$\boldsymbol{\alpha}_2$，…，$\boldsymbol{\alpha}_m$线性相关；否则，称向量组$\boldsymbol{\alpha}_1$，$\boldsymbol{\alpha}_2$，…，$\boldsymbol{\alpha}_m$线性无关．

与定义等价的表述为：若当且仅当m个数k_1，k_2，…，k_m全为零时，才有$k_1\boldsymbol{\alpha}_1+k_2\boldsymbol{\alpha}_2+\cdots+k_m\boldsymbol{\alpha}_m=\boldsymbol{0}$成立，则向量组$\boldsymbol{\alpha}_1$，$\boldsymbol{\alpha}_2$，…，$\boldsymbol{\alpha}_m$线性无关．

显然，含零向量的向量组线性相关，因为总有不全为零的一组数1，0，0，…，0使得$1\cdot\boldsymbol{0}+0\boldsymbol{\alpha}_1+0\boldsymbol{\alpha}_2+\cdots+0\boldsymbol{\alpha}_m=\boldsymbol{0}$成立．

例 3. 求证：四维单位向量组$\boldsymbol{e}_1=(1,0,0,0)^T$，$\boldsymbol{e}_2=(0,1,0,0)^T$，$\boldsymbol{e}_3=$

$(0, 0, 1, 0)^T$，$\boldsymbol{e}_4=(0, 0, 0, 1)^T$ 线性无关.

证明： 设有实数 k_1，k_2，k_3，k_4，使得 $k_1\boldsymbol{e}_1+k_2\boldsymbol{e}_2+k_3\boldsymbol{e}_3+k_4\boldsymbol{e}_4=0$，即

$k_1(1, 0, 0, 0)^T+k_2(0, 1, 0, 0)^T+k_3(0, 0, 1, 0)^T+k_4(0, 0, 0, 1)^T=0$

由上式可得唯一解 $k_1=k_2=k_3=k_4=0$，由定义知结论成立.

同理可以证明，n 维单位向量组 $\boldsymbol{e}_1=(1, 0, \cdots, 0)$，$\boldsymbol{e}_2=(0, 1, 0, \cdots, 0)$，…，$\boldsymbol{e}_n=(0, 0, \cdots, 0, 1)$ 线性无关.

例 4. 求证：两个 $\boldsymbol{n}$ 维向量线性相关 ⇔ 它们的分量对应成比例.

证明： 设两个 $\boldsymbol{n}$ 维向量为 $\boldsymbol{\alpha}=(a_1, a_2, \cdots, a_n)$，$\boldsymbol{\beta}=(b_1, b_2, \cdots, b_n)$，且有实数 k_1，k_2，使得 $k_1\boldsymbol{\alpha}+k_2\boldsymbol{\beta}=\boldsymbol{0}$，则

$$k_1a_1+k_2b_1=0,\ k_1a_2+k_2b_2=0,\ \cdots,\ k_1a_n+k_2b_n=0$$

必要性：因为 $\boldsymbol{\alpha}$，$\boldsymbol{\beta}$ 线性相关，所以实数 k_1，k_2 存在且不全为零，不妨设 $k_1\neq 0$. 则由上式得

$$a_1=(-k_2/k_1)b_1,\ a_2=(-k_2/k_1)b_2,\ \cdots,\ a_n=(-k_2/k_1)b_n$$

这说明 $\boldsymbol{\alpha}$，$\boldsymbol{\beta}$ 的分量对应成比例.

充分性：因为 $\boldsymbol{\alpha}$，$\boldsymbol{\beta}$ 的分量对应成比例，即有常数 k，满足

$$a_1=kb_1,\ a_2=kb_2,\ \cdots,\ a_n=kb_n$$

代入

$$k_1a_1+k_2b_1=0,\ k_1a_2+k_2b_2=0,\ \cdots,\ k_1a_n+k_2b_n=0$$

得

$$kk_1b_1+k_2b_1=0,\ kk_1b_2+k_2b_2=0,\ \cdots,\ kk_1b_n+k_2b_n=0$$

若 $\boldsymbol{\beta}=\boldsymbol{0}$，则含零向量的向量组线性相关；

若 $\boldsymbol{\beta}\neq\boldsymbol{0}$，其分量至少有一个不为 0，不妨设 $b_1\neq 0$，则

$$kk_1+k_2=0,\ k_2=-kk_1$$

从最后一式可见，k_1 可取任意不为零的数，k_2 随之确定（k 已知），证毕.

下面我们给出向量组线性相关性与线性表出的关系定理.

定理 2. 向量组 $\boldsymbol{\alpha}_1$，$\boldsymbol{\alpha}_2$，…，$\boldsymbol{\alpha}_m$ $(m\geqslant 2)$ 线性相关 ⇔ $\boldsymbol{\alpha}_1$，$\boldsymbol{\alpha}_2$，…，$\boldsymbol{\alpha}_m$ 中至少有一个向量可由其余向量线性表出.

证明： 必要性：若向量组 $\boldsymbol{\alpha}_1$，$\boldsymbol{\alpha}_2$，…，$\boldsymbol{\alpha}_m$ 线性相关，则存在不全为零的 m 个数 k_1，k_2，…，k_m，使得 $k_1\boldsymbol{\alpha}_1+k_2\boldsymbol{\alpha}_2+\cdots+k_m\boldsymbol{\alpha}_m=\boldsymbol{0}$ 成立.

不妨设 $k_m\neq 0$，则由上式可得

$$\boldsymbol{\alpha}_m=-(k_1/k_m)\boldsymbol{\alpha}_1-(k_2/k_m)\boldsymbol{\alpha}_2-\cdots-(k_{m-1}/k_m)\boldsymbol{\alpha}_{m-1}$$

这说明 $\boldsymbol{\alpha}_m$ 可由其余向量线性表出.

充分性：不妨设$\boldsymbol{\alpha}_m$可由其余向量线性表出，即存在$m-1$个数k_1，k_2，…，k_{m-1}，使

$$\boldsymbol{\alpha}_m=k_1\boldsymbol{\alpha}_1+k_2\boldsymbol{\alpha}_2+\cdots+k_{m-1}\boldsymbol{\alpha}_{m-1}$$

移项得

$$k_1\boldsymbol{\alpha}_1+k_2\boldsymbol{\alpha}_2+\cdots+k_{m-1}\boldsymbol{\alpha}_{m-1}-\boldsymbol{\alpha}_m=\boldsymbol{0}$$

因为系数中至少有一个“-1”不为零，所以向量组$\boldsymbol{\alpha}_1$，$\boldsymbol{\alpha}_2$，…，$\boldsymbol{\alpha}_m$线性相关.

值得注意的是，定理中“至少有一个”不是“任意一个”. 例如，$\boldsymbol{\alpha}_1=(1, 2, 3)$，$\boldsymbol{\alpha}_2=(0, 0, 0)$线性相关，$\boldsymbol{\alpha}_2$可由$\boldsymbol{\alpha}_1$线性表示为$\boldsymbol{\alpha}_2=0\boldsymbol{\alpha}_1$，但$\boldsymbol{\alpha}_1$不能由$\boldsymbol{\alpha}_2$线性表出.

试写出与该定理等价的逆否命题，以后也会经常用到.

例5. 设向量组$\boldsymbol{\alpha}_1$，$\boldsymbol{\alpha}_2$，$\boldsymbol{\alpha}_3$线性无关，而向量组$\boldsymbol{\alpha}_1$，$\boldsymbol{\alpha}_2$，$\boldsymbol{\alpha}_3$，$\boldsymbol{\beta}$线性相关. 求证：$\boldsymbol{\beta}$可由向量组$\boldsymbol{\alpha}_1$，$\boldsymbol{\alpha}_2$，$\boldsymbol{\alpha}_3$线性表出.

证明： 因为向量组$\boldsymbol{\alpha}_1$，$\boldsymbol{\alpha}_2$，$\boldsymbol{\alpha}_3$，$\boldsymbol{\beta}$线性相关，所以存在不全为零的数k_1，k_2，k_3和k，使得$k_1\boldsymbol{\alpha}_1+k_2\boldsymbol{\alpha}_2+k_3\boldsymbol{\alpha}_3+k\boldsymbol{\beta}=\boldsymbol{0}$.

若$k=0$，则上式为$k_1\boldsymbol{\alpha}_1+k_2\boldsymbol{\alpha}_2+k_3\boldsymbol{\alpha}_3=\boldsymbol{0}$，而$k_1$，$k_2$，$k_3$不全为零，则$\boldsymbol{\alpha}_1$，$\boldsymbol{\alpha}_2$，$\boldsymbol{\alpha}_3$线性相关，与已知矛盾，因此，$k\neq 0$，于是

$$\boldsymbol{\beta}=-\frac{k_1}{k}\boldsymbol{\alpha}_1-\frac{k_2}{k}\boldsymbol{\alpha}_2-\frac{k_3}{k}\boldsymbol{\alpha}_3$$

即$\boldsymbol{\beta}$可由向量组$\boldsymbol{\alpha}_1$，$\boldsymbol{\alpha}_2$，$\boldsymbol{\alpha}_3$线性表出.

定理3. 若向量组中的部分向量线性相关，则整个向量组线性相关.

证明： 不妨设向量组$\boldsymbol{\alpha}_1$，$\boldsymbol{\alpha}_2$，…，$\boldsymbol{\alpha}_m$中的部分向量$\boldsymbol{\alpha}_1$，$\boldsymbol{\alpha}_2$，…，$\boldsymbol{\alpha}_s$（s小于m）线性相关，则存在不全为零的数k_1，k_2，…，k_s，使得

$$k_1\boldsymbol{\alpha}_1+k_2\boldsymbol{\alpha}_2+\cdots+k_s\boldsymbol{\alpha}_s=\boldsymbol{0}$$

从而有

$$k_1\boldsymbol{\alpha}_1+k_2\boldsymbol{\alpha}_2+\cdots+k_s\boldsymbol{\alpha}_s+0\boldsymbol{\alpha}_{s+1}+\cdots+0\boldsymbol{\alpha}_m=\boldsymbol{0}$$

其中k_1，k_2，…，k_s，0，0，…，0不全为零. 故整个向量组线性相关.

请写出该定理的逆否命题和逆命题，并说明其真假.

习题 8.2

1. 判断向量$\boldsymbol{\beta}$可否由其余向量线性表出，若能，写出线性表达式.

(1) $\boldsymbol{\beta}=(-1, 7)$，$\boldsymbol{\alpha}_1=(1, -1)$，$\boldsymbol{\alpha}_2=(2, 4)$

(2) $\boldsymbol{\beta}=(2, 3, -1)$，$\boldsymbol{\alpha}_1=(1, -1, 2)$，$\boldsymbol{\alpha}_2=(-1, 2, -3)$，$\boldsymbol{\alpha}_3=(2, -3, 6)$

(3) $\boldsymbol{\beta}=(3,\ -2,\ 1,\ 4)$，$\boldsymbol{e}_1=(1,\ 0,\ 0,\ 0)$，$\boldsymbol{e}_2=(0,\ 1,\ 0,\ 0)$，

$\boldsymbol{e}_3=(0,\ 0,\ 1,\ 0)$，$\boldsymbol{e}_4=(0,\ 0,\ 0,\ 1)$

2. 判断下列向量的线性相关性

(1) $\boldsymbol{\alpha}_1=(1,\ 1,\ 1)$，$\boldsymbol{\alpha}_2=(0,\ 1,\ 2)$

(2) $\boldsymbol{\alpha}_1=(2,\ 1,\ 0)$，$\boldsymbol{\alpha}_2=(1,\ 2,\ 1)$，$\boldsymbol{\alpha}_3=(0,\ 1,\ 2)$

(3) $\boldsymbol{\alpha}_1=(-1,\ 0)$，$\boldsymbol{\alpha}_2=(1,\ 1)$，$\boldsymbol{\alpha}_3=(0,\ 1)$

3. 证明：若向量组$\boldsymbol{\alpha}_1$，$\boldsymbol{\alpha}_2$，$\boldsymbol{\alpha}_3$线性无关，则向量组$\boldsymbol{\alpha}_1+\boldsymbol{\alpha}_2$，$\boldsymbol{\alpha}_2+\boldsymbol{\alpha}_3$，$\boldsymbol{\alpha}_3+\boldsymbol{\alpha}_1$线性无关．

第3节　向量组的秩与极大无关组

上节介绍了向量组线性相关性的定义和有关理论，结合中学解方程组的方法，我们已经能够判断向量个数和维数都较小的向量组的线性相关性问题，但是，当向量个数和维数较大时，再采用这种方法将是一件非常麻烦的事情．

此外，我们总希望在一个由 m 个向量组成的线性相关的向量组中，找出尽可能少而又必不可少的 r 个线性无关的向量，并用它们去线性表示其余的 $m-r$ 个向量．如此简化向量组的工作，也将会在下一章分析线性方程组解的结构时用到．

怎样把这一希望变为现实，就是本节要解决的问题．为此，先介绍向量组的秩和极大无关组的概念．

1. 向量组的秩和极大无关组的概念

定义 1. 若向量组$\boldsymbol{\alpha}_1$，$\boldsymbol{\alpha}_2$，…，$\boldsymbol{\alpha}_m$中的部分向量组$\boldsymbol{\alpha}_1$，$\boldsymbol{\alpha}_2$，…，$\boldsymbol{\alpha}_r(r\leqslant m)$满足：

(1) $\boldsymbol{\alpha}_1$，$\boldsymbol{\alpha}_2$，…，$\boldsymbol{\alpha}_r$线性无关．

(2) 向量组$\boldsymbol{\alpha}_1$，$\boldsymbol{\alpha}_2$，…，$\boldsymbol{\alpha}_m$中的任意一个向量都能用$\boldsymbol{\alpha}_1$，$\boldsymbol{\alpha}_2$，…，$\boldsymbol{\alpha}_r$线性表出．

则称部分向量组$\boldsymbol{\alpha}_1$，$\boldsymbol{\alpha}_2$，…，$\boldsymbol{\alpha}_r$是整体向量组$\boldsymbol{\alpha}_1$，$\boldsymbol{\alpha}_2$，…，$\boldsymbol{\alpha}_m$的一个极大无关组．

除了零向量构成的向量组无极大无关组之外，其余任一向量组均有极大无关组．

例 1. 设向量组

$$\boldsymbol{\alpha}_1=(-1,\ 0,\ 2)^T,\ \boldsymbol{\alpha}_2=(1,\ -1,\ 1)^T,\ \boldsymbol{\alpha}_3=(1,\ 0,\ -2)^T$$

因为 $1\boldsymbol{\alpha}_1+0\boldsymbol{\alpha}_2+1\boldsymbol{\alpha}_3=\boldsymbol{0}$，所以该向量组线性相关．但其部分组 $\boldsymbol{\alpha}_1$，$\boldsymbol{\alpha}_2$ 线性无关，而且 $\boldsymbol{\alpha}_1$，$\boldsymbol{\alpha}_2$，$\boldsymbol{\alpha}_3$ 都可由 $\boldsymbol{\alpha}_1$，$\boldsymbol{\alpha}_2$ 线性表出：

$$\boldsymbol{\alpha}_1=1\boldsymbol{\alpha}_1+0\boldsymbol{\alpha}_2，\boldsymbol{\alpha}_2=0\boldsymbol{\alpha}_1+1\boldsymbol{\alpha}_2，\boldsymbol{\alpha}_3=-1\boldsymbol{\alpha}_1+0\boldsymbol{\alpha}_2$$

所以 $\boldsymbol{\alpha}_1$，$\boldsymbol{\alpha}_2$ 是 $\boldsymbol{\alpha}_1$，$\boldsymbol{\alpha}_2$，$\boldsymbol{\alpha}_3$ 的一个极大无关组．

同样可以验证，部分组 $\boldsymbol{\alpha}_2$，$\boldsymbol{\alpha}_3$ 也是 $\boldsymbol{\alpha}_1$，$\boldsymbol{\alpha}_2$，$\boldsymbol{\alpha}_3$ 的一个极大无关组．

可见，一个向量组的极大无关组可能不止一个．

特别地，如果向量组本身线性无关，则该向量组就是它自己的一个极大无关组．

例如，上节例 3 给出的 4 维单位向量组是它自己的一个极大无关组．

由极大无关组的定义可知，一个向量组的不同极大无关组，都可以线性表示整体组中其余的向量，但它们彼此之间有什么关系？我们给出下面的定义．

定义 2. 设有两个向量组 $\boldsymbol{\alpha}_1$，$\boldsymbol{\alpha}_2$，…，$\boldsymbol{\alpha}_m$ 和 $\boldsymbol{\beta}_1$，$\boldsymbol{\beta}_2$，…，$\boldsymbol{\beta}_n$，若 $\boldsymbol{\alpha}_1$，$\boldsymbol{\alpha}_2$，…，$\boldsymbol{\alpha}_m$ 中的每一个向量都能用向量组 $\boldsymbol{\beta}_1$，$\boldsymbol{\beta}_2$，…，$\boldsymbol{\beta}_n$ 线性表示，则称向量组 $\boldsymbol{\alpha}_1$，$\boldsymbol{\alpha}_2$，…，$\boldsymbol{\alpha}_m$ 能用向量组 $\boldsymbol{\beta}_1$，$\boldsymbol{\beta}_2$，…，$\boldsymbol{\beta}_n$ 线性表示；若两个向量组可以相互线性表示，则称这两个向量组等价．

容易证明如下结论成立：

(1) 向量组与其自身的极大无关组等价．

(2) 一个向量组的不同极大无关组等价．

可见，等价向量组所含向量的个数不一定相等；若一个向量组线性相(无)关，则与之等价的向量组不一定线性相(无)关．但是，我们可以证明下面的定理成立(证明已超出本书的范围)．

定理 1. 一个向量组中若有多个极大无关组，则这些极大无关组中所含向量个数相同．

该定理给出了向量组的一个内在的重要性质．由此，我们引入如下定义．

定义 3. 向量组 $\boldsymbol{\alpha}_1$，$\boldsymbol{\alpha}_2$，…，$\boldsymbol{\alpha}_m$ 的极大无关组中所含向量的个数 r 叫做向量组的秩．记作 $r(\boldsymbol{\alpha}_1，\boldsymbol{\alpha}_2，\cdots，\boldsymbol{\alpha}_m)$

若一个向量组中只含零向量，则规定其秩为零．

由定义不难得到下面的定理．

定理 2. 向量组 $\boldsymbol{\alpha}_1$，$\boldsymbol{\alpha}_2$，…，$\boldsymbol{\alpha}_m$ 线性无关 $\Leftrightarrow r(\boldsymbol{\alpha}_1，\boldsymbol{\alpha}_2，\cdots，\boldsymbol{\alpha}_m)=m$.

由该定理可见，如果我们找到简便方法求得秩，则同时也就解决了向量组线性相关性的判断问题．下面我们作以简单介绍．

2. 向量组的秩和极大无关组的求法

为了找到简便可行的方法，来求一个向量组的秩和极大无关组，我们可以联系矩阵来思考，因为矩阵的列可以视为列向量，矩阵可以视为列向量组，因此，我们可以借助矩阵的已有知识来讨论向量组内向量的关系．

先看上三角矩阵

$$A=\begin{bmatrix} a_{11} & a_{12} & \cdots & a_{1n} \\ 0 & a_{22} & \cdots & a_{2n} \\ \vdots & \vdots & & \vdots \\ 0 & 0 & \cdots & a_{nn} \end{bmatrix}\ (a_{ii}\neq 0,\ i=1,\ 2,\ \cdots,\ n)$$

一方面，$r(\boldsymbol{A})=n$；另一方面，用线性相关性定义可以判定，构成$\boldsymbol{A}$的n个列向量线性无关，即列向量组的秩为n. 这说明，该矩阵列向量组的秩等于该矩阵的秩．

我们知道，矩阵经过初等变换不会改变其秩的大小．由此对于向量组有下面的结论．

定理 3. 列向量组经过初等变换不改变秩，不改变线性相关性．

例如，设矩阵$\boldsymbol{A}$经过初等变换化为阶梯形矩阵$\boldsymbol{B}$，进而再经过初等变换化为最简阶梯形矩阵$\boldsymbol{C}$，即

$$\boldsymbol{A}=\begin{bmatrix} -1 & 1 & 0 & -1 & -2 \\ 2 & -1 & 1 & 4 & 8 \\ 0 & 1 & 1 & 2 & 4 \\ 0 & -1 & -1 & 1 & 1 \end{bmatrix}\rightarrow\boldsymbol{B}\rightarrow\begin{bmatrix} 1 & 0 & 1 & 0 & 1 \\ 0 & 1 & 1 & 0 & 2/3 \\ 0 & 0 & 0 & 1 & 5/3 \\ 0 & 0 & 0 & 0 & 0 \end{bmatrix}=\boldsymbol{C}$$

由矩阵的知识和定理 3 可知，矩阵$\boldsymbol{A}$，$\boldsymbol{B}$，$\boldsymbol{C}$具有相同的秩，即三个列向量组具有相同的秩，且具有相对应的极大无关组．

显然，由$\boldsymbol{B}$，$\boldsymbol{C}$的秩就得到了$\boldsymbol{A}$的秩，即$\boldsymbol{A}$中五个列向量的秩是 3.

下面再分析$\boldsymbol{A}$的极大无关组．

我们先看最简阶梯形矩阵$\boldsymbol{C}$，主元所在的第一、二、四列向量，都是单位向量，显然它们线性无关，而若再增加任意一个列向量就线性相关，所以，它们构成$\boldsymbol{C}$的列向量组的一个极大无关组．

由定理 3 可知，与它们相对应的$\boldsymbol{B}$和$\boldsymbol{A}$的第一、二、四列向量，分别是$\boldsymbol{B}$和$\boldsymbol{A}$的列向量组的极大无关组．

该例的结论具有一般性，此处用$\boldsymbol{C}$来进行说明是为简单易懂. 事实上，由定理 3 可知，只要有$\boldsymbol{B}$就足够了．即对于一般矩阵而言，当矩阵不是阶梯形时，经过初等行变换化其为阶梯形，即可求得其列向量组的秩和极大无关组．

这也就是说，要求一个向量组的秩、判断向量组的线性相关性、求向量组的一个极大无关组，只要按下列步骤操作即可．

（1）把这些向量作为矩阵的列组装成一个矩阵.

（2）用初等变换将组装成的矩阵化为阶梯形矩阵.

（3）根据阶梯形矩阵特点得出结论：非零行的行数就是向量组的秩；当秩等于向量组中向量的个数时，该向量组线性无关，当秩小于向量组中向量的个数时，该向量组线性相关；阶梯形矩阵主元所在的列向量所对应的原向量组中的列向量，构成原向量组的一个极大无关组，反之未必成立.

因此，上述引例可以用下列方式给出问题和解答.

例 2. 设向量组

$$\boldsymbol{\alpha}_1=\begin{pmatrix}-1\\2\\0\\0\end{pmatrix},\boldsymbol{\alpha}_2=\begin{pmatrix}1\\-1\\1\\-1\end{pmatrix},\boldsymbol{\alpha}_3=\begin{pmatrix}0\\1\\1\\-1\end{pmatrix},\boldsymbol{\alpha}_4=\begin{pmatrix}-1\\4\\2\\1\end{pmatrix},\boldsymbol{\alpha}_5=\begin{pmatrix}-2\\8\\4\\1\end{pmatrix}$$

求向量组的秩和一个极大无关组.

解： 作矩阵 $\boldsymbol{A}$ 并用初等变换化为阶梯形矩阵 $\boldsymbol{B}$，即

$$\boldsymbol{A}=\begin{bmatrix}-1&1&0&-1&-2\\2&-1&1&4&8\\0&1&1&2&4\\0&-1&-1&1&1\end{bmatrix}\to\begin{bmatrix}-1&1&0&-1&-2\\0&1&1&2&4\\0&0&0&3&5\\0&0&0&0&0\end{bmatrix}=\boldsymbol{B}$$

可见，$r(\boldsymbol{\alpha}_1,\boldsymbol{\alpha}_2,\boldsymbol{\alpha}_3,\boldsymbol{\alpha}_4,\boldsymbol{\alpha}_5)=3$ 且 $\boldsymbol{\alpha}_1$，$\boldsymbol{\alpha}_2$，$\boldsymbol{\alpha}_4$ 为原向量组的一个极大无关组.

3. 用极大无关组表示向量组中的其余向量

前面解决了向量组的秩和向量组线性相关性的判断，以及极大无关组的求法.下面我们来讨论如何用极大无关组线性表示向量组中的其余向量.

先回顾上面例 2，看如何用极大无关组 $\boldsymbol{\alpha}_1$，$\boldsymbol{\alpha}_2$，$\boldsymbol{\alpha}_4$ 线性表示向量组中的向量 $\boldsymbol{\alpha}_3$，$\boldsymbol{\alpha}_5$.

设 $k_1\boldsymbol{\alpha}_1+k_2\boldsymbol{\alpha}_2+k_4\boldsymbol{\alpha}_4=\boldsymbol{\alpha}_3$ 即

$$k_1\begin{pmatrix}-1\\2\\0\\0\end{pmatrix}+k_2\begin{pmatrix}1\\-1\\1\\-1\end{pmatrix}+k_4\begin{pmatrix}-1\\4\\2\\1\end{pmatrix}=\begin{pmatrix}0\\1\\1\\-1\end{pmatrix}$$

写成方程组为

$$\begin{cases}-k_1+k_2-k_4=0\\2k_1-k_2+4k_4=1\\0k_1+k_2+2k_4=1\\0k_1-k_2+k_4=-1\end{cases}$$

解得　$k_1=1,\ k_2=1,\ k_4=0$

所以　$\boldsymbol{\alpha}_3=\boldsymbol{\alpha}_1+\boldsymbol{\alpha}_2+0\boldsymbol{\alpha}_4$

同理可得　$\boldsymbol{\alpha}_5=\boldsymbol{\alpha}_1+(2/3)\boldsymbol{\alpha}_2+(5/3)\boldsymbol{\alpha}_4$

这两个向量的线性表达式与最简阶梯形矩阵

$$\boldsymbol{C}=\begin{bmatrix}1&0&1&0&1\\0&1&1&0&2/3\\0&0&0&1&5/3\\0&0&0&0&0\end{bmatrix}$$

相应的第三、五列作对比，发现线性组合系数恰为非零行的元素，即表达式$\boldsymbol{\alpha}_3=\boldsymbol{\alpha}_1+\boldsymbol{\alpha}_2+0\boldsymbol{\alpha}_4$右边各项的系数，依次等于$\boldsymbol{C}$的第3列非零行的3个元素；表达式$\boldsymbol{\alpha}_5=\boldsymbol{\alpha}_1+(2/3)\boldsymbol{\alpha}_2+(5/3)\boldsymbol{\alpha}_4$右边各项的系数，依次等于$\boldsymbol{C}$的第5列非零行的3个元素．

这个结果不失一般性，也绝非偶然(到下章解方程组可知，方程组增广矩阵的初等变换等价于方程组同解变形，解不变就是这里的组合系数不变．因此，$\boldsymbol{C}$的极大无关组表示$\boldsymbol{C}$的第三、五列向量的系数，就是$\boldsymbol{A}$的极大无关组表示$\boldsymbol{A}$的第三、五列向量的系数)．

这就告诉我们，只要把向量组中的向量按列组装成矩阵，再把矩阵化为最简阶梯形，就能写出用极大无关组线性表示向量组中其余向量的表达式．

例 3. 设有向量组$\boldsymbol{\alpha}_1=(1,\ -1,\ 2,\ 1,\ 0)^T$，$\boldsymbol{\alpha}_2=(2,\ -2,\ 4,\ -2,\ 0)^T$，$\boldsymbol{\alpha}_3=(3,\ 0,\ 6,\ -1,\ 1)^T$，$\boldsymbol{\alpha}_4=(0,\ 3,\ 0,\ 0,\ 1)^T$．

(1) 求向量组的秩，并判断向量组的线性相关性．

(2) 求向量组的一个极大无关组．

(3) 用极大无关组线性表示其余向量．

解： 把向量组作为一个矩阵$\boldsymbol{A}$的列向量组，先化$\boldsymbol{A}$为阶梯形，后化为最简阶梯形．

$$A=\begin{bmatrix}1&2&3&0\\-1&-2&0&3\\2&4&6&0\\1&-2&-1&0\\0&0&1&1\end{bmatrix}\rightarrow\begin{bmatrix}1&2&3&0\\0&1&1&0\\0&0&1&1\\0&0&0&0\\0&0&0&0\end{bmatrix}\rightarrow\begin{bmatrix}1&0&0&-1\\0&1&0&-1\\0&0&1&1\\0&0&0&0\\0&0&0&0\end{bmatrix}$$

则可得结论如下：

(1) 向量组的秩为3，向量组线性相关.

(2) 向量组的一个极大无关组为$\boldsymbol{\alpha}_1$，$\boldsymbol{\alpha}_2$，$\boldsymbol{\alpha}_3$.

(3) $\boldsymbol{\alpha}_4=-\boldsymbol{\alpha}_1-\boldsymbol{\alpha}_2+\boldsymbol{\alpha}_3$.

因为$\boldsymbol{A}$的列向量组就是$\boldsymbol{A}^T$的行向量组，而$r(\boldsymbol{A})=r(\boldsymbol{A}^T)$，所以也可将向量组作为矩阵的行向量组，只要把矩阵化为阶梯形而不是最简阶梯形，也可得到上述例3三问的答案，其过程如下：

例4. 设有向量组$\boldsymbol{\alpha}_1=(1,\ -1,\ 2,\ 1,\ 0)$，$\boldsymbol{\alpha}_2=(2,\ -2,\ 4,\ -2,\ 0)$，$\boldsymbol{\alpha}_3=(3,\ 0,\ 6,\ -1,\ 1)$，$\boldsymbol{\alpha}_4=(0,\ 3,\ 0,\ 0,\ 1)$.

(1) 求向量组的秩，并判断线性相关性.

(2) 求向量组的一个极大无关组.

(3) 用极大无关组线性表示其余向量.

解： 把向量组作为一个矩阵$\boldsymbol{A}$的行向量组，化$\boldsymbol{A}$为阶梯形

$$A=\begin{bmatrix}1&-1&2&1&0\\2&-2&4&-2&0\\3&0&6&-1&1\\0&3&0&0&1\end{bmatrix}\rightarrow\begin{bmatrix}1&-1&2&1&0\\0&0&0&-4&0\\0&3&0&-4&1\\0&3&0&0&1\end{bmatrix}$$

$$\rightarrow\begin{bmatrix}1&-1&2&1&0\\0&3&0&-4&1\\0&0&0&-4&0\\0&0&0&4&0\end{bmatrix}\rightarrow\begin{bmatrix}1&-1&2&1&0\\0&3&0&-4&1\\0&0&0&-4&0\\0&0&0&0&0\end{bmatrix}$$

可见，(1) 向量组的秩为3，向量组线性相关. (2) 向量组的一个极大无关组为$\boldsymbol{\alpha}_1$，$\boldsymbol{\alpha}_2$，$\boldsymbol{\alpha}_3$. 要注意初等变换过程中是否用过行交换（也可尽量避免行交换），阶梯形矩阵中的非零行，对应原矩阵中的哪些行，这些行构成原向量组的极大无关组.

上述初等变换过程也可记为

$$A=\begin{bmatrix}\boldsymbol{\alpha}_1\\ \boldsymbol{\alpha}_2\\ \boldsymbol{\alpha}_3\\ \boldsymbol{\alpha}_4\end{bmatrix}\to\begin{bmatrix}\boldsymbol{\alpha}_1\\ \boldsymbol{\alpha}_2-2\boldsymbol{\alpha}_1\\ \boldsymbol{\alpha}_3-3\boldsymbol{\alpha}_1\\ \boldsymbol{\alpha}_4\end{bmatrix}\to\begin{bmatrix}\boldsymbol{\alpha}_1\\ \boldsymbol{\alpha}_3-3\boldsymbol{\alpha}_1\\ \boldsymbol{\alpha}_2-2\boldsymbol{\alpha}_1\\ \boldsymbol{\alpha}_4-\boldsymbol{\alpha}_3+3\boldsymbol{\alpha}_1\end{bmatrix}\to\begin{bmatrix}\boldsymbol{\alpha}_1\\ \boldsymbol{\alpha}_3-3\boldsymbol{\alpha}_1\\ \boldsymbol{\alpha}_2-2\boldsymbol{\alpha}_1\\ \boldsymbol{\alpha}_4-\boldsymbol{\alpha}_3+\boldsymbol{\alpha}_2+\boldsymbol{\alpha}_1\end{bmatrix}$$

从上述两种变换过程的表达式对比可见 $\boldsymbol{\alpha}_4-\boldsymbol{\alpha}_3+\boldsymbol{\alpha}_2+\boldsymbol{\alpha}_1=\boldsymbol{0}$，由此可以得到(3) 的答案：$\boldsymbol{\alpha}_4=-\boldsymbol{\alpha}_1-\boldsymbol{\alpha}_2+\boldsymbol{\alpha}_3$.

需要特别指出是，例 4 的过程比例 3 从道理上好理解：初等变换不改变向量相关性，阶梯形矩阵非零行对应的原向量构成极大无关组，零行对应的原向量可由极大无关组线性表示．但是，用极大无关组线性表示其余向量时，还要注意变换过程的整理和计算，这就不如例 3 简便，这也是到下一章讨论方程组解的结构和简化表示时，采用例 3 过程的原因所在．

为了让大家更加熟悉例 3 的方法过程，并进一步体会本节内容的实际应用价值，下面再给出一个例子．

例 5. 某调料公司用六种原料来调制多种调味品，表 8－3－1 列出了五种调味品每包所需要的原料的量：

表 8－3－1

调味品 / 原料	A	B	C	D	E
红辣椒	3	1.5	4.5	7.5	4.5
姜黄	2	4	0	8	6
胡椒	1	2	0	4	3
丁香油	1	2	0	4	3
大蒜粉	0.5	1	0	2	1.5
盐	0.25	0.5	0	2	0.75

一名顾客不想购买全部五种调味品，只想购买其中几种，并用它们配制其余没有购买的调味品，问这位顾客的想法可否实现？若可实现，应至少购买哪几种？

解： 五种调味品各自所需原料量可用列向量来表示，即

$$\boldsymbol{\alpha}_1=\begin{pmatrix}3\\2\\1\\1\\0.5\\0.25\end{pmatrix}\quad \boldsymbol{\alpha}_2=\begin{pmatrix}1.5\\4\\2\\2\\1\\0.5\end{pmatrix}\quad \boldsymbol{\alpha}_3=\begin{pmatrix}4.5\\0\\0\\0\\0\\0\end{pmatrix}\quad \boldsymbol{\alpha}_4=\begin{pmatrix}7.5\\8\\4\\4\\2\\2\end{pmatrix}\quad \boldsymbol{\alpha}_5=\begin{pmatrix}4.5\\6\\3\\3\\1.5\\0.75\end{pmatrix}$$

把它们组成一个矩阵，得

$$\boldsymbol{M}=\begin{bmatrix}3&1.5&4.5&7.5&4.5\\2&4&0&8&6\\1&2&0&4&3\\1&2&0&4&3\\0.5&1&0&2&1.5\\0.25&0.5&0&2&0.75\end{bmatrix}$$

经过初等变换化为最简阶梯形矩阵，得

$$\boldsymbol{G}=\begin{bmatrix}1&0&2&0&1\\0&1&-1&0&1\\0&0&0&1&0\\0&0&0&0&0\\0&0&0&0&0\\0&0&0&0&0\end{bmatrix}$$

故 $r(\boldsymbol{M})=3$，这说明，这位顾客的想法可以实现，他至少必须购买三种调味品，其余两种可用购买的三种调制出来．

购买哪三种调味品呢？又如何用它们调制出另外两种呢？这两个问题的数学意义是求原向量组的一个极大无关组，并用极大无关组表示其余两个向量．

从矩阵 $\boldsymbol{M}$、$\boldsymbol{G}$ 可见，原向量组的一个极大无关组是 $\boldsymbol{\alpha}_1$，$\boldsymbol{\alpha}_2$，$\boldsymbol{\alpha}_4$，用它们线性表示另两个向量的结果为

$$\boldsymbol{\alpha}_3=2\boldsymbol{\alpha}_1-\boldsymbol{\alpha}_2+0\boldsymbol{\alpha}_4，\boldsymbol{\alpha}_5=\boldsymbol{\alpha}_1+\boldsymbol{\alpha}_2+0\boldsymbol{\alpha}_4$$

可见，理论上可以只购买A，B，D三种，并可以用A，B两种调制出C，E.

但是，考虑到实际配制操作过程的可行性(原料混合的2A中无法去除B得到只含红辣椒的C)，系数不取负数，故将结果调整为

$$\boldsymbol{\alpha}_1=\frac{1}{2}\boldsymbol{\alpha}_2+\frac{1}{2}\boldsymbol{\alpha}_3+0\boldsymbol{\alpha}_4，\boldsymbol{\alpha}_5=\frac{3}{2}\boldsymbol{\alpha}_2+\frac{1}{2}\boldsymbol{\alpha}_3+0\boldsymbol{\alpha}_4$$

化简为

$$\boldsymbol{\alpha}_1=\frac{1}{2}\boldsymbol{\alpha}_2+\frac{1}{2}\boldsymbol{\alpha}_3，\boldsymbol{\alpha}_5=\frac{3}{2}\boldsymbol{\alpha}_2+\frac{1}{2}\boldsymbol{\alpha}_3$$

可以证明，$\boldsymbol{\alpha}_2$，$\boldsymbol{\alpha}_3$，$\boldsymbol{\alpha}_4$ 也是原向量组的一个极大无关组.

可见，该顾客想法可以实现，他至少要购买 B，C，D 三种调味品，用这三种(实际只需 B，C 两种调味品）可以调制出 A，E 两种调味品，调制的方法可按线性表达式的系数所给出的比例配制.

习题 8.3

1. 求下列向量组的秩和一个极大无关组，并用极大无关组表示其余向量：

(1) $\boldsymbol{\alpha}_1=(1, 2, 0)$，$\boldsymbol{\alpha}_2=(0, -1, 0)$，$\boldsymbol{\alpha}_3=(0, 0, -3)$.

(2) $\boldsymbol{\alpha}_1=(1, 1, 1)$，$\boldsymbol{\alpha}_2=(1, 1, 0)$，$\boldsymbol{\alpha}_3=(1, 0, 0)$，$\boldsymbol{\alpha}_4=(1, 2, -3)$.

(3) $\boldsymbol{\alpha}_1=(1, 2, 1, 3)$，$\boldsymbol{\alpha}_2=(4, -1, -5, -6)$，$\boldsymbol{\alpha}_3=(1, -3, -4, -7)$，$\boldsymbol{\alpha}_4=(2, 1, -1, 0)$.

2. 设向量组 $\boldsymbol{\alpha}_1=(1, 2, 0, 0)$，$\boldsymbol{\alpha}_2=(1, 2, 3, 4)$，$\boldsymbol{\alpha}_3=(3, 6, 0, 0)$.

(1) 求向量组的秩，判断其线性相关性.

(2) 若线性相关，求一个极大无关组，并用其表示其余向量.

3. 在秩为 r 的向量组 $\boldsymbol{\alpha}_1$，$\boldsymbol{\alpha}_2$，…，$\boldsymbol{\alpha}_n$ 中，

(1) 任意 r 个向量线性无关吗?

(2) 任意 r 个线性无关的向量，构成原向量组的一个极大无关组吗?

●拓展阅读：线性代数概述

一次函数、一次方程的图像是直线，因此，在数学上，“一次”与“线性”不加区分.

“以直代曲”是人们处理数学问题的自然思想，许多非线性问题的处理，划归为线性关系处理非常简单.

线性关系的代数抽象与研究，便形成了线性代数这门数学的分支学科. 它主要包括行列式、矩阵、方程组、向量、向量空间等内容.

线性代数作为一个独立的数学分支，是在 20 世纪才形成的。但在中国《九章算术 · 方程》中，就已经有相当于现代对方程组的增广矩阵施行的初等变换、消去未知数的方法.

行列式、矩阵、向量概念的引入，以及线性问题归结为向量空间的讨论，使

得线性代数的作用越来越大，其理论方法已经渗透到数学的许多分支．因此，线性代数在工程技术、国民经济、科学技术等许多领域都有广泛的应用．它是一门基本的、重要的学科．

在本教材中，我们只是选取了线性代数中最简单的矩阵、n 维向量、方程组，而且，又是其中最基本的内容．通过学习，大家已经感到这三者密不可分．

在中学时，解方程组$\begin{cases}a_{11}x_1+a_{12}x_2=b_1\\a_{21}x_1+a_{22}x_2=b_2\end{cases}$是用代入法或加减法消元，书写量比较大．其实，决定方程组的关键要素是未知数的系数和常数，把系数抽取出来，按其在方程组中的位置写在两条竖线之间，得到$\begin{vmatrix}a_{11} & a_{12}\\a_{21} & a_{22}\end{vmatrix}$，称之为行列式，规定 $\Delta=\begin{vmatrix}a_{11} & a_{12}\\a_{21} & a_{22}\end{vmatrix}=a_{11}a_{22}-a_{21}a_{12}$．用常数列代替第一列，得到 $\Delta_1=\begin{vmatrix}b_1 & a_{12}\\b_2 & a_{22}\end{vmatrix}$，则 $\Delta_1=b_1a_{22}-b_2a_{12}$，同理有 $\Delta_2=\begin{vmatrix}a_{11} & b_1\\a_{21} & b_2\end{vmatrix}=a_{11}b_2-a_{21}b_1$，而$\begin{cases}x_1=\dfrac{\Delta_1}{\Delta}\\x_2=\dfrac{\Delta_2}{\Delta}\end{cases}$恰为方程组的解．

方程组中未知数的个数越多，这个过程的优越性就表现得越充分．

但是，这个过程是等量变换，数学家们仍不满足，进而创造出了更简单的等价变换、矩阵解法（见第九章），形成了矩阵理论．

可见，矩阵是作为方程组和变换的一种简便表述方法而从行列式的研究中产生出来的．矩阵的概念到19世纪才逐渐形成．“矩阵（Matrix）”一词是英国数学家西尔维斯特在1850年最早使用的，他当时研究的是行列式而不是矩阵．

英国数学家凯莱（Arthur Cayley，1821—1895年）在1858年首先引进矩阵为一个正方形的排列表，引进矩阵现在通用的概念以简化记号，规定了矩阵的符号及名称，给出了矩阵相等、零矩阵、单位矩阵、逆矩阵和转置矩阵等概念，以及加法和乘法运算，于是人们就把他作为矩阵论的创始人．

引入向量概念以后，许多问题的处理变得更加简洁和清晰，在此基础上进一步抽象化，形成了向量空间的概念．

向量空间是线性代数的中心内容和基本概念之一，本教材中并未涉及，感兴趣的读者可以参考阅读专门的《线性代数》教材．

自测题 8

1. 填空题

(1) 向量 $\boldsymbol{\alpha}=(1, 2, 3, 4, 5)$ 的相反向量是________.

(2) 设 $\boldsymbol{\alpha}=(1, -1, 2)$，$\boldsymbol{\beta}=(2, -2, 1)$，则 $\boldsymbol{\alpha}-2\boldsymbol{\beta}=$________.

(3) $(a, 2, b, 3)=(1, x, 3, y)\Rightarrow a, b, x, y$ 分别等于________.

(4) 零向量的分量都是________.

(5) 两个 n 维向量线性相关的充要条件是________.

2. 判断正误

(1) n 维向量有 n 个分量. (　　)

(2) 任意两个向量都可以相加. (　　)

(3) 向量 $(-1, 1)$ 不是 $(1, 0)$ 与 $(-2, 0)$ 的线性组合. (　　)

(4) 一个向量组可以有多个极大无关组. (　　)

(5) 向量组 $\boldsymbol{\alpha}_1, \boldsymbol{\alpha}_2, \cdots, \boldsymbol{\alpha}_m$ 线性无关 $\Leftrightarrow r(\boldsymbol{\alpha}_1, \boldsymbol{\alpha}_2, \cdots, \boldsymbol{\alpha}_m)=m$. (　　)

3. 选择题

(1) 向量运算不满足下列关系中的 (　　)

A. $\boldsymbol{\alpha}+\boldsymbol{\beta}=\boldsymbol{\beta}+\boldsymbol{\alpha}$

B. $(\boldsymbol{\alpha}+\boldsymbol{\beta})+\boldsymbol{\gamma}\neq\boldsymbol{\alpha}+(\boldsymbol{\beta}+\boldsymbol{\gamma})$

C. $k(\boldsymbol{\alpha}+\boldsymbol{\beta})=k\boldsymbol{\alpha}+k\boldsymbol{\beta}(k\in R)$

D. $(k+l)\boldsymbol{\alpha}=k\boldsymbol{\alpha}+l\boldsymbol{\alpha}(k, l\in R)$

(2) 下列向量组中的向量线性相关的一组是 (　　)

A. $\boldsymbol{\alpha}=(3, 2, -1)$，$\boldsymbol{\beta}=(1, -8, 3)$

B. $\boldsymbol{\alpha}$，$\boldsymbol{\gamma}=(3, 28, -11)$

C. $\boldsymbol{\beta}$，$\boldsymbol{\gamma}$

D. $\boldsymbol{\alpha}$，$\boldsymbol{\beta}$，$\boldsymbol{\gamma}$

(3) 下列向量组中的向量线性无关的一组是 (　　)

A. $\boldsymbol{\alpha}=(3, 2, -1)$，$\boldsymbol{\beta}=(1, -8, 3)$，$\boldsymbol{\gamma}=(3, 28, -11)$

B. $\boldsymbol{\alpha}=(1, 2, 1, 3)$，$\boldsymbol{\beta}=(1, 3, -4, 4)$，$\boldsymbol{\gamma}=(2, 5, -3, 7)$

C. $\boldsymbol{\alpha}=(2, 3, -1)$，$\boldsymbol{\beta}=(1, -2, 2)$，$\boldsymbol{\gamma}=(2, -3, 6)$，$\boldsymbol{\delta}=(-1, 2, -3)$

D. $\boldsymbol{\alpha}=(1, 0, 0, 0)$，$\boldsymbol{\beta}=(0, 1, 0, 0)$，$\boldsymbol{\gamma}=(0, 0, 1, 0)$，$\boldsymbol{\delta}=(0, 0, 0, 1)$

(4) 设 $\boldsymbol{\alpha}_1, \boldsymbol{\alpha}_2, \boldsymbol{\alpha}_3$ 线性无关，$\boldsymbol{\alpha}_1, \boldsymbol{\alpha}_2, \boldsymbol{\alpha}_3, \boldsymbol{\alpha}_4$ 线性相关，则 (　　)

A. $\boldsymbol{\alpha}_1$ 不能由 $\boldsymbol{\alpha}_2$，$\boldsymbol{\alpha}_3$，$\boldsymbol{\alpha}_4$ 线性表示

B. $\boldsymbol{\alpha}_2$ 不能由 $\boldsymbol{\alpha}_1$，$\boldsymbol{\alpha}_3$，$\boldsymbol{\alpha}_4$ 线性表示

C. $\boldsymbol{\alpha}_3$ 不能由 $\boldsymbol{\alpha}_1$，$\boldsymbol{\alpha}_2$，$\boldsymbol{\alpha}_4$ 线性表示

D. $\boldsymbol{\alpha}_4$ 能由 $\boldsymbol{\alpha}_1$，$\boldsymbol{\alpha}_2$，$\boldsymbol{\alpha}_3$ 线性表示

(5) 3 个向量线性无关，加入一个就线性相关，则加入后向量组的秩是 (　　)

A. 0　　B. 1　　C. 3　　D. 4

4. 计算题

设向量 $\boldsymbol{\alpha}=(3, 2, -1, 3)$，$\boldsymbol{\beta}=(1, -8, 3, -7)$，求 $2\boldsymbol{\alpha}+3\boldsymbol{\beta}$.

5. 设有向量组 $\boldsymbol{\alpha}_1=(1, -1, 2, 1, 0)^T$，$\boldsymbol{\alpha}_2=(2, -2, 4, -2, 0)^T$，$\boldsymbol{\alpha}_3=(3, 0, 6, -1, 1)^T$，$\boldsymbol{\alpha}_4=(0, 3, 0, 0, 1)^T$.

(1) 求向量组的秩，并判断向量组的线性相关性.

(2) 求向量组的一个极大无关组.

(3) 用极大无关组线性表示其余向量 .

第 9 章

线性方程组

本章导读

自然科学、工程技术和经济管理中的许多问题常常可以归结为线性方程组的求解．虽然大家在中学学过一些这方面的常识，但在实际中遇到的方程组，往往是方程个数与未知数个数都比较多，而且不一定相等，这时，方程组是否有解？有多少个解？如何求解？如何更简明地表示解？这些问题将在本章逐一得到解决．

第 1 节　高斯消元法

大家在中学解一次方程组时，通常采用代入消元法或加减消元法．其中，加减消元法就是高斯（Carl Friedrich Gauss）消元法，这一方法适用于解多个未知数的一次方程组，只是过程麻烦．

在第七章介绍矩阵初等变换时，曾用方程组的初等变换类比引入，反之，可以利用我们已经得到的有关矩阵及其初等变换的结论来讨论方程组解的有关问题，为此，我们先给出几个有关概念．

1. 线性方程组的有关概念

设含有 n 个未知数、m 个方程的线性方程组

$$\begin{cases} a_{11}x_1+a_{12}x_2+\cdots+a_{1n}x_n=b_1 \\ a_{21}x_1+a_{22}x_2+\cdots+a_{2n}x_n=b_2 \\ \quad\cdots \qquad \cdots \\ a_{m1}x_1+a_{m2}x_2+\cdots+a_{mn}x_n=b_m \end{cases} \tag{9.1.1}$$

其中系数 a_{ij} 和常数 b_j 都是已知数，x_i 是未知数($i=1, 2, \cdots, n$，$j=1, 2, \cdots, m$).

由第七章学习知道，系数矩阵、常数矩阵、未知数矩阵分别为

$$\boldsymbol{A}=\begin{bmatrix} a_{11} & a_{12} & \cdots & a_{1n} \\ a_{21} & a_{22} & \cdots & a_{2n} \\ \vdots & \vdots & & \vdots \\ a_{m1} & a_{m2} & \cdots & a_{mn} \end{bmatrix} \quad \boldsymbol{B}=\begin{bmatrix} b_1 \\ b_2 \\ \vdots \\ b_m \end{bmatrix} \quad \boldsymbol{X}=\begin{bmatrix} x_1 \\ x_2 \\ \vdots \\ x_m \end{bmatrix}$$

由此可把方程组(9.1.1)写成矩阵方程 $\boldsymbol{AX}=\boldsymbol{B}$.

后面我们会经常需要把矩阵 $\boldsymbol{A}$，$\boldsymbol{B}$ 合并成一个矩阵($\boldsymbol{A} \mid \boldsymbol{B}$)，我们称之为方程组(9.1.1)的增广矩阵，即

$$(\boldsymbol{A} \mid \boldsymbol{B})=\begin{bmatrix} a_{11} & a_{12} & \cdots & a_{1n} & b_1 \\ a_{21} & a_{22} & \cdots & a_{2n} & b_2 \\ \vdots & \vdots & & \vdots & \vdots \\ a_{m1} & a_{m2} & \cdots & a_{mn} & b_m \end{bmatrix}$$

当矩阵 $\boldsymbol{B}$ 不为零矩阵时，方程组(9.1.1)称做非齐次线性方程组.

当矩阵 $\boldsymbol{B}$ 为零矩阵时，即

$$\begin{cases} a_{11}x_1+a_{12}x_2+\cdots+a_{1n}x_n=0 \\ a_{21}x_1+a_{22}x_2+\cdots+a_{2n}x_n=0 \\ \qquad \cdots \qquad\qquad \cdots \\ a_{m1}x_1+a_{m2}x_2+\cdots+a_{mn}x_n=0 \end{cases} \tag{9.1.2}$$

称做齐次线性方程组，也称做非齐次线性方程组(9.1.1)的导出组.

显然，齐次线性方程组至少有一个零解：$x_i=0(i=1, 2, \cdots, n)$.

为了表述方便，方程组的一个解也称为解向量.

例 1. 写出线性方程组

$$\begin{cases} x_1+2x_2-2x_3-x_4=1 \\ 2x_1+x_2+2x_3-5x_4=2 \\ -x_1+3x_2+7x_3-4x_4=0 \end{cases}$$

系数矩阵 $\boldsymbol{A}$，未知数矩阵 $\boldsymbol{X}$，常数矩阵 $\boldsymbol{B}$，增广矩阵($\boldsymbol{A} \mid \boldsymbol{B}$)和矩阵方程 $\boldsymbol{AX}=\boldsymbol{B}$.

解：

$$\boldsymbol{A}=\begin{bmatrix} 1 & 2 & -2 & -1 \\ 2 & 1 & 2 & -5 \\ -1 & 3 & 7 & -4 \end{bmatrix} \quad \boldsymbol{X}=\begin{bmatrix} x_1 \\ x_2 \\ x_3 \end{bmatrix} \quad \boldsymbol{B}=\begin{bmatrix} 1 \\ 2 \\ 0 \end{bmatrix}$$

$$(\boldsymbol{A}\mid\boldsymbol{B})=\begin{bmatrix}1&2&-2&-1&1\\2&1&2&-5&2\\-1&3&7&-4&0\end{bmatrix}$$

$$\boldsymbol{AX}=\boldsymbol{B}\text{ 即为}\begin{bmatrix}1&2&-2&-1\\2&1&2&-5\\-1&3&7&-4\end{bmatrix}\begin{bmatrix}x_1\\x_2\\x_3\end{bmatrix}=\begin{bmatrix}1\\2\\0\end{bmatrix}$$

2. 高斯消元法

高斯消元法的理论根据是下面的定理(证明见本章末的“拓展阅读”).

定理. 设有线性方程组 $\boldsymbol{AX}=\boldsymbol{B}$，其增广矩阵$(\boldsymbol{A}\mid\boldsymbol{B})$经过初等行变换化为矩阵$(\boldsymbol{C}\mid\boldsymbol{D})$(其中 $\boldsymbol{D}$ 为列矩阵)，则方程组 $\boldsymbol{AX}=\boldsymbol{B}$ 与 $\boldsymbol{CX}=\boldsymbol{D}$ 同解.

由上述定理可知，解方程组(9.1.1)可以利用初等行变换把矩阵$(\boldsymbol{A}\mid\boldsymbol{B})$化成阶梯形矩阵$(\boldsymbol{C}\mid\boldsymbol{D})$，再写出该阶梯形矩阵对应的方程组 $\boldsymbol{CX}=\boldsymbol{D}$，逐步回代，求出其解，也就得到了原方程组的解.

这种解方程组的方法称做高斯消元法，简称消元法，下面举例说明其步骤.

例 2. 解线性方程组

$$\begin{cases}x_1+x_2-2x_3-x_4=-1\\x_1+5x_2-3x_3-2x_4=0\\3x_1-x_2+x_3+4x_4=2\\-2x_1+2x_2+x_3-x_4=1\end{cases}$$

解： 先写出其增广矩阵，然后用初等行变换化增广矩阵为阶梯形矩阵，即

$$(\boldsymbol{A}\mid\boldsymbol{B})=\begin{bmatrix}1&1&-2&-1&-1\\1&5&-3&-2&0\\3&-1&1&4&2\\-2&2&1&-1&1\end{bmatrix}\to\begin{bmatrix}1&1&-2&-1&-1\\0&4&-1&-1&1\\0&0&1&1&1\\0&0&0&0&0\end{bmatrix}=(\boldsymbol{C}\mid\boldsymbol{D}).$$

矩阵$(\boldsymbol{C}\mid\boldsymbol{D})$(其中 $\boldsymbol{D}$ 为列矩阵)对应的线性方程组为

$$\begin{cases}x_1+x_2-2x_3-x_4=-1\\4x_2-x_3-x_4=1\\x_3+x_4=1\end{cases}$$

由最后一个方程得 $x_3=1-x_4$，将其代入第 2 个方程得 $x_2=1/2$，再将前述两式代入第 1 个方程得 $x_1=1/2-x_4$，因此，方程组的解为

$$\begin{cases}x_1=1/2-x_4\\x_2=1/2\\x_3=1-x_4\end{cases}$$

这样的解称做方程组的一般解，其中 x_4 可以自由取值，称做自由未知量，当它取定一个值时，就得到方程组的一个具体解，称做方程组的一个特解，如取 $x_4=1$，则得到一个特解 $x_1=-1/2$，$x_2=1/2$，$x_3=0$，$x_4=1$.

值得注意的是，自由未知量的选取不是唯一的，如上例中也可取 x_3 作自由未知量，此时，方程组的一般解可以表示为 $\begin{cases}x_1=-1/2+x_3\\x_2=1/2\\x_4=1-x_3\end{cases}$

虽然由于自由未知量选取的不同，使得方程组的一般解的表达式不同，但它们所表示的解的集合相等.

在用消元法解线性方程组的过程中，把增广矩阵化成阶梯形矩阵以后，要写出对应的方程组，然后回代求解．我们仔细分析回代过程，会发现这个过程其实就是进一步化阶梯形矩阵为最简阶梯形矩阵的过程，而从最简阶梯形矩阵就可以直接写出方程组的一般解.

例如，对上面例2求解过程中的阶梯形矩阵，进一步施行初等行变换化成最简阶梯形矩阵

$$\begin{bmatrix}1&1&-2&-1&-1\\0&4&-1&-1&1\\0&0&1&1&1\\0&0&0&0&0\end{bmatrix}\rightarrow\begin{bmatrix}1&0&0&1&1/2\\0&1&0&0&1/2\\0&0&1&1&1\\0&0&0&0&0\end{bmatrix}$$

它所对应的线性方程组为

$$\begin{cases}x_1+x_4=1/2\\x_2=1/2\\x_3+x_4=1\end{cases}$$

在这个方程组中，如果取 x_4 为自由未知量，则把它移到两个方程的右边，即可得到方程组的一般解

$$\begin{cases}x_1=1/2-x_4\\x_2=1/2\\x_3=1-x_4\end{cases}$$

在实际求解过程中，不必写出最简阶梯形矩阵所对应的方程组，只要从最简阶梯形矩阵联想这个方程组，写出一般解即可.

例 3. 解线性方程组

$$\begin{cases}2x_1-x_2-x_3+x_4=2\\x_1+x_2-2x_3+x_4=4\\2x_1-3x_2+x_3-x_4=2\\3x_1+6x_2-9x_3+7x_4=9\end{cases}$$

解： 将增广矩阵化成最简阶梯形矩阵

$$(\boldsymbol{A}\mid\boldsymbol{B})=\begin{bmatrix}2&-1&-1&1&2\\1&1&-2&1&4\\2&-3&1&-1&2\\3&6&-9&7&9\end{bmatrix}\rightarrow\begin{bmatrix}1&0&-1&0&4\\0&1&-1&0&3\\0&0&0&1&-3\\0&0&0&0&0\end{bmatrix}$$

联想上式右边的矩阵对应的方程组（三个主元 1 是未知数 x_1，x_2，x_4 的系数，第三列的两个 -1 是 x_3 的系数，最右边一列是常数列），取 x_3 为自由未知量，则方程组的一般解为

$$\begin{cases}x_1=4+x_3\\x_2=3+x_3\\x_4=-3\end{cases}$$

例 4. 解齐次线性方程组

$$\begin{cases}x_1-3x_2+2x_3+x_4=0\\2x_1+4x_2-x_3-3x_4=0\\-x_1-7x_2+3x_3+4x_4=0\\3x_1+x_2+x_3-2x_4=0\end{cases}$$

解： 齐次线性方程组常数均为零，即方程组的增广矩阵最后一列均为零，增广矩阵化为最简阶梯形矩阵与方程组的系数矩阵化为最简阶梯形矩阵等效，所以，只要将系数矩阵化为最简阶梯形矩阵即可．

$$\boldsymbol{A}=\begin{bmatrix}1&-3&2&1\\2&4&-1&-3\\-1&-7&3&4\\3&1&1&-2\end{bmatrix}\rightarrow\begin{bmatrix}1&0&1/2&-1/2\\0&1&-1/2&-1/2\\0&0&0&0\\0&0&0&0\end{bmatrix}$$

所以，方程组的一般解为

$$\begin{cases}x_1=-\dfrac{1}{2}x_3+\dfrac{1}{2}x_4\\x_2=\dfrac{1}{2}x_3+\dfrac{1}{2}x_4\end{cases}$$

其中 x_3，x_4 是自由未知量．

注意： 虽然解题过程中不必写出最简阶梯形矩阵对应的方程组，但是写解时必须联想到它，这样就不至于忘掉移项改变符号．

习题 9.1

1. 解线性方程组

(1) $\begin{cases} x_1+2x_2-3x_3=4 \\ 2x_1+3x_2-5x_3=7 \\ 4x_1+3x_2-9x_3=9 \\ 2x_1+5x_2-8x_3=8 \end{cases}$　　(2) $\begin{cases} x_1+x_2+x_3=1 \\ -x_1+2x_2-4x_3=2 \\ 2x_1+5x_2-x_3=3 \end{cases}$

(3) $\begin{cases} x_1-2x_2+3x_3=4 \\ 2x_1+x_2-3x_3=5 \\ -x_1+2x_2+2x_3=6 \\ 3x_1-3x_2+2x_3=7 \end{cases}$　　(4) $\begin{cases} x_1+2x_2+3x_3+8x_4=0 \\ 2x_1+5x_2+9x_3+16x_4=0 \\ 3x_1-4x_2-5x_3+32x_4=0 \end{cases}$

2. 一个药剂师有A、B两种药水，其中A含盐3%，B含盐8%，问可否用这两种药水配制成2升含盐6%的药水？如可，需要A、B药水各多少？

第2节　方程组解的情况判定

通过上一节例题和习题的解答，大家发现，方程组有时无解，有时只有一个解，有时有无穷多解．这是否有规律可循呢？下面从理论上给予回答．

对方程组 $\boldsymbol{AX}=\boldsymbol{B}$，有下面的定理成立．

定理． 线性方程组 $\boldsymbol{AX}=\boldsymbol{B}$ 有解 $\Leftrightarrow r(\boldsymbol{A}\mid\boldsymbol{B})=r(\boldsymbol{A})$.

证明： 设 $(\boldsymbol{A}\mid\boldsymbol{B})$ 化为阶梯形矩阵 $(\boldsymbol{C}\mid\boldsymbol{D})$（$\boldsymbol{D}$ 为列矩阵），且

$$(\boldsymbol{C}\mid\boldsymbol{D})=\begin{bmatrix} c_{11} & \cdots & c_{1s-1} & c_{1s} & \cdots & c_{1n} & d_1 \\ 0 & \cdots & 0 & c_{2s} & \cdots & c_{2n} & d_2 \\ \vdots & & \vdots & \vdots & & \vdots & \vdots \\ 0 & \cdots & 0 & c_{rs} & \cdots & c_{rn} & d_r \\ 0 & \cdots & 0 & 0 & \cdots & 0 & d_{r+1} \\ \vdots & & \vdots & \vdots & & \vdots & \vdots \\ 0 & \cdots & 0 & 0 & \cdots & 0 & 0 \end{bmatrix}$$

由该矩阵可见，$r(\boldsymbol{C}\mid\boldsymbol{D})=r(\boldsymbol{C})=r\Leftrightarrow d_{r+1}=0\Leftrightarrow \boldsymbol{CX}=\boldsymbol{D}$ 有解．

而 $r(\boldsymbol{A} \mid \boldsymbol{B})=r(\boldsymbol{C} \mid \boldsymbol{D})$，$r(\boldsymbol{C})=r(\boldsymbol{A})$，

$\boldsymbol{AX}=\boldsymbol{B}$，$\boldsymbol{CX}=\boldsymbol{D}$ 同解

所以，$\boldsymbol{AX}=\boldsymbol{B}$ 有解 $\Leftrightarrow r(\boldsymbol{A} \mid \boldsymbol{B})=r(\boldsymbol{C} \mid \boldsymbol{D})=r(\boldsymbol{C})=r(\boldsymbol{A})$.

该定理既是性质定理，也是判定定理．当用作判定定理时，包括两个结论：

(1) 当 $r(\boldsymbol{A})=r(\boldsymbol{A} \mid \boldsymbol{B})$ 时，方程组有解；

(2) 当 $r(\boldsymbol{A})<r(\boldsymbol{A} \mid \boldsymbol{B})$ 时，方程组无解．

由定理可以得到下面的推论：

推论 1. 线性方程组 $\boldsymbol{AX}=\boldsymbol{B}$ 有唯一解 $\Leftrightarrow r(\boldsymbol{A})=r(\boldsymbol{A} \mid \boldsymbol{B})=n$，其中 n 是方程组中未知数的个数．

与定理本身类似，该推论用作判定定理时，也包括两个结论：

(1) 当 $r(\boldsymbol{A})=r(\boldsymbol{A} \mid \boldsymbol{B})=n$ 时，方程组有唯一解；

(2) 当 $r(\boldsymbol{A})=r(\boldsymbol{A} \mid \boldsymbol{B})<n$ 时，方程组有无穷多个解．

定理及其推论告诉我们，要判断一个方程组解的情况，只要将其增广矩阵化为阶梯形，从中得到系数矩阵的秩和增广矩阵的秩即可．

例 1. 判断下列方程组是否有解？若有，有唯一解还是有无穷多个解？

(1) $\begin{cases} x_1+x_2-3x_3=1 \\ 3x_1-x_2-3x_3=4 \\ x_1+5x_2-9x_3=1 \end{cases}$　(2) $\begin{cases} x_1+x_2-3x_3=1 \\ 3x_1-x_2-3x_3=4 \\ x_1+5x_2-9x_3=0 \end{cases}$

(3) $\begin{cases} x_1+x_2-3x_3=1 \\ 3x_1-x_2-3x_3=4 \\ x_1+5x_2-8x_3=0 \end{cases}$

解： (1) 用初等行变换把方程组的增广矩阵化为阶梯形矩阵，即

$$(\boldsymbol{A} \mid \boldsymbol{B})=\begin{bmatrix} 1 & 1 & -3 & 1 \\ 3 & -1 & -3 & 4 \\ 1 & 5 & -9 & 1 \end{bmatrix} \rightarrow \begin{bmatrix} 1 & 1 & -3 & 1 \\ 0 & -4 & 6 & 1 \\ 0 & 0 & 0 & 1 \end{bmatrix}$$

可见，$r(\boldsymbol{A} \mid \boldsymbol{B})=3$，$r(\boldsymbol{A})=2$，所以方程组无解．

(2) 用初等行变换把方程组的增广矩阵化为阶梯形矩阵，即

$$(\boldsymbol{A} \mid \boldsymbol{B})=\begin{bmatrix} 1 & 1 & -3 & 1 \\ 3 & -1 & -3 & 4 \\ 1 & 5 & -9 & 0 \end{bmatrix} \rightarrow \begin{bmatrix} 1 & 1 & -3 & 1 \\ 0 & -4 & 6 & 1 \\ 0 & 0 & 0 & 0 \end{bmatrix}$$

可见，$r(\boldsymbol{A} \mid \boldsymbol{B})=r(\boldsymbol{A})=2<3$，所以方程组有无穷多解．

(3) 用初等行变换把方程组的增广矩阵化为阶梯形矩阵，即

$$(\boldsymbol{A} \mid \boldsymbol{B})=\begin{bmatrix}1 & 1 & -3 & 1\\3 & -1 & -3 & 4\\1 & 5 & -8 & 0\end{bmatrix}\rightarrow\begin{bmatrix}1 & 1 & -3 & 1\\0 & -4 & 6 & 1\\0 & 0 & 1 & 0\end{bmatrix}$$

可见，$r(\boldsymbol{A} \mid \boldsymbol{B})=r(\boldsymbol{A})=3$，且恰为未知数的个数，所以方程组有唯一解．

例 2. 当 a，b 取何值时，下列方程组无解、有唯一解、有无穷多解？

$$\begin{cases}x_1+2x_3=-1\\-x_1+x_2-3x_3=2\\2x_1-x_2+ax_3=b\end{cases}$$

解： 用初等行变换把方程组的增广矩阵化为阶梯形矩阵，即

$$(\boldsymbol{A} \mid \boldsymbol{B})=\begin{bmatrix}1 & 0 & 2 & -1\\-1 & 1 & -3 & 2\\2 & -1 & a & b\end{bmatrix}\rightarrow\begin{bmatrix}1 & 0 & 2 & -1\\0 & 1 & -1 & 1\\0 & 0 & a-5 & b+3\end{bmatrix}$$

因此，当 $a=5$ 且 $b\neq-3$ 时，$r(\boldsymbol{A} \mid \boldsymbol{B})=3\neq2=r(\boldsymbol{A})$，此时方程组无解；当 $a\neq5$ 时，$r(\boldsymbol{A} \mid \boldsymbol{B})=3=r(\boldsymbol{A})$，此时方程组有唯一解；当 $a=5$ 且 $b=-3$ 时，$r(\boldsymbol{A} \mid \boldsymbol{B})=2=r(\boldsymbol{A})$ 且小于未知数的个数 3，此时方程组有无穷多解．

例 3. 一位营养师想组合 4 种食物使一餐含有 78 单位的维生素 A，67 单位的维生素 B，146 单位的维生素 C，153 单位的维生素 D，每种食物每千克的维生素含量如表 9－2－1 所示，问营养师的想法是否可行？

表 9－2－1

维生素＼含量＼食物	1	2	3	4
A	3	2	2	6
B	2	3	5	0
C	8	6	4	7
D	5	5	7	6

解： 设一餐中的这四种食物分别为 x、y、z、w 千克，由题意得

$$\begin{cases}3x+2y+2z+6w=78\\2x+3y+5z+0w=67\\8x+6y+4z+7w=146\\5x+5y+7z+6w=153\end{cases}$$

用初等行变换把方程组的增广矩阵化为阶梯形矩阵，即

$$(\boldsymbol{A} \mid \boldsymbol{B})=\begin{bmatrix}3 & 2 & 2 & 6 & 78 \\ 2 & 3 & 5 & 0 & 67 \\ 8 & 6 & 4 & 7 & 146 \\ 5 & 5 & 7 & 6 & 153\end{bmatrix} \rightarrow \begin{bmatrix}1 & -1 & -3 & 6 & 11 \\ 0 & -1 & -5 & -5 & -77 \\ 0 & 0 & 14 & 37 & 340 \\ 0 & 0 & 0 & 0 & 1\end{bmatrix}$$

可见，$r(\boldsymbol{A} \mid \boldsymbol{B})=4 \neq r(\boldsymbol{A})=3$，所以方程组无解．

答：营养师的想法不可行．

如果我们把定理及其推论1用到齐次线性方程组$\boldsymbol{AX}=\boldsymbol{0}$，可知方程组一定有解，而且有下面的推论．

推论2. 齐次线性方程组$\boldsymbol{AX}=\boldsymbol{0}$只有零解$\Leftrightarrow r(\boldsymbol{A})=n$．

该推论同时告诉我们，方程组$\boldsymbol{AX}=\boldsymbol{0}$有非零解$\Leftrightarrow r(\boldsymbol{A})<n$．特别地，当方程的个数小于未知数的个数时，方程组$\boldsymbol{AX}=\boldsymbol{0}$必有非零解．

例4. 判断方程组是否有非零解．

$$\begin{cases}x+y-3z-w=0 \\ 2x+y-2z+w=0 \\ x+y+z+3w=0 \\ x+2y-3z+w=0\end{cases}$$

解：用初等行变换把方程组的系数矩阵化为阶梯形矩阵，即

$$\boldsymbol{A}=\begin{bmatrix}1 & 1 & -3 & -1 \\ 2 & 1 & -2 & 1 \\ 1 & 1 & 1 & 3 \\ 1 & 2 & -3 & 1\end{bmatrix} \rightarrow \begin{bmatrix}1 & 1 & -3 & -1 \\ 0 & -1 & 4 & 3 \\ 0 & 0 & 4 & 4 \\ 0 & 0 & 0 & 1\end{bmatrix}$$

可见，$r(\boldsymbol{A})=4$且恰为未知数的个数，所以方程组只有零解．

例5. 当λ取何值时，下列方程组有非零解？

$$\begin{cases}x_1+x_2+x_3=0 \\ x_1+2x_2+x_3=0 \\ x_1+x_2+\lambda x_3=0\end{cases}$$

解：用初等行变换把方程组的系数矩阵化为阶梯形，即

$$\boldsymbol{A}=\begin{bmatrix}1 & 1 & 1 \\ 1 & 2 & 1 \\ 1 & 1 & \lambda\end{bmatrix} \rightarrow \begin{bmatrix}1 & 1 & 1 \\ 0 & 1 & 0 \\ 0 & 0 & \lambda-1\end{bmatrix}$$

可见，当$\lambda=1$时，$r(\boldsymbol{A})=2$小于未知数的个数，方程组有非零解．

习题 9.2

1. 判断下列方程组是否有解．若有，是唯一还是无穷多？

(1) $\begin{cases} x_1+2x_2-3x_3=-11 \\ -x_1-x_2+x_3=7 \\ 2x_1-3x_2+x_3=6 \\ -3x_1+x_2+2x_3=4 \end{cases}$　(2) $\begin{cases} x_1+2x_2-3x_3=-11 \\ -x_1-x_2+2x_3=7 \\ 2x_1-3x_2+x_3=6 \\ -3x_1+x_2+2x_3=5 \end{cases}$

(3) $\begin{cases} x_1+2x_2-3x_3=-11 \\ -x_1-x_2+x_3=7 \\ 2x_1-3x_2+x_3=6 \\ -3x_1+x_2+2x_3=5 \end{cases}$

2. 判断下列方程组是否有非零解．

(1) $\begin{cases} 3x_1+x_2-8x_3+2x_4+x_5=0 \\ 2x_1-2x_2-3x_3-7x_4+2x_5=0 \\ x_1+11x_2-12x_3+34x_4-5x_5=0 \\ x_1-5x_2+2x_3-16x_4+3x_5=0 \end{cases}$

(2) $\begin{cases} x_1+2x_2-4x_3+2x_4=0 \\ 3x_1-x_2+2x_3-x_4=0 \\ -2x_1+4x_2-x_3+3x_4=0 \\ 3x_1+9x_2-7x_3+6x_4=0 \end{cases}$

3. 当 λ 取何值时，下列方程组无解、有解？有解时求出来．

$$\begin{cases} x_1-2x_2+3x_3-4x_4=4 \\ 0x_1+x_2-x_3+x_4=-3 \\ x_1+3x_2+0x_3-3x_4=1 \\ 0x_1-7x_2+3x_3+x_4=\lambda \end{cases}$$

4. 当 λ 取何值时，下列方程组只有零解？有非零解？有非零解时求出来．

$$\begin{cases} x_1-2x_2+x_3-x_4=0 \\ 2x_1+x_2-x_3+x_4=0 \\ x_1+7x_2-5x_3+5x_4=0 \\ 3x_1-x_2-2x_3-\lambda x_4=0 \end{cases}$$

第 3 节　方程组解的结构

在前面我们讨论了线性方程组无解、有唯一解、有无穷多解的判定和有解时的求解方法．

当线性方程组有无穷多解时，写出的一般解的表达式中所包含的这无数多个解之间有无关系？有何关系？可否给出更加简明的表达式？这是本节将要深入讨论的问题.

我们曾称方程组的一个解为一个解向量，从而方程组的解集也就是一个向量组，这就提示我们用向量、矩阵作为工具来讨论解决上述问题．

我们采用先特殊后一般的方法，先讨论齐次线性方程组解的结构．

1. 齐次线性方程组解的结构

为了讨论方便，先给出预备性知识．

设齐次线性方程组

$$\begin{cases} a_{11}x_1+a_{12}x_2+\cdots+a_{1n}x_n=0 \\ a_{21}x_1+a_{22}x_2+\cdots+a_{2n}x_n=0 \\ \cdots \quad \cdots \\ a_{m1}x_1+a_{m2}x_2+\cdots+a_{mn}x_n=0 \end{cases}$$

其矩阵形式为 $\boldsymbol{AX}=\boldsymbol{0}$. 关于它的解易证有如下性质定理成立．

定理 1. 若 X_1，X_2 是方程组 $\boldsymbol{AX}=\boldsymbol{0}$ 的两个解，k 是任意常数，则 X_1+X_2 和 kX_1 都是方程组 $\boldsymbol{AX}=\boldsymbol{0}$ 的解．

由定理可知，齐次线性方程组 $\boldsymbol{AX}=\boldsymbol{0}$ 的解的线性组合也是它的解，即若 X_1，X_2，…，X_s 是方程组 $\boldsymbol{AX}=\boldsymbol{0}$ 的 s 个解，k_1，k_2，…，k_s 是 s 个常数，则 $k_1X_1+k_2X_2+\cdots+k_sX_s$ 是方程组 $\boldsymbol{AX}=\boldsymbol{0}$ 的解．

由此可知，对方程组 $\boldsymbol{AX}=\boldsymbol{0}$ 的有限个解，通过其线性组合系数的变化可以得到方程组的无数个解．反过来，方程组无穷多解中的任意一个都能用其中的有限个解线性表出吗?

联想向量相关性的讨论，猜想当这有限个解向量取方程组解向量组的极大无关组时，方程组的任意一个解向量就可由其线性表出．

由此我们给出如下定义．

定义． 齐次线性方程组解向量组中的一个极大无关组，称做它的一个基础解系或解基．

当方程组 $\boldsymbol{AX}=\boldsymbol{0}$ 只有零解时，它没有基础解系；当有非零解时，它有基础解系，关于其基础解系所含解向量的个数，有下面的定理，证明已超出本书的范围.

定理2. 若 n 元齐次线性方程组 $\boldsymbol{AX}=\boldsymbol{0}$ 系数矩阵的秩为 r，则该方程组的基础解系所含解向量的个数为 $n-r$.

如何求出齐次线性方程组的一个基础解系呢？下面举例说明．

例 1. 设有方程组

$$\begin{cases} x_1+x_2+x_3+x_4+x_5=0 \\ 3x_1+2x_2+x_3+x_4-3x_5=0 \\ x_2+3x_3+2x_4+6x_5=0 \\ 5x_1+4x_2+3x_3+3x_4-x_5=0 \end{cases}$$

显然，方程组有非零解，为求基础解系，先把系数矩阵化为最简阶梯形矩阵，然后求一般解.

$$\boldsymbol{A}=\begin{bmatrix} 1 & 1 & 1 & 1 & 1 \\ 3 & 2 & 1 & 1 & -3 \\ 0 & 1 & 3 & 2 & 6 \\ 5 & 4 & 3 & 3 & -1 \end{bmatrix} \rightarrow \begin{bmatrix} 1 & 0 & 0 & -1 & -5 \\ 0 & 1 & 0 & 2 & 6 \\ 0 & 0 & 1 & 0 & 0 \\ 0 & 0 & 0 & 0 & 0 \end{bmatrix}$$

方程组的一般解为

$$\begin{cases} x_1=x_4+5x_5 \\ x_2=-2x_4-6x_5 \\ x_3=0 \end{cases}$$

其中 x_4，x_5 为自由未知量．

可见，自由未知量的个数是 2，由定理可知，基础解系所含解向量的个数是 $5-3=2$.

下面找方程组的基础解系：按下标由小到大把自由未知量依次排成列向量 $\begin{pmatrix} x_4 \\ x_5 \end{pmatrix}$，取阶数等于自由未知量个数的单位矩阵 $\begin{bmatrix} 1 & 0 \\ 0 & 1 \end{bmatrix}$，让列向量 $\begin{pmatrix} x_4 \\ x_5 \end{pmatrix}$ 依次取该单位矩阵的各列 $\begin{bmatrix} 1 \\ 0 \end{bmatrix}$，$\begin{bmatrix} 0 \\ 1 \end{bmatrix}$，代入一般解得到方程组的两个特解 $X_1=(1,\ -2,\ 0,\ 1,\ 0)^T$，$X_2=(5,\ -6,\ 0,\ 0,\ 1)^T$，可以证明，这两个特解构成了方程组的一个基础解系．

进而，方程组的任意解可以通过它表出，即方程组的一般解为：

$$X=k_1(1,\ -2,\ 0,\ 1,\ 0)^T+k_2(5,\ 6,\ 0,\ 0,\ 1)^T$$

其中 k_1，k_2 是任意常数.

如此通过基础解系给出的一般解的表达式，其结构比原来通过自由未知量给出的一般解的表达式就更加简单明了.

为了便于区分和表述这两种不同表达式，此后我们把通过基础解系给出的一般解称做通解.

上面寻找齐次线性方程组基础解系的方法具有一般性，即适用于任何齐次线性方程组.

再看下面的例子.

例 2. 求下列方程组的基础解系和通解.

(1) $x_1+2x_2-x_3+3x_4=0$

(2) $\begin{cases}2x_1-4x_2+x_3+3x_4=0\\3x_1-6x_2+4x_3+2x_4=0\\4x_1-8x_2+17x_3+11x_4=0\end{cases}$

解: (1) 方程的一般解为 $x_1=-2x_2+x_3-3x_4$

系数矩阵的秩为1，未知数的个数为4，所以有3个自由未知量，可以分别取

$$\begin{pmatrix}x_2\\x_3\\x_4\end{pmatrix}=\begin{pmatrix}1\\0\\0\end{pmatrix},\ \begin{pmatrix}0\\1\\0\end{pmatrix},\ \begin{pmatrix}0\\0\\1\end{pmatrix}.$$

代入一般解得到一个基础解系

$$X_1=\begin{pmatrix}-2\\1\\0\\0\end{pmatrix}\quad X_2=\begin{pmatrix}1\\0\\1\\0\end{pmatrix}\quad X_3=\begin{pmatrix}-3\\0\\0\\1\end{pmatrix}$$

所以原方程的通解为 $X=k_1X_1+k_2X_2+k_3X_3$，其中 k_1，k_2，k_3 为任意常数.

(2) 把系数矩阵化为最简阶梯形矩阵

$$\mathbf{A}=\begin{bmatrix}2&-4&1&3\\3&-6&4&2\\4&-8&17&11\end{bmatrix}\rightarrow\begin{bmatrix}1&-2&0&0\\0&0&1&0\\0&0&0&1\end{bmatrix}$$

方程组的一般解为

$$\begin{cases}x_1=2x_2\\x_3=0\\x_4=0\end{cases}$$

其中 x_2 为自由未知量.

系数矩阵的秩为3，未知数个数为4，所以自由未知量的个数为1，基础解系中所含向量的个数也是1，取自由未知量 $x_2=1$，则一个基础解系为 $X_1=(2,1,0,0)^T$.

所以，原方程组的通解为 $X=kX_1=k(2,1,0,0)^T$，其中 k 为任意常数.

2. 非齐次线性方程组解的结构

设非齐次线性方程组

$$\begin{cases} a_{11}x_1+a_{12}x_2+\cdots+a_{1n}x_n=b_1 \\ a_{21}x_1+a_{22}x_2+\cdots+a_{2n}x_n=b_2 \\ \quad\cdots\qquad\quad\cdots \\ a_{m1}x_1+a_{m2}x_2+\cdots+a_{mn}x_n=b_n \end{cases}$$

其矩阵形式为 $\boldsymbol{AX}=\boldsymbol{B}$.

方程组 $\boldsymbol{AX}=\boldsymbol{B}$ 的解与其导出组 $\boldsymbol{AX}=\boldsymbol{0}$ 的解有如下关系：

若 X_1，X_2 是方程组 $\boldsymbol{AX}=\boldsymbol{B}$ 的两个解，则 X_1-X_2 是其导出组 $\boldsymbol{AX}=\boldsymbol{0}$ 的一个解；若 X_0 是方程组 $\boldsymbol{AX}=\boldsymbol{B}$ 的一个解，ζ 是其导出组 $\boldsymbol{AX}=\boldsymbol{0}$ 的一个解，则 $X_0+\zeta$ 是方程组 $\boldsymbol{AX}=\boldsymbol{B}$ 的一个解.

不难发现，这两个真命题互为逆命题，证明并不困难．由此可得下面的定理.

定理3. 若方程组 $\boldsymbol{AX}=\boldsymbol{B}$ 的一个特解是 X_0，其导出组 $\boldsymbol{AX}=\boldsymbol{0}$ 的一个基础解系是 X_1，X_2，…，X_{n-r}，则方程组 $\boldsymbol{AX}=\boldsymbol{B}$ 的通解可表示为

$$X=X_0+k_1X_1+k_2X_2+\cdots+k_{n-r}X_{n-r}$$

其中 k_1，k_2，…，k_{n-r} 是常数.

由定理不难发现：

(1) 方程组 $\boldsymbol{AX}=\boldsymbol{B}$ 有唯一解的充要条件是其导出组 $\boldsymbol{AX}=\boldsymbol{0}$ 只有零解.

(2) 求方程组 $\boldsymbol{AX}=\boldsymbol{B}$ 的无穷多解，只要求出其一个特解和其导出组的一个基础解系，即可写出通解，而这两个过程可以合并在一起完成.

例3. 求下列方程组的通解

$$\begin{cases} 2x_1-4x_2+5x_3+3x_4=7 \\ 3x_1-6x_2+4x_3+2x_4=7 \\ 4x_1-8x_2+17x_3+11x_4=21 \end{cases}$$

解： 将增广矩阵化为最简阶梯形矩阵，即

$$\begin{bmatrix}2 & -4 & 5 & 3 & 7\\3 & -6 & 4 & 2 & 7\\4 & -8 & 17 & 11 & 21\end{bmatrix} \to \begin{bmatrix}1 & -2 & 0 & -2/7 & 1\\0 & 0 & 1 & 5/7 & 1\\0 & 0 & 0 & 0 & 0\end{bmatrix}$$

可见，方程组的一般解为：

$$\begin{cases}x_1 = 1 + 2x_2 + \dfrac{2}{7}x_4\\[2ex] x_3 = 1 - \dfrac{5}{7}x_4\end{cases}$$

其中 x_2，x_4 为自由未知数.

令自由未知量全为零，即 $x_2 = x_4 = 0$，得到方程组的一个特解 $X_0 = (1, 0, 1, 0)^T$.

由最简阶梯形矩阵前 4 列可见，方程组的导出组的一般解为

$$\begin{cases}x_1 = 2x_2 + \dfrac{2}{7}x_4\\[2ex] x_3 = -\dfrac{5}{7}x_4\end{cases}$$

其中 x_2，x_4 为自由未知数.

令 $x_2 = 1$，$x_4 = 0$ 得导出组的一个解向量 $X_1 = (2, 1, 0, 0)^T$；令 $x_2 = 0$，$x_4 = 1$ 得导出组的另一个解向量 $X_2 = (2/7, 0, -5/7, 1)^T$；这两个解向量构成导出组的一个基础解系.

故方程组的通解为

$$\begin{aligned}X &= X_0 + k_1X_1 + k_2X_2\\ &= (1, 0, 1, 0)^T + k_1(2, 1, 0, 0)^T + k_2(2/7, 0, -5/7, 1)^T\end{aligned}$$

其中 k_1，k_2 是任意常数.

易知，方程组的通解也可简单表示为

$X = (1, 0, 1, 0)^T + k_1(2, 1, 0, 0)^T + k_2(2, 0, -5, 7)^T$，其中 k_1，k_2 是任意常数.

例 4. 问 a、b 取何值时，下面的方程组无解、有解？有解时求其解.

$$\begin{cases}ax_1 + x_2 + x_3 = 4\\ x_1 + bx_2 + x_3 = 3\\ x_1 + 2bx_2 + x_3 = 4\end{cases}$$

解： 对增广矩阵朝着阶梯形矩阵、最简阶梯形矩阵方向进行初等行变换，直到不得不倍乘含 a 或 b 的数的倒数之前暂停，然后开始讨论分析.

$$\begin{bmatrix} a & 1 & 1 & 4 \\ 1 & b & 1 & 3 \\ 1 & 2b & 1 & 4 \end{bmatrix} \to \begin{bmatrix} 1 & b & 1 & 3 \\ a & 1 & 1 & 4 \\ 1 & 2b & 1 & 4 \end{bmatrix} \to \begin{bmatrix} 1 & b & 1 & 3 \\ 0 & 1-ab & 1-a & 4-3a \\ 0 & b & 0 & 1 \end{bmatrix}$$

$$\to \begin{bmatrix} 1 & 0 & 1 & 2 \\ 0 & 1 & 1-a & 4-2a \\ 0 & b & 0 & 1 \end{bmatrix} \to \begin{bmatrix} 1 & 0 & 1 & 2 \\ 0 & 1 & 1-a & 4-2a \\ 0 & 0 & -b(1-a) & 1-b(4-2a) \end{bmatrix}$$

下面分类讨论：

(1) 若 $b=0$，则系数矩阵的秩不等于增广矩阵的秩，故无解.

(2) 若 $b \neq 0$，

① 当 $a=1$ 且 $1-4b+2ab \neq 0$，即 $a=1$ 且 $b \neq 1/2$ 时，无解；

② 当 $a=1$ 且 $1-4b+2ab=0$，即 $a=1$ 且 $b=1/2$ 时，

$$\begin{bmatrix} 1 & 0 & 1 & 2 \\ 0 & 1 & 1-a & 4-2a \\ 0 & 0 & -b(1-a) & 1-b(4-2a) \end{bmatrix} = \begin{bmatrix} 1 & 0 & 1 & 2 \\ 0 & 1 & 0 & 2 \\ 0 & 0 & 0 & 0 \end{bmatrix}$$

方程组有无穷多解，方程组的一般解为 $\begin{cases} x_1 = 2 - x_3 \\ x_2 = 2 \end{cases}$，其中 x_3 为自由未知量.

取 $x_3=0$，得方程组的一个特解：$X_0=(2, 2, 0)^T$. 方程组导出组的一般解为 $\begin{cases} x_1 = -x_3 \\ x_2 = 0 \end{cases}$，其中 x_3 为自由未知量，其基础解系为 $X_1=(-1, 0, 1)^T$.

此时方程组的通解为 $X=X_0+kX_1=(2, 2, 0)^T+k(-1, 0, 1)^T$.

③ 当 $a \neq 1$ 时，方程组有唯一解：

$$\begin{bmatrix} 1 & 0 & 1 & 2 \\ 0 & 1 & 1-a & 4-2a \\ 0 & 0 & -b(1-a) & 1-b(4-2a) \end{bmatrix} \to \begin{bmatrix} 1 & 0 & 0 & (2b-1)/[b(a-1)] \\ 0 & 1 & 0 & 1/b \\ 0 & 0 & 1 & (1-4b+2ab)/[b(a-1)] \end{bmatrix}$$

所以，$x_1 = \dfrac{2b-1}{b(a-1)}$，$x_2 = \dfrac{1}{b}$，$x_3 = \dfrac{2ab-4b+1}{b(a-1)}$.

总之，当“$b=0$”或“$b \neq 0$，$a=1$ 且 $b \neq 1/2$”时，无解；

当 $b \neq 0$ 且 $a \neq 1$ 时，有唯一解

$$\begin{cases} x_1 = \dfrac{2b-1}{b(a-1)} \\ x_2 = \dfrac{1}{b} \\ x_3 = \dfrac{2ab-4b+1}{b(a-1)} \end{cases}$$

当 $a=1$ 且 $b=1/2$ 时，有无穷多解，其通解为

$$X=X_0+kX_1=(2,2,0)^T+k(-1,0,1)^T$$

习题 9.3

1. 求下列方程组的一个基础解系和通解．

(1) $\begin{cases} x_1-x_3+x_5=0 \\ x_2-x_4+x_6=0 \\ x_1-x_2+x_5-x_6=0 \\ x_2-x_3+x_6=0 \\ x_1-x_4+x_5=0 \end{cases}$　　(2) $\begin{cases} 3x_1+4x_2+x_3+2x_4+3x_5=0 \\ 5x_1+7x_2+x_3+3x_4+4x_5=0 \\ 4x_1+5x_2+2x_3+x_4+5x_5=0 \\ 7x_1+10x_2+x_3+6x_4+5x_5=0 \end{cases}$

(3) $\begin{cases} x_1+8x_2-x_3+3x_4=0 \\ 7x_1-9x_2+3x_3+x_4=0 \\ -x_1+5x_2-x_3+x_4=0 \\ 3x_1-2x_2+x_3+x_4=0 \end{cases}$　　(4) $\begin{cases} 3x_1+x_2+2x_3-x_4=0 \\ x_1+2x_2-x_3+3x_4=0 \\ 3x_1+4x_2+x_3+10x_4=0 \\ -2x_1-x_2+x_3+5x_4=0 \\ -2x_1+4x_2-4x_3+15x_4=0 \end{cases}$

2. 求方程组的全部解.

(1) $\begin{cases} x_1-8x_2-9x_3+5x_4=0 \\ x_1-x_2-3x_3+x_4=1 \\ 3x_1+4x_2-3x_3-x_4=4 \end{cases}$

(2) $\begin{cases} 2x_1-x_2-x_3+x_4-3x_5=4 \\ -3x_1+2x_2-5x_3-4x_4+x_5=-1 \\ x_1-x_2+2x_3-x_4+3x_5=-4 \\ -4x_1+x_2+3x_3-9x_4+16x_5=-21 \end{cases}$

(3) $\begin{cases} 2x_1+3x_2+x_3=4 \\ x_1-2x_2+4x_3=-5 \\ 3x_1+8x_2-2x_3=13 \\ 4x_1-x_2+9x_3=-6 \end{cases}$

(4) $\begin{cases} x_1+6x_2+2x_3+2x_4=6 \\ x_1+x_2+x_3+x_4+x_5=2 \\ 4x_1-x_2+3x_3+3x_4+5x_5=4 \\ 2x_1-3x_2+x_3+x_4+3x_5=0 \end{cases}$

3. 问 a，b 取何值时，下面的方程组有解？并求其全部解．

$$\begin{cases}3x_1+2x_2+x_3+x_4-3x_5=a\\x_1+x_2+x_3+x_4+x_5=1\\x_2+2x_3+2x_4+6x_5=3\\5x_1+4x_2+3x_3+3x_4-x_5=b\end{cases}$$

拓展阅读：高斯消元法

1. 高斯消元法的理论依据

高斯消元法的理论依据是下面的定理：

定理．设有线性方程组 $\boldsymbol{AX}=\boldsymbol{B}$，其增广矩阵 $(\boldsymbol{A}\mid\boldsymbol{B})$ 经过初等行变换化为矩阵 $(\boldsymbol{C}\mid\boldsymbol{D})$（其中 $\boldsymbol{D}$ 为列矩阵），则方程组 $\boldsymbol{AX}=\boldsymbol{B}$ 与 $\boldsymbol{CX}=\boldsymbol{D}$ 同解．

证明： 显然，定理对初等行对换和初等行倍乘两种变换成立．对于初等行倍加变换，不妨设所作变换为第2行乘数 k 加到第1行，则方程组 $\boldsymbol{AX}=\boldsymbol{B}$ 与 $\boldsymbol{CX}=\boldsymbol{D}$ 只是第1个方程不同，即 $\boldsymbol{AX}=\boldsymbol{B}$ 第1个方程为 $\sum_{j=1}^{n}a_{1j}x_j=b_1$，$\boldsymbol{CX}=\boldsymbol{D}$ 第1个方程为 $\sum_{j=1}^{n}(a_{1j}+ka_{2j})x_j=b_1+kb_2$.

设 $\boldsymbol{AX}=\boldsymbol{B}$ 的解为 $x_j=k_j(j=1,2,\cdots,n)$，则 $\sum_{j=1}^{n}a_{ij}k_j=b_i(i=1,2,\cdots,m)$．所以，$\sum_{j=1}^{n}(a_{1j}+ka_{2j})k_j=\sum_{j=1}^{n}a_{1j}k_j+\sum_{j=1}^{n}ka_{2j}k_j=\sum_{j=1}^{n}a_{1j}k_j+k\sum_{j=1}^{n}a_{2j}k_j=b_1+kb_2$.

又因为，$\sum_{j=1}^{n}a_{ij}k_j=b_i(i=2,\cdots,m)$，故，$x_j=k_j(j=1,2,\cdots,n)$ 也是方程组 $\boldsymbol{CX}=\boldsymbol{D}$ 的解．

反之，设方程组 $\boldsymbol{CX}=\boldsymbol{D}$ 的解为 $x_j=l_j(j=1,2,\cdots,n)$，则

$$\sum_{j=1}^{n}(a_{1j}+ka_{2j})l_j=b_1+kb_2$$

$$\sum_{j=1}^{n}a_{ij}l_j=b_i(i=2,\cdots,m)$$

$$\begin{aligned}\sum_{j=1}^{n}a_{1j}l_j&=\sum_{j=1}^{n}[(a_{1j}+ka_{2j})-ka_{2j}]l_j\\&=\sum_{j=1}^{n}[(a_{1j}+ka_{2j})l_j-k\sum_{j=1}^{n}a_{2j}l_j\end{aligned}$$

$$=(b_1+kb_2)-kb_2=b_1$$

所以，$x_j=l_j(j=1, 2, \cdots, n)$ 也是方程组 $AX=B$ 的解．

总之，方程组 $\boldsymbol{AX}=\boldsymbol{B}$ 与 $\boldsymbol{CX}=\boldsymbol{D}$ 同解．

2. 高斯消元法拾遗

在本章介绍高斯消元法时，曾要求把方程组的增广矩阵化为最简阶梯形矩阵，这是为便于大家掌握基本的解法，目前高职教材大多如此处理．

但在实际求解时，在化增广矩阵为最简阶梯形矩阵的过程中，如果发现非零行主元不是1，而该行非末尾元素中存在1，则可保留这个元素1(齐次方程组系数矩阵化得的矩阵，该行末尾若是1，也可保留)，使其所在列的其余元素全为0. 此后，只要把主元所在列对应的未知数取作自由未知量，即可得到方程组的一般解．有时，如此处理运算会非常简便，而且，一般情况下不失正确性，其依据可阅读本科《线性代数》教材．

例如，解下列方程组[习题 9.3 第 2(2) 题]：

$$\begin{cases}2x_1-x_2-x_3+x_4-3x_5=4\\-3x_1+2x_2-5x_3-4x_4+x_5=-1\\x_1-x_2+2x_3-x_4+3x_5=-4\\-4x_1+x_2+3x_3-9x_4+16x_5=-21\end{cases}$$

解：

$$(\boldsymbol{A}\mid\boldsymbol{B})=\begin{bmatrix}2&-1&-1&1&-3&4\\-3&2&-5&-4&1&-1\\1&-1&2&-1&3&-4\\-4&1&3&-9&16&-21\end{bmatrix}\rightarrow\begin{bmatrix}1&0&-3&2&-6&8\\0&1&-5&3&-9&12\\0&0&-4&-4&1&-1\\0&0&0&0&0&0\end{bmatrix}$$

如果按照基本解法，把上述阶梯形矩阵第3行的主元“-4”化为“1”且使其所在第3列其余元素全为0，即化为最简阶梯形矩阵，必然引入分数进行大量运算．

在此，我们保留第3行第5列交叉处的元素“1”，并使其所在第5列其余元素全为0.

$$\begin{bmatrix}1&0&-3&2&-6&8\\0&1&-5&3&-9&12\\0&0&-4&-4&1&-1\\0&0&0&0&0&0\end{bmatrix}\rightarrow\begin{bmatrix}1&0&-27&-22&0&2\\0&1&-41&-33&0&3\\0&0&-4&-4&1&-1\\0&0&0&0&0&0\end{bmatrix}$$

把主元所在第3列对应的未知数也取作自由未知量，即可写出方程组的一般解：

$$\begin{cases}x_1=2+27x_3+22x_4\\x_2=3+41x_3+33x_4\\x_5=-1+4x_3+4x_4\end{cases}$$

x_3，x_4 为自由未知量，

方程组的一个特解为：

$$X_0=(2,\ 3,\ 0,\ 0,\ -1)^T$$

方程组导出组的解基为：

$$X_1=(27,\ 41,\ 1,\ 0,\ 4)^T,\ X_2=(22,\ 33,\ 0,\ 1,\ 4)^T$$

方程组的通解为：

$X=(2,\ 3,\ 0,\ 0,\ -1)^T+k_1(27,\ 41,\ 1,\ 0,\ 4)^T+k_2(22,\ 33,\ 0,\ 1,\ 4)^T$，$k_1$，$k_2\in R$

自测题 9

1. 填空题

(1) 方程组 $\begin{cases}x_1+5x_2+3x_3=3\\x_2+x_3=1\\x_3=-2\end{cases}$ 的系数矩阵是__________，增广矩阵是__________.

(2) 非齐次线性方程组无解的充要条件是________________.

(3) 齐次线性方程组有非零解的充要条件是________________.

(4) 当 $k=$__________时，方程组 $\begin{cases}x_1+x_2=0\\kx_1+x_2=0\end{cases}$ 有非零解.

(5) 若 n 元线性方程组系数矩阵的秩为 r，且方程组有无穷多解，则其通解中自由未知量的个数是__________.

2. 判断正误

(1) 齐次线性方程组至少有一个零解. ( )

(2) 齐次线性方程组未知数个数多于方程个数时，必有非零解. ( )

(3) 方程组 $\begin{cases}x_1+3x_2=6\\x_1-3x_2=6\end{cases}$ 无解. ( )

(4) 高斯消元法可以用来解任意的线性方程组. ( )

(5) 线性方程组的“元数”就是一次方程组中所含未知数的个数. ( )

3. 选择题

(1) 方程组$\begin{cases}3x+2y=1\\x-4y=6\end{cases}$的导出组是 （　）

A. $\begin{cases}3x=1-2y\\x=6+4y\end{cases}$　　B. $\begin{cases}2y=1-3x\\-4y=6-x\end{cases}$

C. $\begin{cases}3x+2y=0\\x-4y=0\end{cases}$　　D. 以上都不对

(2) 不是方程组$\begin{cases}x_1+x_2-2x_3-x_4=-1\\4x_2-x_3-x_4=1\\x_3+x_4=1\end{cases}$的特解的是 （　）

A. $(x_1, x_2, x_3, x_4)=(-1/2, 1/2, 0, 1)$

B. $(x_1, x_2, x_3, x_4)=(1/2, 1/2, 1, 0)$

C. $(x_1, x_2, x_3, x_4)=(0, 1/2, 1/2, 1/2)$

D. $(x_1, x_2, x_3, x_4)=(1/2, 0, 1/2, 1/2)$

(3) 方程组

$$\begin{cases}x_1+x_2-3x_3=1\\3x_1-x_2-3x_3=4\\x_1+5x_2-9x_3=1\end{cases}$$

的解的情况是 （　）

A. 有无穷多个解　　B. 解不唯一

C. 有唯一解　　D. 无解

(4) 非齐次线性方程组的增广矩阵可化为阶梯形$\begin{bmatrix}1&0&2&-1\\0&1&-1&1\\0&0&a-5&b+3\end{bmatrix}$，欲使方程组无解，则须满足条件 （　）

A. $a=5$　　B. $a=5$，$b=-3$

C. $a=5$，$b\neq-3$　　D. 以上都不对

(5) 一个方程组有无穷多解时，其基础解系中所含解向量的个数 n 与基础解系的个数 m 的取值 （　）

A. 均唯一确定　　B. 均有无穷多值

C. n 确定 m 有无穷多值　　D. n 有无穷多值 m 确定

4. 求方程组

$$\begin{cases}2x_1+x_2-2x_3+3x_4=0\\3x_1+2x_2-x_3+2x_4=0\\x_1+x_2+x_3-x_4=0\end{cases}$$

的通解 .

5. k 取何值时，方程组

$$\begin{cases}x_1+x_2+x_3+x_4=1\\3x_1+2x_2+x_3-3x_4=k\\x_2+2x_3+6x_4=3\end{cases}$$

无解、有唯一解、有无穷多解？有解时求出解 .

第10章

随机事件及其概率

本章导读

概率论是研究随机现象统计规律性的一门学科，它从表面错综复杂的偶然现象中，用数学的理论和方法，揭示潜在的必然规律．它在自然科学、社会科学、军事科学、工程技术和工农业生产等领域，发挥着越来越重要的作用．

本章介绍随机事件及其运算；概率的概念、性质和运算等基本知识．

第1节　随机事件及其运算

在现实世界中，我们会遇到两类不同的现象：一类是必然性现象，也称确定性现象，即在一定条件下必然发生或必然不发生的现象，如“站在地上向上抛物体，物体下落”“20℃的纯水结冰”；另一类是偶然性现象，也称随机性现象，即在相同条件下重复进行试验，有时发生、有时不发生的现象，如掷一枚硬币落地后正面（币值面）朝上．

随机现象是偶然性与必然性的辩证统一．其偶然性表现在，一次试验之前不能准确地预知试验将要出现的结果；其必然性表现在，在相同条件下重复进行大量的试验，这些试验的结果会呈现出某种固有的规律性．例如，历史上许多人分别做过千万次重复的“掷币”试验，都发现“正面朝上”和“正面朝下”大约各占一半．

概率统计是用数学的理论和方法，研究并揭示现实世界中千姿百态、错综复杂的随机现象所潜在而固有的必然规律．

1. 随机试验和随机事件

研究随机现象，就必须进行反复观察、试验．为了某一个目的把条件实现一次我们称之为一次试验．

如果试验可以在相同条件下重复进行，并且每一次试验的具体结果事先不能预知，那么这样的试验称做随机试验，简称试验．

例如，掷一颗骰子落在桌面上，看向上一面的点数是几．

随机试验具有如下特征：

（1）可以在相同条件下重复进行；

（2）各次试验的结果一般不同，所有可能出现的结果事先已知；

（3）一次试验的结果不能事先预知，但必然是所有可能出现的结果当中的一个．

在一次试验中，可能出现的一个直接的、不能再分的结果，称做一个基本事件．如掷硬币落地后“正面朝上”和“正面朝下”是两个基本事件．又如掷一颗骰子出现上面的点数是“1”～“6”是 6 个基本事件．

由两个或两个以上基本事件复合而成的结果，称做复合事件．如掷一颗骰子上面的点数是“偶数点”是一个复合事件，它由三个基本事件“2 点”“4 点”“6 点”复合而成．

基本事件与复合事件统称为随机事件，简称事件，用大写拉丁字母 A，B，C 等表示．

事件由试验过程和试验结果两个要素构成．例如，事件“掷一颗骰子落在桌面上，向上一面的点数是 3”中的试验过程是“掷一颗骰子落在桌面上，看向上一面的点数是几?”试验结果是“向上一面的点数是 3”．

所谓一个事件发生，就是它所包含的基本事件中的一个发生．如掷一颗骰子落在桌面上，上面出现“偶数点”，就是三个基本事件“2 点”“4 点”“6 点”之一发生．

在一定条件下，必然发生的事件称做必然事件，记作 Ω. 如“在标准大气压下，纯水加热到 100℃沸腾”．在一定条件下，必然不发生的事件称做不可能事件，记作 $\varnothing$. 如“在标准大气压下，20℃的纯水结冰”．必然事件和不可能事件都是确定性现象的表现，为了研究问题方便，通常把它们视为特殊的随机事件．

在一次试验中，所有可能发生的基本事件构成的集合，称做一个基本事件空间．如掷一颗骰子出现的点数是“1”～“6”，这 6 个基本事件构成该试验的一个基本事件空间．

显然，基本事件空间包含了所有可能的试验结果，它是一个必然事件；任一事件都是它的一个子集．

2. 事件的关系与运算

与大家熟知的集合之间的关系与运算相对应，下面列出事件之间的关系与运算．

（1）子事件（包含关系，如图 10－1－1 所示）：如果事件 A 发生必然导致事件 B 发生，则称事件 A 是事件 B 的子事件，记作 $A\subseteq B$．

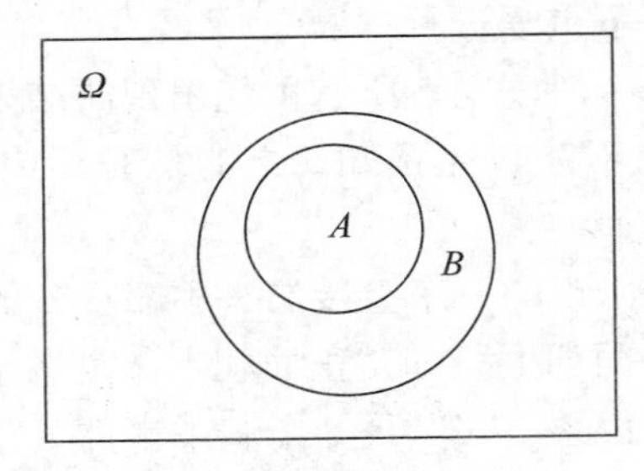

图 10－1－1

例如，掷一颗骰子的试验中，朝上的面是 2 点为事件 A，朝上的面是偶数点为事件 B，则 $A\subseteq B$．

对任意事件 A，显然有 $\varnothing\subseteq A\subseteq\Omega$．

（2）等事件（相等关系）：如果事件 A 与事件 B 互为子事件，则称事件 A 与事件 B 为相等事件，记作 $A=B$．

例如，掷一颗骰子的试验中，朝上的面是 2 点为事件 A，朝上的面是最小的偶数点为事件 B，则 $A=B$．

（3）和事件（并运算，如图 10－1－2 所示）：事件 A 与事件 B 中至少有一个发生构成的一个事件，称为 A 与 B 的和事件，记作 $A+B$．

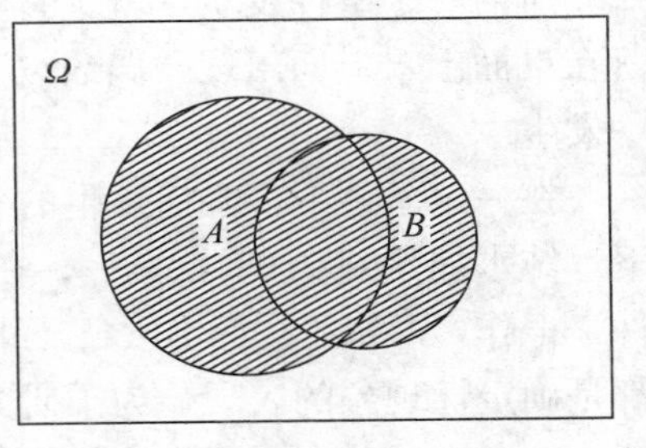

图 10－1－2

例如，掷一颗骰子的试验中，朝上的面是偶数点为事件 A，朝上的面点数大于 3 为事件 B，则朝上的面是大于 3 的点或偶数点就是事件 $A+B$．

任意有限个事件中至少有一个发生构成的

一个事件，称为它们的和事件 .

（4）积事件（交运算，如图 10－1－3 所示）：事件 A 与事件 B 同时发生构成的一个事件，称为 A 与 B 的积事件，记作 AB.

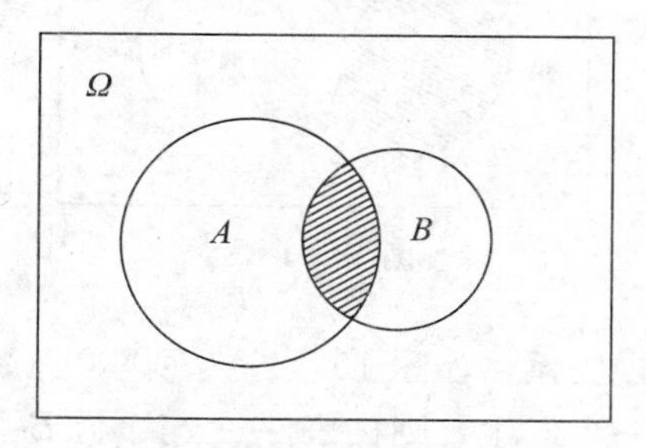

图 10－1－3

例如，掷一颗骰子的试验中，朝上的面是偶数点为事件 A，朝上的面是质数点为事件 B，则朝上的面点数是 2 就是事件 AB.

任意有限个事件同时发生构成的一个事件，称为它们的积事件 .

（5）互斥事件（互不相容关系，如图 10－1－4 所示）：如果事件 A 与事件 B 不能同时发生，则称事件 A 与事件 B 互斥或互不相容，记作 $AB=\varnothing$.

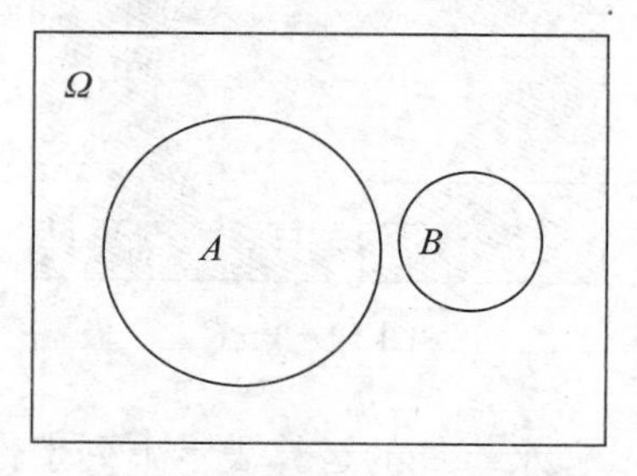

图 10－1－4

例如，掷一颗骰子的试验中，朝上的面是 2 点为事件 A，朝上的面是 3 点为事件 B，则 $AB=\varnothing$.

如果 n 个事件中的任意两个都互斥，则称它们两两互斥 .

例如，基本事件空间中的基本事件两两互斥 .

（6）差事件（差运算，如图 10－1－5 所示）：事件 A 发生而事件 B 不发生构成的一个事件，称为事件 A 与事件 B 的差事件，记作 $A-B$.

例如，设事件 $A=$ “灯泡寿命 t 不超过 2 000 小时”，事件 $B=$ “灯泡寿命 t 不超过 1 200 小时”，则 $A-B=\{t \mid 1\,200<t\leqslant 2\,000\}$.

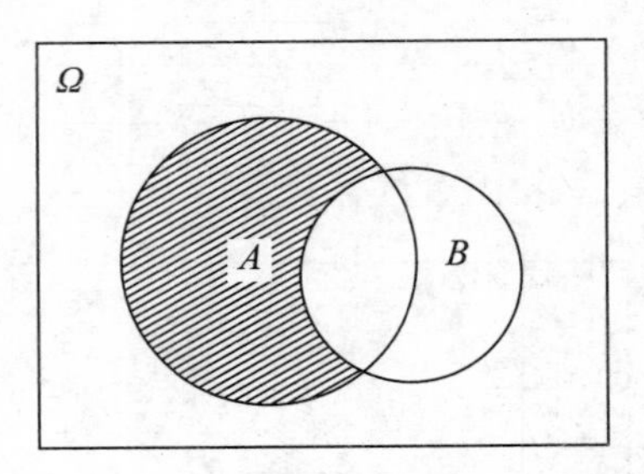

图 10－1－5

(7) 对立事件（互逆关系，如图 10－1－6 所示）：如果事件 A 与事件 B 不能同时发生，而又必有一个发生，则称事件 A 与事件 B 为对立事件或互逆事件，记作 $B=\overline{A}$.

显然，$A\overline{A}=\varnothing$ 且 $A+\overline{A}=\Omega$.

例如，掷一颗骰子的试验中，若朝上的面是偶数点为事件 A，则朝上的面是奇数点为事件 $\overline{A}$.

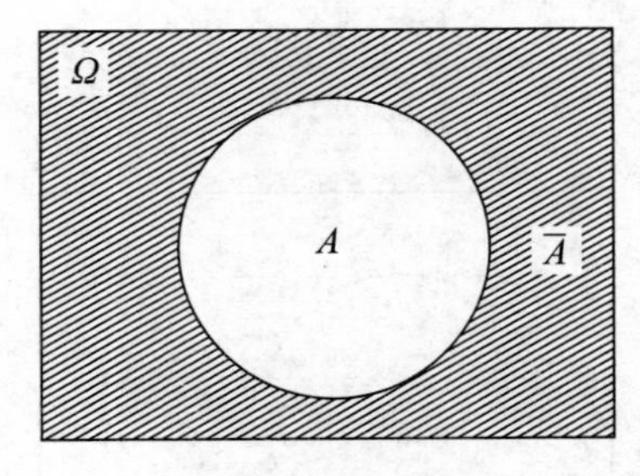

图 10－1－6

例 1. 试用 A，B，C 三个事件的运算表示下列事件：

(1) A 发生，B，C 不发生　　(2) A 不发生，B，C 发生

(3) A 发生，B，C 一个发生但不同时发生　　(4) A，B，C 都发生

(5) A，B，C 至少一个发生　　(6) A，B，C 恰有一个发生

(7) A，B，C 恰有两个发生　　(8) A，B，C 一个也不发生

解： (1) $A\overline{B}\overline{C}$　　(2) $\overline{A}BC$　　(3) $A(B\overline{C}+\overline{B}C)$

(4) ABC　　(5) $A+B+C$　　(6) $A\overline{B}\overline{C}+\overline{A}B\overline{C}+\overline{A}\overline{B}C$

(7) $\overline{A}BC+A\overline{B}C+AB\overline{C}$　　(8) $\overline{A+B+C}$ 或 $\overline{A}\overline{B}\overline{C}$

例 2. 用文字叙述下列各对事件和与积的意义，并判断各对事件是否互斥、是否对立？

(1) A：一批产品中，废品数少于 6 个；B：同批产品中，废品数等于 6 个.

(2)C：在某段时间内电话交换台收到的呼唤次数不少于20次；D：在同段时间内电话交换台收到的呼唤次数不多于20次．

解：(1)$A+B$ 表示这批产品中废品数不超过6个；AB 表示不可能事件；A，B 互斥但不一定对立，当且仅当这批产品中废品数共有6个时 A，B 对立．

(2)$C+D$ 表示必然事件；CD 表示呼唤次数"等于20"；C，D 不互斥也不对立.

随机事件的运算满足如下规律：

(1) 交换律：$A+B=B+A$，$AB=BA$

(2) 结合律：$A+(B+C)=(A+B)+C$，$A(BC)=(AB)C$

(3) 分配律：$A(B+C)=AB+AC$，$A+(BC)=(A+B)(A+C)$

(4) 对偶率：$\overline{A+B}=\overline{A}\,\overline{B}$，$\overline{AB}=\overline{A}+\overline{B}$

(5) 还原率：$\overline{\overline{A}}=A$

(6) 差积率：$A-B=A-AB=A\overline{B}$

习题 10.1

1. 对应于事件的关系、运算和运算规律，写出集合之间的关系、运算和运算规律．
2. 写出下列随机试验的基本事件空间和随机事件含有的基本事件：
   (1) 一枚硬币先后连续抛掷两次，观察正反面出现的情况．$A=$"第一次出现正面"；$B=$"两次出现同一面"；$C=$"至少一次出现正面".
   (2) 从1，2，3，4四个数中允许重复地取出两个．$A=$"一个数是另一个的2倍"；$B=$"两个数之和是偶数"；$C=$"两个数之和不超过4"．
3. 从0，1，2中有放回地取两次，每次取一个，用（x，y）表示事件"第一次取得 x，第二次取得 y"
   (1) 求基本事件个数，并列出基本事件.
   (2) 事件"第一次取得0"由哪几个基本事件构成?
   (3) 事件"第二次取得1"由哪几个基本事件构成?
   (4) 事件"至少有一个数字是2"由哪几个基本事件构成?
4. 事件 A，B 有何关系时，$A+B=A$，$AB=A$，$A+B=AB$ 各自成立?
5. 随机抽检三件产品，$A=$"三件中至少一件废品"；$B=$"三件中至少两件废品"；$C=$"三件都是正品"．说出 $A+B$，AC，$\overline{A}$，$\overline{B}$，$\overline{C}$ 各自的意义．
6. 事件互斥关系与对立关系有何联系与区别?

第 2 节　事件的概率

如前所述，在一次试验中，随机事件可能发生也可能不发生，带有很大的偶然性，但在大量重复试验中，其结果会呈现一定的规律性．这种规律性的一个重要表达方式，就是事件发生可能性的大小．我们把刻画事件发生可能性大小的量化指标称为事件的概率．

例如，“掷币”试验中，抛掷一次无法事先预知哪面朝上，但大量重复试验发现“正面朝上”的次数约占试验总次数的一半．我们就说事件“掷币观察，正面朝上”的概率是 1/2.

对于给定的事件，如何求其概率？这不能一概而论，要看试验和事件的特殊性. 为此，本节先介绍古典概型、几何概型和概率的统计定义．

1. 古典概型

关于古典概型，大家在中学学过，在此只做必要的回顾和补充．古典概型是法国数学家拉普拉斯（P. S. Laplace）于 1812 年率先提出的．

定义 1. 若随机试验具有如下两个特点：

（1）只有有限个不同的基本事件，即 Ω 是一个有限集.

（2）各基本事件出现的可能性相等．

则称这样的试验模型为古典概型．

在古典概型的随机试验中，如果基本事件的个数是 n，事件 A 由 m 个基本事件构成，则事件 A 发生的概率为 m/n，记作 $P(A)$，即 $P(A)=m/n$.

例 1. 袋中有 4 个红球、6 个白球，按有、无放回两种抽取方式逐个从袋中任取 3 次，分别求取到 3 个白球的概率．

解：(1) 有放回抽取：基本事件空间中基本事件的个数 $n=10^3$，事件 $A=$“取到 3 个白球”包含的基本事件个数 $m=6^3$，所以

$$P(A)=6^3/10^3=0.216$$

(2) 无放回抽取：基本事件空间中基本事件的个数 $n=10\times9\times8$，事件 $A=$“取到 3 个白球”包含的基本事件个数 $m=6\times5\times4$，所以

$$P(A)=(6\times5\times4)/(10\times9\times8)=0.167$$

值得注意的是，无放回逐个抽取 3 次等价于 1 次抽取 3 个，而且，因为其中没有明确是否计较被抽到的各球的先后顺序，所以，可用排列公式求解如下：

$$P(A)=P_6^3/P_{10}^3=1/6=0.167$$

也可用组合公式求解如下：

$$P(A)=C_6^3/C_{10}^3=1/6=0.167$$

在古典概型的计算中，要注意满足它的两个特征，即试验结果数有限，各试验结果出现的可能性大小相等．

当试验结果数无限时，把等可能思想推广到无穷基本事件空间，就是下面的几何概型．

2. 几何概型

定义 2. 若随机试验有如下两个特点：

(1) 基本事件空间形成一个有界几何区域.

(2) 各基本事件的出现是“均匀”的．

则称这样的试验模型为几何概型．

所谓均匀，是指一次试验结果落在基本事件空间的任一小区域 A 的可能性与区域 A 在基本事件空间所占有的几何测度 $|A|$ 成正比，几何测度可以是区间长度、区域面积或立体体积等．

在几何概型的随机试验中，事件 A 发生的概率定义为 $P(A)=|A|/|\Omega|$，称此概率为几何概率．

例 2. 甲、乙两人约定上午十点到十一点在某地相会，先到者等候 20 分钟后另一人不到的话，先到者就可离去，若两人在这一个小时的各时间点到达的可能性都是均匀的，求甲、乙能会面的概率．

解： 取上午十点为记时起点，计时单位为小时，并设甲、乙到达约会地点的时间分别为 x 和 y，则 $0\leqslant x$，$y\leqslant 1$. 基本事件空间 $\Omega=\{(x,y)\mid 0\leqslant x, y\leqslant 1\}$.

在平面直角坐标系中，Ω 表示单位正方形，面积为 1，即 $|\Omega|=1$.

因为甲、乙会面的条件是 $0\leqslant|x-y|\leqslant 1/3$，所以，若记事件 $A=\{$甲乙能会面$\}$，则

$A=\{(x,y)\mid(x,y)\in\Omega, 0<|x-y|\leqslant 1/3\}$. 而 A 表示的区域是单位正方形中介于两条直线 $y=x\pm 1/3$ 之间的部分(如图 10－2－1 所示)，其面积为

$$A\ |=1-\left(\frac{2}{3}\right)=\frac{5}{9}$$

由几何概率计算公式得

$$P(A)=|A|/|\Omega|=\frac{5}{9}$$

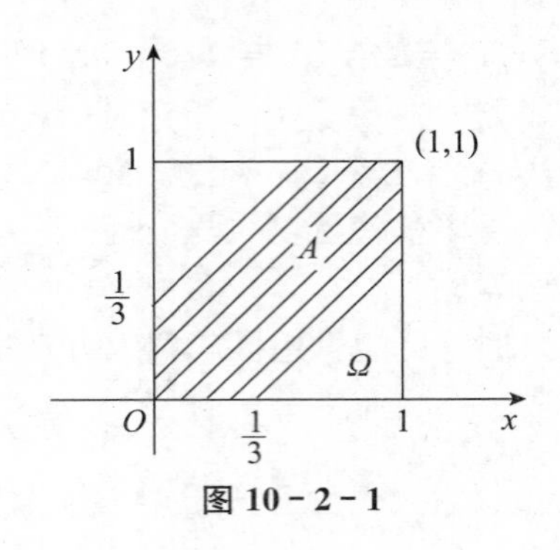

图 10-2-1

3. 统计概率

古典概率和几何概率虽然比较简单，但等可能性和均匀性难以把握，可靠的办法是通过大量重复试验来确定概率．

奥地利数学家冯·米泽斯（Richard Von Mises）在总结前人工作的基础上，于 1919 年明确给出了统计概率．

定义 3. 设随机事件 A 在 n 次重复试验中发生 k 次，则比值 k/n 称为事件 A 在 n 次试验中发生的频率．

实践表明，当重复试验的次数越来越大时，事件 A 发生的频率在一个确定的常数 p 附近摆动，而且随着试验次数的增大，一般说来，频率离该常数的偏差越来越小(该常数不是频率序列的极限，因为第 $n+1$ 次比第 n 次试验计算的频率不一定更逼近于它)，虽不以它为极限，偶尔可能远离它，但总趋势是越来越稳定于它. 这就是随机事件的一个重要性质，即频率稳定性．

频率稳定性为我们用统计方法求随机事件的概率提供了一个很好的思路，下面给出概率的统计定义．

定义 4. 在一组不变的条件下，重复进行大量的 n 次试验，若事件 A 发生 k 次，而其频率 k/n 总在一个确定的常数 p 附近变动，则称这个常数 p 为事件 A 的统计概率，记作 $P(A)=p$.

可见，如此定义的概率就是事件 A 发生的可能性大小的度量，它是一个先于试验而客观存在的理论值，能准确反映事件发生的可能性的大小；而频率是试验值，它只能近似地反映事件发生的可能性的大小．

在实践中，由于不能用该定义求得概率值，人们常常用试验次数较大时的频率来近似地代替概率．

概率具有如下性质：

(1) 对任何随机事件 A，有 $0 \leqslant P(A) \leqslant 1$.

(2) 对必然事件 Ω，有 $P(\Omega)=1$.

(3) 若事件 A_1，A_2，…，A_m 两两互斥，则 $P(\sum_{i=1}^{m} A_i)=\sum_{i=1}^{m} P(A_i)$.

习题 10.2

1. 同时抛掷两枚硬币，求落下后恰有一枚正面朝上的概率．
2. 同时抛掷两颗骰子，求落下后上面点数之和为 10 的概率．
3. 有 10 件产品，其中 2 件次品，从中抽取 3 件，求下列事件的概率：
   (1) 全是合格品；(2) 恰有一件次品；(3) 至少有一件次品．
4. 各位置上彼此都不相同的 7 位电话号码占 7 位号码总数的概率是多少？
5. 某公共汽车站每隔 5 分钟有一辆公共汽车开往甲地，一名乘客要从该站乘车去甲地，但他不知道每班车的发车时刻，求这位乘客候车时间不超过 2 分钟的概率．

第 3 节　概率的计算

通过上一节的学习大家已经知道，简单事件的概率可以直接用理论分析的方法求得其真值，或用实验统计的方法求得其近似值，但复杂事件的概率难以直接求．这时，我们可以通过事件之间的关系和运算，把复杂事件分解为简单事件的运算，然后，再用事件概率的关系求其概率．为此，给出下面的一些概念和计算方法，其中结合相应的图示，借几何概型的思想易于理解．

1. 概率的加法

(1) 互斥事件和的概率．

实际上，在中学大家已经学过互斥事件和的概率，在上节末介绍概率性质时也已经给出了计算公式．在此，再以定理的形式给出．

定理 1. 若事件 A_1，A_2，…，A_m 两两互斥，则

$$P(\sum_{i=1}^{m} A_i)=\sum_{i=1}^{m} P(A_i)$$

推论 1. (见图 10-3-1)．若事件 A，B 互斥，则

$$P(A+B)=P(A)+P(B)$$

推论 2. $P(\overline{A})=1-P(A)$

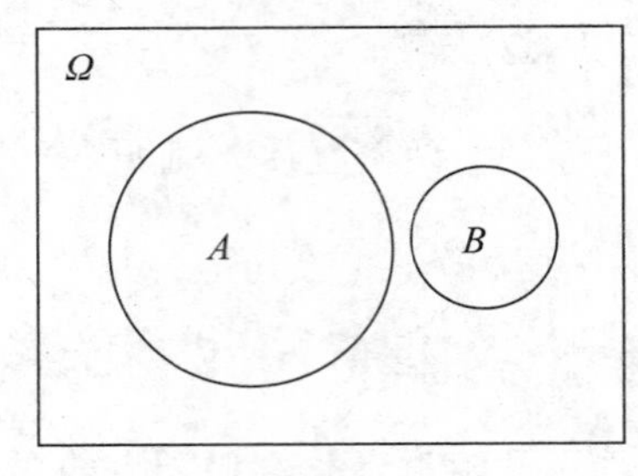

图 10-3-1

例 1. 袋中有 3 个白球、17 个黑球，从中任取 3 个，求至少取到一个白球的概率.

解：

解法 1. 用 A 表示至少取到一个白球，A_1，A_2，A_3 分别表示取得 1，2，3 个白球，则 A_1，A_2，A_3 两两互斥，且 $A=A_1+A_2+A_3$，所以

$$P(A)=P(A_1)+P(A_2)+P(A_3)=\frac{C_3^1C_{17}^2}{C_{20}^3}+\frac{C_3^2C_{17}^1}{C_{20}^3}+\frac{C_3^3C_{17}^0}{C_{20}^3}=\frac{23}{57}$$

解法 2. 间接用对立事件的概率关系，用 $\overline{A}$ 表示“没有取得白球”，则

$$P(A)=1-P(\overline{A})=1-\frac{C_3^0C_{17}^3}{C_{20}^3}=\frac{23}{57}$$

解法 3. 用古典概型直接求解.

$$P(A)=\frac{C_3^1C_{17}^2+C_3^2C_{17}^1+C_3^2C_{17}^0}{C_{20}^3}=\frac{23}{57}$$

大家比较一下，哪个方法最好？划分的类越多，方法 2 的优越性越强.

(2) 任意事件和的概率.

借用容斥原理，我们可以得到任意事件和的概率与其中每个事件的概率以及它们的积事件概率之间的关系定理.

定理 2.（见图 10-3-2）. 设有任意两个事件 A，B，则

$$P(A+B)=P(A)+P(B)-P(AB)$$

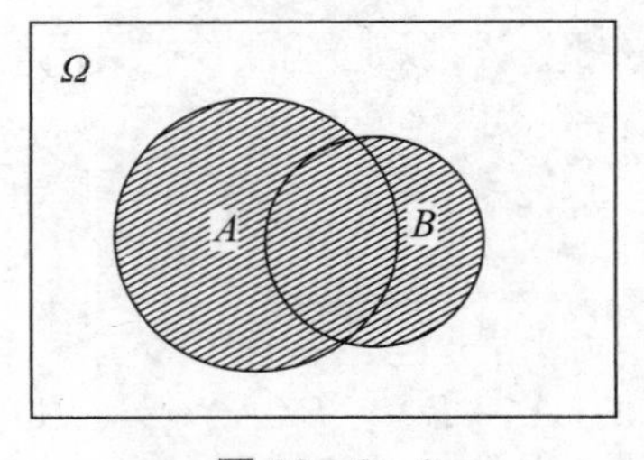

图 10-3-2

不难发现，定理 1 的推论 1 为定理 2 的特例．

推论．设有任意三个事件 A，B，C，则

$$P(A+B+C)=P(A)+P(B)+P(C)-P(AB)-P(AC)-P(BC)+P(ABC).$$

例 2. 电路中串联有甲、乙两个元件，发生故障的概率依次为 0.05，0.06，它们同时发生故障的概率为 0.003，求断路的概率．

解： 用 A，B 分别表示甲、乙发生故障，则断路即至少一个元件发生故障为事件 $A+B$，且事件 A，B 不互斥，AB 表示两个元件同时发生故障．故

$$P(A+B)=P(A)+P(B)-P(AB)=0.05+0.06-0.003=0.107$$

答： 断路的概率为 0.107.

例 3. 某小区 80%的住户装了固定电话，60%的住户接通了宽带网，50%的住户既装了电话也接通了宽带，若从该小区任抽一户，发现该住户既没有装电话也没有接通宽带的可能性多大?

解： 用 A 表示一户安装电话，B 表示一户接通宽带，则 AB 表示一户既装了电话也接通了宽带，$A+B$ 表示一户装了电话或接通了宽带，$\overline{A+B}$ 表示一户既没有装电话也没有接通宽带，且

$$P(A)=0.8,\ P(B)=0.6,\ P(AB)=0.5$$

故 $$P(A+B)=P(A)+P(B)-P(AB)=0.8+0.6-0.5=0.9$$

$$P(\overline{A+B})=1-P(A+B)=1-0.9=0.1$$

答： 该住户既没有装电话也没有接通宽带的可能性为 10%.

2. 概率的乘法

(1) 条件概率.

定义 1. 在事件 B 发生的条件下，事件 A 发生的概率称做条件概率，记作 $P(A\mid B)$. 与之相对应的概率 $P(A)$ 称为无条件概率或原概率，简称概率．

条件概率与原概率有何关系呢? 我们通过下面的例子来探讨．

引例．甲、乙两厂生产同类产品，结果见表 10-3-1.

表 10-3-1

	合格品数	次品数	合计
甲厂产品数	67	3	70
乙厂产品数	28	2	30
合计	95	5	100

从这 100 件产品中随机抽取 1 件，A 表示抽到的是甲厂产品，B 表示抽到的是合格品，则 AB 表示抽到的是甲厂生产的合格品，由古典概型可知：

$$P(A)=70/100 \quad P(B)=95/100 \quad P(AB)=67/100$$

如果已知取到的是合格品，那么这件产品是甲厂产品的概率是多少？这实质是求在事件 B 已经发生的前提条件下，事件 A 发生的概率．

由于共有 95 件合格品，其中甲厂产品有 67 件，故

$$P(A \mid B)=67/95$$

类似地，由于 $\overline{A}$ 表示抽到的是乙厂产品，$\overline{B}$ 表示抽到的是次品．从而可得

$$P(B \mid A)=67/70 \quad P(\overline{A} \mid B)=28/95 \quad P(\overline{B} \mid A)=3/70$$

可见，$P(A)$ 与 $P(A \mid B)$，$P(B)$ 与 $P(B \mid A)$ 意义都不同．

从上面的分析不难发现：

$$P(A \mid B)=P(AB)/P(B) \quad P(B \mid A)=P(AB)/P(A)$$

这表明，$P(A \mid B)$ 是 $P(AB)$ 在 $P(B)$ 中所占有的比率，$P(B \mid A)$ 是 $P(AB)$ 在 $P(A)$ 中所占有的比率．

一般地，有下面的定理成立．

定理 3. 如图 10－3－3 所示，若 $P(A) \neq 0$，$P(B) \neq 0$，则 $P(A \mid B)=P(AB)/P(B)$，$P(B \mid A)=P(AB)/P(A)$.

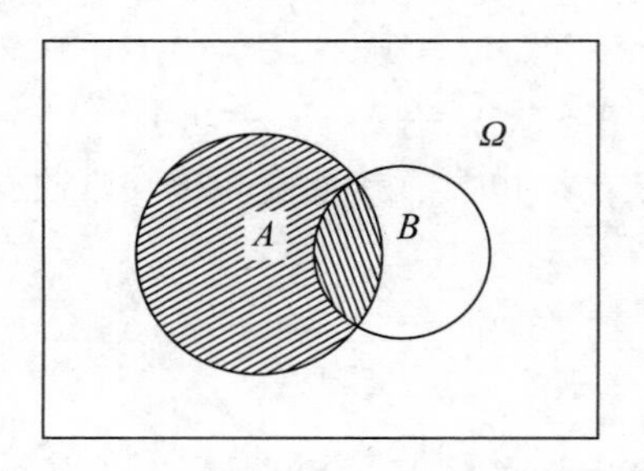

图 10－3－3

(2) 概率的乘法.

上面给出了条件概率与原概率的关系定理，而实际使用的往往是其下面的变形方式：

推论 1. 若 $P(B) \neq 0$，则 $P(AB)=P(B)P(A \mid B)$；若 $P(A) \neq 0$，则 $P(AB)=P(A)P(B \mid A)$.

推论 2. 若 A，B，C 为任意三个事件，则 $P(ABC)=P(A)P(B \mid A)P(C \mid AB)$.

事实上，还可以推广到更多个任意事件．

例4. 甲袋中有3个白球、2个红球，乙袋中有2个白球、3个红球．先从甲袋中任取1个放入乙袋，再从乙袋中任取1个放入甲袋．求甲袋中红球增加的概率．

解： 甲袋中红球增加，即事件A："先从甲袋中取1个白球放入乙袋"与事件B："再从乙袋中任取1个红球放入甲袋"同时发生．故

$$P(AB)=P(A)P(B\mid A)=\frac{3}{5}\times\frac{3}{6}=\frac{3}{10}$$

红球增加的概率为0.3.

例5. 有1张足球票，5个人都想得到它去看比赛，只好逐人抽签决定，求证：中签与否与抽签先后顺序无关．

证明： 设$A_i(i=1，2，3，4，5)$表示"第i个抽签人中签"，则$\overline{A_i}$表示"第i个抽签人没中签"．显然有

$P(A_1)=1/5$

$$P(A_2)=P(\overline{A_1}A_2)=P(\overline{A_1})P(A_2\mid\overline{A_1})=\frac{4}{5}\times\frac{1}{4}=\frac{1}{5}$$

$$P(A_3)=P(\overline{A_1}\,\overline{A_2}A_3)=P(\overline{A_1})P(\overline{A_2}\mid\overline{A_1})P(A_3\mid\overline{A_1}\,\overline{A_2})=\frac{4}{5}\times\frac{3}{4}\times\frac{1}{3}=\frac{1}{5}$$

同理：

$$P(A_4)=P(\overline{A_1}\,\overline{A_2}\,\overline{A_3}A_4)=\frac{1}{5}，P(A_5)=P(\overline{A_1}\,\overline{A_2}\,\overline{A_3}\,\overline{A_4}A_5)=\frac{1}{5}$$

这说明中签与否和抽签先后顺序无关．

3. 全概率公式

对于一个基本事件空间中的所有基本事件，可以根据某种需要按照一定标准划分成若干类，任一随机事件都可以用这些类中的基本事件复合得到．

实际求解时，不必从基本事件考虑，而是把复合事件划分为若干个两两互斥的简单事件之和，从而用概率的加法和乘法得到所求事件的概率．

例如，从0～9十个数字中任取一个，结果可以分为奇数和偶数两类，复合事件"大于5的数"可以视为"大于5的奇数"与"大于5的偶数"之和．

这表明，在一个试验中，某一事件的发生可能有多种原因，每个原因对其均有"贡献"，通过分析各种原因的"贡献率"可以得到该事件的概率，全概率公式就是由此思路得到的．

定义2. 设试验E的基本事件空间为Ω，若事件组中的事件两两互斥，且其

和为必然事件Ω，则称事件组为基本事件空间Ω的一个完备事件组，或称其为基本事件空间Ω的一个划分．即若$A_iA_j=\varnothing(i\neq j;\ i,\ j=1,\ 2,\ \cdots,\ n.)$，$\Omega=\sum_{i=1}^{n}A_i$，则称$A_1$，$A_2$，…，$A_n$为$\Omega$的一个完备事件组或一个划分．

特别地，A，$\overline{A}$是一个最简单的划分．

如果A_1，A_2，…，A_n为Ω的一个划分，则对任意事件B，有下列关系式成立：

$$B=B\Omega=B(A_1+A_2+\cdots+A_n)=BA_1+BA_2+\cdots+BA_n$$

$$(BA_i)(BA_j)=\varnothing(1\leqslant i\neq j\leqslant n)$$

从而，由互斥事件和的概率公式可得如下定理：

定理 4. 设A_1，A_2，…，A_n为基本事件空间Ω的一个完备事件组（见图 10－3－4），则对任意事件B，均有

$$P(B)=\sum_{i=1}^{n}P(A_i)P(B\mid A_i)$$

特别地，

$$P(B)=P(A)P(B\mid A)+P(\overline{A})P(B\mid \overline{A})$$

在许多实际问题中，当$P(B)$不容易直接求，但$P(A_i)$，$P(B\mid A_i)$已知或易求时，可以利用该公式求解．

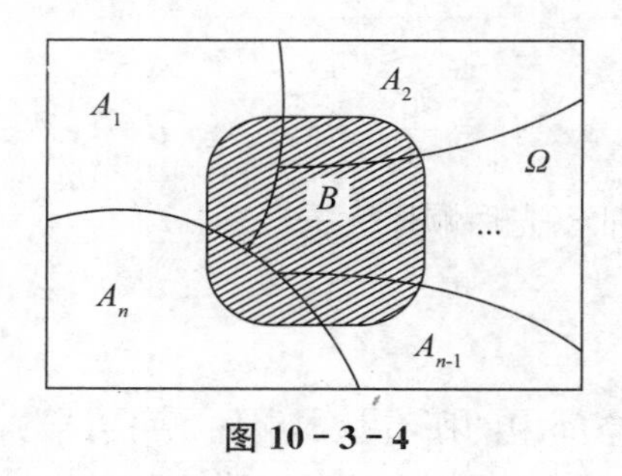

图 10－3－4

例 6. 设甲、乙、丙 3 台机床加工同样的零件，加工的零件数量之比为 5∶2∶1，其废品率分别为 0.04，0.03 和 0.01. 加工出的零件放在了一起，现从其中任取一个，求恰好取得废品的概率．

解： 设“取出的零件是第i台机床加工的”为事件$A_i(i=1,\ 2,\ 3)$，则这 3 个事件两两互斥，且为Ω的一个完备事件组，又设“取出的零件是废品”为事件B，则

$P(A_1)=5/8\quad P(A_2)=1/4\quad P(A_3)=1/8$

$P(B\mid A_1)=0.04\quad P(B\mid A_2)=0.03\quad P(B\mid A_3)=0.01$

所以，由全概率公式得

$$P(B)=P(A_1)P(B\mid A_1)+P(A_2)P(B\mid A_2)+P(A_3)P(B\mid A_3)$$
$$=5/8\times 0.04+1/4\times 0.03+1/8\times 0.01=0.034$$

由本例可见，事件 B 发生的原因是完备组中的3个事件之一发生，从这个角度看，全概率公式的直观意义是通过“原因”求结果.

例 7. 某种产品中80%是合格品，用某种仪器检验时，合格品被误验为次品的概率为5%，次品被误验为合格品的概率为10%，从该种产品中任取一件，被该仪器检验为合格品的概率是多少?

解: 设产品是合格品记为事件 A，产品被仪器检验为合格品记为事件 B，则

$P(A)=0.80$，$P(\overline{A})=0.20$，$P(\overline{B}\mid A)=0.05$，$P(B\mid \overline{A})=0.10$

$$P(B)=P(A)P(B\mid A)+P(\overline{A})P(B\mid \overline{A})$$
$$=P(A)[1-P(\overline{B}\mid A)]+P(\overline{A})P(B\mid \overline{A})$$
$$=0.80\times(1-0.05)+0.20\times 0.10=0.78$$

4. 逆概率公式

与用全概率公式解决问题的思路相反，若已知各种“原因”的概率 $P(A_i)$ 和各种“原因”对事件 B 发生的贡献率 $P(B\mid A_i)$，又已知事件已经发生，求某种“原因”导致该事件发生的概率 $P(A_i\mid B)$ 是多少？这种解决问题的思路是“由果索因”. 例如，在本节例6中，求所取到的废品是甲机床生产的概率是多少？工具就是逆概率公式.

逆概率公式也称贝叶斯公式，是由英国数学家贝叶斯(T. Bayes)于1763年首先给出. 公式内容如下:

定理 5. 设 A_1，A_2，…，A_n 是一个完备事件组，任意事件 B 不是不可能事件，则

$$P(A_i\mid B)=\frac{P(A_i)P(B\mid A_i)}{P(B)}=\frac{P(A_i)P(B\mid A_i)}{\sum_{i=1}^{n}P(A_i)P(B\mid A_i)}(i=1,2,\cdots,n)$$

证明: 由图10-3-4可知，$A_iB=BA_i(i=1, 2, \cdots, n)$，$\therefore P(A_iB)=P(BA_i)$

$\because P(A_iB)=P(B)P(A_i\mid B)\quad P(BA_i)=P(A_i)P(B\mid A_i)$

$\therefore P(B)P(A_i\mid B)=P(A_i)P(B\mid A_i)$

$$\therefore P(A_i\mid B)=\frac{P(A_i)P(B\mid A_i)}{P(B)}=\frac{P(A_i)P(B\mid A_i)}{\sum_{i=1}^{n}P(A_i)P(B\mid A_i)}$$

例 8. 求本节例 6 中所取到的废品是甲机床生产的概率．

解： $P(A_1 \mid B)=\dfrac{P(A_1)P(B \mid A_1)}{P(B)}=\dfrac{(5/8)\times 0.04}{0.034}\approx 0.735$

例 9. 某地区癌症患者占 0.5%，癌症患者对某种试验反应为阳性的概率为 0.95，而非癌症患者对这种试验的反应为阳性的概率为 0.04，现从该地区抽查 1 人，结果试验反应为阳性，问此人是癌症患者的概率多大？

解： 设 $A=$"被抽查人是癌症患者"，$B=$"试验结果为阳性"，则

$P(A)=0.005 \quad P(\overline{A})=0.995 \quad P(B \mid A)=0.95 \quad P(B \mid \overline{A})=0.04$

由逆概率公式得

$$P(A \mid B)=\frac{P(A)P(B \mid A)}{P(A)P(B \mid A)+P(\overline{A})P(B \mid \overline{A})}$$

$$=\frac{0.005\times 0.95}{0.005\times 0.95+0.995\times 0.04}\approx 0.107$$

习题 10.3

1. 甲、乙两人射击某一目标，甲击中的概率是 0.8，乙击中的概率是 0.85，两人同时击中的概率是 0.68，求目标被击中的概率．
2. 某单位订甲、乙、丙三种报纸的职工分别占 40%，26%，24%，而 8%的人兼订甲乙，5%的人兼订甲丙，4%的人兼订乙丙，2%的人三种全订，现从职工中任取一人，求此人至少订一种和一种也不订的概率分别是多少？
3. 某地某天有大风的概率为 11/30，有大风时下雨的概率为 7/8，求该地这天大风带雨的概率多大？
4. 盒中有 4 只坏晶体管和 6 只好晶体管，从中先任取 1 只，不放回再任取 1 只，发现两次都取到好晶体管的概率多大？
5. 已知发报台发出信号"＋""－"的概率分别为 0.6 和 0.4. 由于系统受干扰，当发出信号"＋"时收报台却以 0.8 和 0.2 的概率分别收到信号"＋"和"－"；当发出信号"－"时收报台却以 0.1 和 0.9 的概率分别收到信号"＋"和"－"．

   求：(1) 收报台收到信号"＋"的概率.

   (2) 收报台收到信号"＋"时发报台确实发出信号"＋"的概率．

第4节 事件的相互独立性

上一节我们讨论了条件概率．大家已经知道，在一般情况下，$P(B|A)$ 和 $P(B)$ 不相等，$P(A|B)$ 和 $P(A)$ 也不相等，这说明事件 $A(B)$ 是否发生直接影响事件 $B(A)$ 发生的概率．否则，必有 $P(B|A)=P(B)$ 和 $P(A|B)=P(A)$ 成立，即事件 A，B 是否发生互不影响．进而有 $P(AB)=P(A)P(B)$ 成立，这时，我们说事件 A，B 相互独立．

例如，袋中3个白球和7个红球，从中任取一个记录颜色后放回，然后再取一个，事件 $A=$“第一次取得白球”与事件 $B=$“第二次取得白球”相互独立．

1. 两个事件的相互独立性

定义1. 设事件 A，B 满足 $P(AB)=P(A)P(B)$，则称事件 A，B 相互独立．

由概率乘法公式可知，事件 A，$B(A\neq\varnothing，B\neq\varnothing)$ 相互独立 $\Leftrightarrow P(B|A)=P(B)\Leftrightarrow P(A|B)=P(A)$．

在实际问题中，两个事件的相互独立性往往不是通过定义来判断，而是由具体问题的实际意义来判断．

例1. 设甲、乙两人射击同一目标，击中的概率分别为0.8和0.6，求目标被击中的概率．

解： 设事件 $A=$“甲击中”，$B=$“乙击中”，则 $A+B$ 为事件“目标被击中”．这个问题中应理解为两人射击互不干扰，即相互独立，所以

$$\begin{aligned}P(A+B)&=P(A)+P(B)-P(AB)\\&=P(A)+P(B)-P(A)P(B)\\&=0.8+0.6-0.8\times0.6=0.92\end{aligned}$$

答： 目标被击中的概率为0.92．

定理1. 若事件 A，B 相互独立，则事件 $\overline{A}$ 与 B，A 与 $\overline{B}$，$\overline{A}$ 与 $\overline{B}$ 都相互独立．

证明：

$$B=B\Omega=B(A+\overline{A})=AB+\overline{A}B$$

$$P(B)=P(AB)+P(\overline{A}B)=P(A)P(B)+P(\overline{A}B)$$

$$P(\overline{A}B)=P(B)-P(A)P(B)=[1-P(A)]P(B)=P(\overline{A})P(B)$$

即 $\overline{A}$ 与 B 相互独立，其余同理可证．

值得注意的是，事件A，B相互独立，与事件A，B互斥的区别：前者是A与B是否发生互不影响；后者是A与B不能同时发生，即两事件有相互制约的相关.

若$P(A)\neq 0$，$P(B)\neq 0$，则"A，B独立"与"A，B互斥"不能同时成立.

例 2. 某肿瘤医院在患者中作了一项调查，所得概率数据见表 10－4－1：

表 10－4－1

	患肺癌	未患肺癌
吸烟	0.5	0.2
不吸烟	0.1	0.2

问： 吸烟与患肺癌是否有关？

解： 设事件$A=$"任选一患者，为吸烟者"，事件$B=$"任选一患者，患肺癌"，则

因为$P(AB)=0.5$，而$P(A\overline{B})=0.2$，$P(\overline{A}B)=0.1$，$P(\overline{AB})=0.2$，

$P(A)=P(AB)+P(A\overline{B})=0.7$，$P(B)=P(AB)+P(\overline{A}B)=0.6$，$P(A)P(B)=0.7\times 0.6=0.42$.

所以$P(AB)\neq P(A)P(B)$

故事件A，B不独立，即吸烟和患肺癌有关系.

2. 多个事件的相互独立性

定义 2. 如果事件A_1，A_2，…，A_n中的任意一个发生与否，都不受其他事件的影响，则称事件A_1，A_2，…，A_n相互独立.

显然，如果事件A_1，A_2，…，A_n相互独立，则其中的部分事件也相互独立.

特别地，当$n=3$时，文字语言表述的定义可以改用符号语言表述如下：

如果事件A_1，A_2，A_3满足：

$P(A_1A_2)=P(A_1)P(A_2)$，$P(A_1A_3)=P(A_1)P(A_3)$，$P(A_2A_3)=P(A_2)P(A_3)$

$P(A_1A_2A_3)=P(A_1)P(A_2)P(A_3)$

则称事件A_1，A_2，A_3相互独立.

与两个事件相互独立的情况相同，如果事件A_1，A_2，…，A_n相互独立，把事件A_1，A_2，…，A_n中一个或几个事件改换成其对立事件后，所得到的n个事件仍然相互独立.

如果事件 A_1，A_2，…，A_n 相互独立，则有下面的乘法和加法公式：

$$P(A_1A_2\cdots A_n)=P(A_1)P(A_2)\cdots P(A_n)$$

$$P(A_1+A_2+\cdots+A_n)=1-P(\overline{A_1})P(\overline{A_2})\cdots P(\overline{A_n})$$

例 3. 预制钢筋混凝土构件，分绑扎钢筋、支模板、搅拌混凝土、浇筑混凝土四个彼此无关的工序，若这四道工序施工质量不合格的概率分别为 0.02，0.018，0.025，0.028，求生产的构件不合格的概率．

解： 设 $A_i(i=1,2,3,4)$＝“第 i 道工序施工质量不合格”，B＝“生产的构件不合格”，则事件 A_1，A_2，…，A_n 相互独立.

$$\because B=A_1+A_2+A_3+A_4\quad \overline{B}=\overline{A_1}\,\overline{A_2}\,\overline{A_3}\,\overline{A_4}$$

$$\begin{aligned}\therefore P(\overline{B})&=P(\overline{A_1}\,\overline{A_2}\,\overline{A_3}\,\overline{A_4})=P(\overline{A_1})P(\overline{A_2})P(\overline{A_3})P(\overline{A_4})\\&=(1-0.02)(1-0.018)(1-0.025)(1-0.028)=0.912\end{aligned}$$

$$P(B)=1-P(\overline{B})=1-0.912=0.088$$

答： 生产的构件不合格的概率为 0.088.

例 4. 某型号高射炮发射一发炮弹击中敌机的概率为 0.6，问至少同时用几门同型号高射炮各发射一发炮弹，才能确保击中一架敌机的概率不小于 0.99(各炮击中与否相互独立)？

解： 设用 n 门，记 $A_i(i=1,2,\cdots,n)$ 为事件“第 i 门击中”，记 A 为事件“击中敌机”.

$$\because A=\sum_{i=1}^{n}A_i$$

$$\begin{aligned}\therefore P(A)&=1-P(\overline{A})=1-P(\overline{\sum_{i=1}^{n}A_i})=1-P(\prod_{i=1}^{n}\overline{A_i})\\&=1-\prod_{i=1}^{n}[P(\overline{A_i})]=1-(0.4)^n\geqslant 0.99\end{aligned}$$

$$(0.4)^n\leqslant 1-0.99=0.01$$

解不等式得 $n\geqslant 5.026$，故至少用 6 门．

3. 独立重复试验(贝努利概型)

袋中有 2 个白球和 5 个黑球，每次从中摸一个看颜色，有放回的摸 3 次，这一系列试验具备如下特点：(1) 每一次试验，只可能有两种结果(颜色)；(2) 出现每一种结果的概率保持不变；(3) 每次出现何种结果互不影响．我们把这种试验系列称为独立重复试验系列，简称独立重复试验．

定义 3. 若有一系列试验满足如下条件：

(1) 每次试验，只可能有两种结果：A，$\overline{A}$.

(2) 各次试验的概率 $P(A)=p$，$P(\overline{A})=1-p$ 保持不变.

(3) 各次试验出现何种结果互不影响.

这样的一系列试验，称为独立重复试验系列，简称独立重复试验，也称为贝努利(Bernoulli) 试验.

大家可能回忆起来了，这就是中学学过的独立重复试验．所以，我们只再简要介绍有关结论.

定理 2. 设事件 A 在一次试验中发生的概率为 $p(0<p<1)$，则事件 A 在 n 重独立重复试验中恰好发生 k 次的概率为：

$$P_n(k)=C_n^k p^k(1-p)^{n-k}(0\leqslant k\leqslant n)$$

不难发现，这恰好是 $[p+(1-p)]^n$ 二项展开式的第 $k+1$ 项，因此，该结论也称二项概率公式.

例 5. 某人连续射击 6 次，每次击中目标的概率是 0.6，求恰好击中目标 2 次和目标被击中的概率.

解： 设事件 A＝"一次射击击中目标"，则 $P(A)=0.6$，连续 6 次射击的数学描述就是 6 次独立重复试验，故恰好击中目标 2 次的概率为

$$P_6(2)=C_6^2(0.6)^2(1-0.6)^{6-2}\approx 0.1382$$

事件"目标被击中"等价于 6 次射击至少一次击中，其对立事件为 6 次都没击中，故目标被击中的概率为

$$p=1-P_6(0)=1-C_6^0(0.6)^0(1-0.6)^{6-0}\approx 0.9959$$

从数值运算方法的角度看，独立重复试验概型公式也可以视为概率的乘方运算．而上节和本节学习的内容，则依次可以视为概率的加法、乘法(条件概率为其做预备)、加法与乘法混合运算(全概率)、除法(逆概率)、乘法特例(相互独立事件的概率)和乘方运算(独立重复试验概型公式).

习题 10.4

1. 设一个人的血型为 A，B，AB，O 型的概率分别为 0.40，0.11，0.03，0.46. 求任意 7 人都不是 B 型的概率和都不是 AB 型的概率.
2. 甲、乙、丙三人能单独破译某个密码的概率分别为 0.2，0.3，0.25，求三人能破译该密码的概率.
3. 一批产品，其废品率为 0.01，进行重复抽查，共取 10 件样品，求取到废品的

概率．

4. 某射手向同一目标射击10次，每次击中目标的概率为0.7，求恰好击中6次的概率．
5. 某种彩票中奖率为1%，问买多少次才能保证至少中奖一次的概率不低于0.95.
6. 温州东艺鞋业公司的一条皮鞋生产线生产一等品率为0.6，抽查10件，求至少2件一等品的概率．

●拓展阅读："双色球"游戏及其中奖概率

中国福利彩票"双色球"，采用计算机网络系统发行销售，定期电视开奖，现已成为国家筹集福利建设资金的有效手段．

"双色球"由中国福利彩票发行管理中心统一组织发行，全国销售．每周三期，全国统一奖池计奖，自愿购买，每注2元．

省级行政区域福利彩票发行管理中心在中国福利彩票发行管理中心的直接领导下，负责对本地区的销售活动实施具体的组织和管理．

"双色球"每注投注号码由6个红色球号码和1个蓝色球号码组成．红色球号码从01至33中选取；蓝色球号码从01至16中选取．

投注方法可由投注者自行选定投注号码，也可由投注机为投注者随机产生投注号码．投注方式分单式和复式．单式是从红色球号码中选择6个，从蓝色球号码中选择1个，组合为一注投注号码．复式有下列三种：(1) 红色球号码复式：从红色球号码中选择7至20个，从蓝色球号码中选择1个，组成多注投注号码．(2) 蓝色球号码复式：从红色球号码中选择6个，从蓝色球号码中选择2至16个，组成多注投注号码．(3) 全复式：从红色球号码中选择7至20个，从蓝色球号码中选择2至16个，组成多注投注号码．

奖金为销售总额的50%，其中当期奖金为销售总额的49%，调节基金为销售总额的1%.

中奖等级分为一至六级．三至六等奖为低等奖，奖金固定；一等奖和二等奖为高等奖，奖金浮动．

当期奖金减去低等奖金为高等奖金，高等奖中奖者按各奖级的中奖注数均分该奖级的奖金，单注奖金最高限额为500万元，超过一万元须缴所得税．

未中出的高等奖金和超出单注封顶限额部分的奖金计入下期一等奖．当一等奖的单注奖额低于二等奖的单注奖额时，将一、二等奖的奖金相加，由一、二等奖中奖者平分；当一、二等奖的单注奖额低于三等奖奖额时，补足为三等奖奖额，当期奖金不足的部分由调节基金补充，调节基金不足时，从发行费列支．

每周全国统一开奖三次．开奖前，省福利彩票发行管理中心将当期投注的全部数据刻入不可改写的光盘，作为查验的依据．

中奖号码通过摇奖器确定，摇奖时先摇出 6 个红色球号码，再摇出 1 个蓝色球号码，一起公布．开奖公告在各地主要媒体公布，并在各投注站张贴．

中奖确定办法：以单注投注号码（复式投注按所覆盖的单注计）与当期开出的中奖号码相符的球色和个数（不计较摇出的红色球的先后顺序）确定中奖等级，具体见表 10－4－2：

表 10－4－2

<table>
<tr><th rowspan="2">奖级</th><th colspan="2">号码相符球的个数</th><th rowspan="2">奖金分配</th><th rowspan="2">中奖概率</th></tr>
<tr><th>红色</th><th>蓝色</th></tr>
<tr><td>1</td><td>6</td><td>1</td><td>当期高等奖金的 70%和奖池中累积的奖金之和</td><td>5.64×10^{-8}</td></tr>
<tr><td>2</td><td>6</td><td>0</td><td>当期高等奖金的 30%</td><td>9.02×10^{-7}</td></tr>
<tr><td>3</td><td>5</td><td>1</td><td>单注奖金额固定为 3 000 元</td><td>2.63×10^{-7}</td></tr>
<tr><td rowspan="2">4</td><td>5</td><td>0</td><td rowspan="2">单注奖金额固定为 200 元</td><td rowspan="2">5.74×10^{-6}</td></tr>
<tr><td>4</td><td>1</td></tr>
<tr><td rowspan="2">5</td><td>4</td><td>0</td><td rowspan="2">单注奖金额固定为 10 元</td><td rowspan="2">3.59×10^{-5}</td></tr>
<tr><td>3</td><td>1</td></tr>
<tr><td rowspan="3">6</td><td>2</td><td>1</td><td rowspan="3">单注奖金额固定为 5 元</td><td rowspan="3">6.54×10^{-2}</td></tr>
<tr><td>1</td><td>1</td></tr>
<tr><td>0</td><td>1</td></tr>
</table>

下面以一等奖和四等奖为例，说明中奖率是如何计算的：

1. 一等奖

用古典概型：从 33 个红色球中任选 6 个（不计较顺序），从 16 个蓝色球中任选 1 个，共有 $C_{33}^{6}C_{16}^{1}$ 种选法，开奖给出的只是 1 个结果，故中奖率为 $1/(C_{33}^{6}C_{16}^{1})=5.64\times10^{-8}$.

用相互独立事件同时发生概型：投注与开奖 6 个红色球号码相符的概率为 $1/C_{33}^{6}$，1 个蓝色球号码相符的概率为 $1/C_{16}^{1}$，故红、蓝色球都相符的概率为 $1/(C_{33}^{6}C_{16}^{1})$.

2. 四等奖

用互斥事件和事件发生的概型：投注与开奖5个红色球号码相符的概率为$1/C_{33}^5$，4个红色球、1个蓝色球号码都相符的概率为$1/(C_{33}^4C_{16}^1)$，故中奖率为$1/C_{33}^5+1/(C_{33}^4C_{16}^1)=5.74\times10^{-6}$（百万分之五点七四）.

从中奖率可见，如果我们抱着为国家福利事业做贡献、游戏取乐或试试运气的想法参与游戏是可以的，但若赌气不拿大奖不罢手，即使倾家荡产也是痴心妄想！学过本章的知识之后，理应对此有一个正确的认识.

自测题10

1. 填空题

(1) 若$AB=\varnothing$，则事件A，B的关系是________________.

(2) 若$AB=\varnothing$，$A+B=\Omega$，则事件A，B的关系是________________.

(3) 事件A，B，C至少有两个发生，用事件关系表示为____________.

(4)$P(A)=P(B)=0.40$，$P(AB)=0.28\Rightarrow P(A+B)=$________，$P(A|B)=$________.

(5) 一道数学题，半小时内甲、乙独立解出的概率分别为0.5，0.7，半小时内该题能被解出的概率是________.

2. 判断正误

(1) 若事件A，B相互独立，则$P(AB)=P(A)P(B)$.　(　　)

(2) 若事件A，B互斥，则$P(A+B)=P(A)+P(B)$.　(　　)

(3) 若事件A，B不互斥，则$P(A+B)=P(A)+P(B)$.　(　　)

(4) 若事件A，B相互对立，则$P(A)+P(B)=1$.　(　　)

(5) 一次试验中的两个基本事件必然对立.　(　　)

3. 选择题

(1) 事件“在标准大气压下，纯水加热到100℃沸腾”是　(　　)

A. 必然事件　　B不可能事件

C. 随机事件　　D偶然事件

(2) 事件“在标准大气压下，10℃的纯水结冰”是　(　　)

A. 必然事件　　B. 不可能事件

C. 随机事件　　D. 偶然事件

(3) 掷一颗骰子的试验中，朝上的面是 2 点为事件 A，是偶数点为事件 B，则（　　）

A. $A \subseteq B$　　B. $A \supseteq B$　　C. $A = B$　　D. $AB = \varnothing$

(4) 对任意事件 A，B，C 来讲，下列关系中不成立的是（　　）

A. $A + B = B + A$　　B. $A(B + C) = AB + AC$

C. $A - B = A\overline{B}$　　D. $\overline{\overline{A}} = A$

(5) 如下关系不是概率所具有的性质的是（　　）

A. 对任何随机事件 A，有 $0 \leqslant P(A) \leqslant 1$

B. 对必然事件 Ω，有 $P(\Omega) = 1$

C. 对事件 A_1，A_2，…，A_m 有 $P(\sum_{i=1}^{m} A_i) = \sum_{i=1}^{m} P(A_i)$

D. 对不可能事件 $\varnothing$，有 $P(\varnothing) = 0$

4. 计算题

(1) 某电路有 3 个独立工作的元件，发生故障的概率分别为 0.1，0.15，0.2. 就 3 个元件串联和并联两种连接方式，求断路的概率.

(2) 设甲、乙、丙 3 台机床加工同样的零件，加工的零件数量之比为 5∶2∶1，其废品率分别为 0.04，0.03 和 0.01. 加工出的零件放在了一起，现从其中任取一个，求恰好取得废品的概率.

5. 证明题

有 1 张足球票，5 个人都想得到它去看比赛，只好逐人抽签决定，求证：中签与否与抽签先后顺序无关.

第11章

随机变量及其概率分布

本章导读

为了更加深入、更加便捷地研究随机现象，把随机事件数量化，把随机事件的概率函数化，以便应用数学这个有力工具研究随机现象的统计规律．随机变量的引入在概率论的发展史上具有十分重要的作用，是概率论研究方法的一次质的飞跃．

本章将主要介绍随机变量的概念、离散型随机变量的概率分布、连续型随机变量的密度函数和概率分布、六种常用分布．

第1节　随机变量的概念

为了更加深入、更加方便地用数学方法研究随机现象，有必要把随机事件数量化，为此，我们引入随机变量的概念．

引例1. 在“掷一枚硬币，观察哪面向上”的试验中，引入一个变量

$$X=\begin{cases}0，正面\\1，反面\end{cases}$$

其取值随试验结果的变化而变化，我们称之为随机变量．

引例2. 记录某电话交换台在8:00～8:10接到的呼叫次数 i．引入变量

$$X=i\ (i=0，1，2，\cdots)$$

该变量也是随试验结果的变化而变化．

引例3. 从一批灯泡中任抽一只观察其寿命．设“灯泡的寿命为 t”（$t\geqslant 0$），

则随机变量可定义为

$$X=t(t\geqslant 0)$$

该随机变量的实际含义是灯泡寿命，取值范围是非负实数集．

一般地，定义如下：

定义．在一次随机试验中，对于可能出现的每一个试验结果，变量 X 都有唯一确定的实数值与之对应，则称变量 X 为随机变量．

在上一章大家已经知道，一次试验的一个直接结果就是一个基本事件，所有基本事件构成基本事件空间．因此，随机变量可视为实值函数，其定义域是基本事件空间，而基本事件空间通常不是数集．

随机变量的取值随试验的结果而定，在试验之前不能预知它取什么值，而且它的每个取值有一定的概率．这表明它与普通变量、普通函数有着本质的区别．

由于随机事件是基本事件空间的子集，因此，用随机变量的取值或取值范围可以表示试验中发生的任一随机事件．

例如，引例 2 中的事件"收到不少于 5 次呼叫"可简单表示为$\{X\geqslant 5\}$；事件"未收到呼叫"可表示为$\{X=0\}$.

又如，引例 3 中的事件"灯泡寿命在 1 000 小时和 1 500 小时之间"可表示为$\{1\,000\leqslant X\leqslant 1\,500\}$；事件"灯泡寿命不超过 x 小时"可表示为$\{X\leqslant x\}$.

下面再举两个例子．

例 1. 某射手连续射击某一目标，直到击中为止，则射击次数 X 为一个随机变量，其取值范围是正整数集．

例 2. 等可能的向区间$[a，b]$投掷一个质点，观察落点的位置 X，则 X 为一个随机变量，其取值范围为闭区间$[a，b]$.

最常见的随机变量有两种：一种是取值有限或无限可列，称做离散型随机变量，例如表示"掷币结果""电话交换台接到的呼叫次数""射手射击次数""产品件数"等随机变量；另一种是取值无限不可列，即可取某一区间的所有实数值，称做连续型随机变量，如表示"灯泡寿命""区间落点位置"等随机变量.

在本教材中，研究范围将只涉及这两类随机变量．

习题 11.1

1. 一次试验共可能出现 A，B，C 三个结果，试用随机变量描述试验结果，并指出其取值范围．
2. 指出随机变量所有可能的取值和取值范围：

(1) 某时刻到达车站的人数 N.

(2) 公共汽车每隔 8 分钟开往某地一次，去该地的乘客等车的时间 T.

3. 一枚硬币连掷 4 次，随机变量 X 表示“出现正面的次数”.

(1) 写出 X 的取值范围.

(2) 用 X 表示下列事件：“都是正面”“都是反面”“不超过 3 次反面”“不少于 3 次正面”.

4. 设 50 件产品中有 5 件次品，从中任取 1 件，连取 8 次，用 X 表示取出次品的件数，就有放回、无放回两种抽样方式写出 X 的所有可能值.

第 2 节　离散型随机变量的概率分布

描述一个随机变量的取值规律，不仅要知道它的所有可能取值，而且还应当知道它取这些值的概率分别是多少.

1. 离散型随机变量概率分布的概念

定义 1. 设 X 是一个离散型随机变量，它的所有可能取值为 $x_i(i=1, 2, \cdots)$(可以 为有限个)，相应的取这些值的概率为

$$P(X=x_i)=P(i=1, 2, 3, \cdots)$$

则称上式为离散型随机变量 X 的概率分布，或分布序列(简称分布列).

离散型随机变量 X 的概率分布可以表示为表 11-2-1 的形式：

表 11-2-1

X	x_1	x_2	…	x_n	…
p_i	p_1	p_2	…	p_n	…

对于有限点分布，读者可以仿照上面自己写出.

例 1. 掷骰子出现的点数为随机变量 X，求：

(1) X 的分布列.　　(2) 点数不小于 3 的概率.

(3) 点数不超过 3 的概率.　　(4) 点数不小于 4 又不超过 5 的概率.

解： (1) $P(X=k)=1/6(k=1, 2, 3, 4, 5, 6)$.

(2) $P(X\geqslant 3)=P(X=3)+P(X=4)+P(X=5)+P(X=6)=1/6+1/6+1/6+1/6=2/3$.

(3) $P(X\leqslant 3)=P(X=1)+P(X=2)+P(X=3)=1/6+1/6+1/6=1/2$.

(4) $P(4 \leqslant X \leqslant 5)=P(X=4)+P(X=5)=1/6+1/6=1/3$.

由此可见，知道离散型随机变量的分布列，就掌握了它在各范围内取值的概率．因此，分布列全面描述了离散型随机变量的统计规律性．以后，我们说求一个离散型随机变量的概率分布，就是求它的分布列．

由概率的定义可知，离散型随机变量 X 的概率分布具有如下性质：

(1) $p_i \geqslant 0(i=1, 2, \cdots)$.

(2) $\sum_{i=1}^{\infty} p_i=1$.

反之，若一个函数 $P(X=x_i)=p_i(i=1, 2, \cdots)$ 具有上述两条性质，则它必定是某一个离散型随机变量 X 的概率分布列．

例 2. 判定表 11－2－2、表 11－2－3 所表示的函数能否作为某个离散型随机变量的分布列．

表 11－2－2

X	-2	-1	0
p_i	1/2	3/10	2/5

表 11－2－3

X	1	2	…	k	…
p_i	$\frac{2}{3}$	$\frac{2}{3^2}$	…	$\frac{2}{3^k}$	…

解： 显然，两者都满足第一条性质；前者不满足第二条性质，而后者满足第二条性质：$\sum_{k=1}^{\infty} p_k=\frac{2}{3}+\frac{2}{3^2}+\cdots+\frac{2}{3^k}+\cdots=1$. 所以，前者不能，后者能．

2. 几种常用的离散型随机变量的分布

(1) 两点分布.

定义 2. 设随机变量 X 只可能取 0，1 两个值，它的概率分布为

$$P(X=1)=p$$
$$P(X=0)=1-p(0<p<1)$$

则称 X 服从两点分布，或称为 0—1 分布，记作 $X \sim (0—1)$.

例 3. 某射手射击一个目标，“击中”的概率为 p，事件“击中”记作 1，“没击中”记作 0，则 $P(X=1)=p$，$P(X=0)=1-p(0<p<1)$.

两点分布虽然简单，但应用广泛，如检查产品是否合格、电路通断等都服从该分布．

(2) 二项分布.

定义 3. 设随机变量 X 的概率分布为

$$P(X=k)=C_n^k p^k(1-p)^{n-k}(k=0,1,\cdots,n.\ 0<p<1)$$

则称随机变量 X 服从参数为 n、p 的二项分布，记作 $X\sim B(n,p)$.

二项分布的实际背景是：试验 E 只有两个结果 $P(A)=p$ 和 $P(\overline{A})=1-p$，独立重复试验 n 次，事件 A 发生的次数 k 服从该分布 $X\sim B(n,p)$.

显然，当 $n=1$ 时，二项分布就是两点分布；二项分布就是中学学过、我们在前面又介绍过的独立重复试验 n 次中，事件 A 发生 k 次的概率分布．

例 4. 某种疾病患病率为 0.001，一个 5 000 人的单位至少 2 人患这种疾病的概率多大?

解: 设该单位患这种疾病的人数为随机变量 X，则 $X\sim B(5\,000,0.001)$. 于是

$$P(X\geqslant 2)=1-P(X<2)=1-[P(X=0)+P(X=1)]$$
$$=1-(0.999)^{5\,000}-5\,000\times 0.001\times(0.999)^{4\,999}\approx 0.959\,64$$

在二项分布中，当 n 很大，且 p 很小时，如当 $n>10$，且 $p<0.1$ 时，即可以用下面的泊松分布近似计算，其中 $np=\lambda$，λ 表示分布中的参数．

(3) 泊松(Poisson) 分布.

定义 4. 如果随机变量 X 的概率分布为

$$P(X=k)=\frac{\lambda^k}{k!}e^{-\lambda}(k=0,1,2,\cdots,\lambda>0)$$

则称随机变量 X 服从参数为 λ 的泊松分布，记为 $X\sim P(\lambda)$.

泊松分布是离散型随机变量的一种重要分布类型，在一定条件下稀有事件(概率较小的事件) 出现的次数大多服从该分布．如电话交换台在某段时间接到的呼叫次数、候车室的旅客数、原子放射粒子数、数字传输中的误码数、铸件上的砂眼数、纱锭的断头数、一段公路上行驶的车辆数，等等．它们具有的共同特点是：取值均为自然数；取值的概率只与测度的大小有关，而与起始值无关，而且在不相重叠的测度内，彼此几乎没有影响．

例 5. 电话交换台 1 分钟接到的呼叫次数 X 为随机变量，设 $X\sim P(4)$，求 1 分钟内接到呼叫次数恰为 8 次和不超过 1 次的概率．

解: 因为 $\lambda=4$，故 $P(X=k)=\frac{4^k}{k!}e^{-4}(k=0,1,2,\cdots)$，所以

$$P(X=8)=\frac{4^8}{8!}e^{-4}\approx 0.029\,8$$

$$P(X\leqslant 1)=P(X=0)+P(X=1)=\frac{4^0}{0!}e^{-4}+\frac{4^1}{1!}e^{-4}\approx 0.092$$

下面介绍泊松分布在交通管理中应用的例子．

假设公路上某地点通过的汽车是一辆接一辆、源源不断，且没有几辆车同时到达的情况出现．这种状态我们称之为“车流”．在确定交通管理方案时需要预测“车流”的某些具体特征．

在车流密度（单位长度路段上分布的车辆数）不大、车辆间相互影响不大、其他干扰忽略不计的条件下，在一定时间段内经过该地点的车辆数，或在一定长度的路段上分布的车辆数，是一个随机变量 X，且符合泊松分布：

$$P(X=k)=\frac{(\rho t)^k}{k!}e^{-\rho t}(k=0,\ 1,\ 2,\ \cdots)$$

其中，ρ 是平均到车率，即单位时间内到达的或单位长度的路段上分布的车辆数（辆／秒或辆／米）；t 是计数持续的间隔时间，或路段长度（秒或米）；$\lambda=\rho t$ 是计数时间间隔或长度间隔内到达的车辆数，它是泊松分布的参数．

例 6. 设 50 辆车随机分布在 4 000 米长的一段公路上，求这段路上任意 240 米路段上有 4 辆车的概率．

解： 将泊松分布中的 t（单位：米）理解为计数车辆的路程间隔，则 240 米路段上分布的车辆数 $X\sim P(\rho t)$．

因为 $t=240$（米），$\rho=50/4\,000=1/80$（辆／米），$\lambda=\rho t=240/80=3$（辆），$k=4$，故

$$P(X=4)=\frac{3^4}{4!}e^{-3}=0.168\,0$$

答： 这段路上任意 240 米路段上有 4 辆车的概率为 0.168 0.

习题 11.2

1. 设随机变量 X 的分布列为：$P(X=k)=A(2+k)^{-1}(k=0,\ 1,\ 2,\ 3)$，求 A 并用表格写出 X 的分布列．
2. 设随机变量 X 的分布列为：$P(X=k)=k/6(k=1,\ 2,\ 3)$．

   求：$P(X=1)$，$P(X>2)$，$P(X\leqslant 3)$，$P(1.5\leqslant X\leqslant 3)$，$P(X>1.414)$．
3. 设随机变量 X 只取四个值：$-\sqrt{3}$，$-\frac{1}{2}$，0，π，且取每个值的概率相同，试

写出分布列，并求 $P(-1 \leqslant X \leqslant 1)$，$P(X > -1.414)$，$P(X \leqslant 4)$.

4. 某类灯泡使用时数在1 000小时以上的概率为0.2，现有3个这种灯泡，求使用1 000小时以后，坏灯泡的个数的分布和最多坏一个灯泡的概率.
5. 从一副大小王除外的扑克牌的52张中任意抽取4张，求抽到红桃张数的分布.
6. 若一本书某页上印刷错误的个数 X 服从参数为0.5的泊松分布，求该页上恰有一处印错的概率.

第3节　连续型随机变量的概率分布

离散型随机变量的取值有限或无限可列，故其概率分布可用分布列完整地描述出来；连续型随机变量，其取值不可列，故其概率分布不可能用分布列描述，必须另找其他方法.

连续型随机变量 X 可以取某一个区间的所有值，这时考察 X 取某一个值的概率意义不大，而考察 X 在该区间的某一个子区间取值的概率却意义重大. 例如，打靶时，我们不必知道击中靶上某一点的概率，而是希望知道击中某一环的概率，若把弹着点到靶心的距离看成随机变量 X，则击中某一环即表示 X 在此环所对应的圆面半径范围内取值，于是，我们所讨论的问题就是求 $P(a < X \leqslant b)$. 为了讨论方便，我们不计较 $X = a$ 这一点处的情况，这就是说，我们讨论的问题也就是求 $P(a \leqslant X \leqslant b)$.

1. 连续型随机变量的概率密度

引例： 测量100名成年男子的体重(单位：kg)，假设其中最小值为40，最大值为99.5，统计这100个数据分布在5个小区间[40，50)，[50，60)，[60，70)，[70，80)，[80，100)的个数(即频数)依次为15，20，30，20，15.

大家知道，频数 ÷ 数据总个数 = 频率，故频率依次为0.15，0.20，0.30，0.20，0.15.

值得注意的是，在区间[40，50)和[80，100)，虽然频率相等但区间长度(组距)不等，故数据密集程度不同. 为了统一分析标准，可用单位组距的频率反映数据密集程度，我们称之为频率密度，即频率密度 = 频率 ÷ 组距.

于是，5个小区间内数据的频率密度依次为0.015，0.020，0.030，0.020，0.007 5.

以频率密度为高，以相应组距为宽，可以画出频率密度直方图(见图11-3-1).

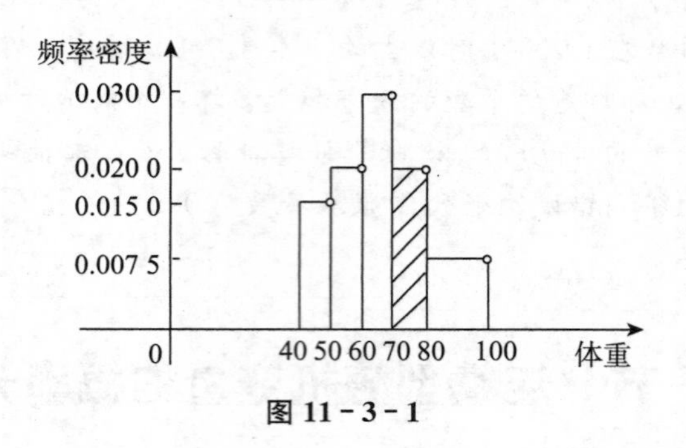

图 11－3－1

测量一个男子的体重得到一个数据是一次试验，测量多人得到多个数据就是多次重复试验．当重复试验的次数足够多时，统计频率所需要的分组越多，各组距就越小；当组数趋于无穷大时，各组距就都趋于零．在此变化过程中，直方图中各矩形的上边这些直线段，不断进行分裂重组并上下做减幅振动，直至裂变为与实数同样多的点"无缝"连接成一条曲线(见图 11－3－2).

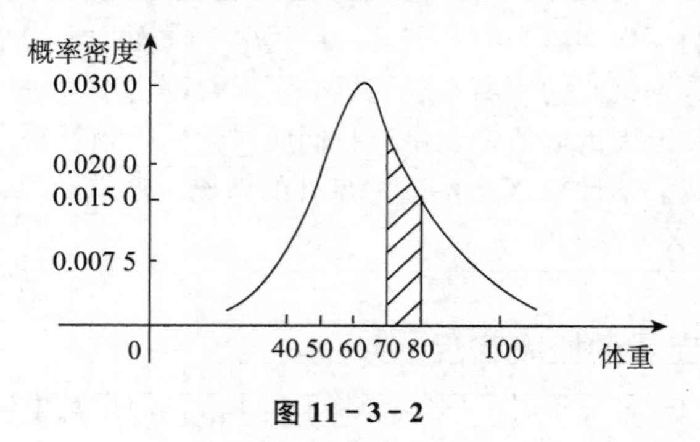

图 11－3－2

这时，任一成年男子的体重设为 x，作为一个连续型随机变量，它在某一区间如 $[70, 80)$ 取值的频率转化为概率．直方图中相应矩形的面积(频率＝频率密度×组距) 转化为曲线下方曲边梯形的面积，即曲线所对应的函数在该区间上的定积分.

根据概率的统计定义，自然可以把这条曲线叫做概率密度曲线，与之相应的函数称做概率密度函数．

一般地，我们可以给出概率密度函数如下的定义：

定义 1. 对连续型随机变量 X，若存在非负可积函数 $f(x)$，$x \in R$，使得对

任意实数 a，$b(a \leqslant b)$，都有 $P(a \leqslant X \leqslant b)=\int_a^b f(x)\mathrm{d}x$ 成立，则称 $f(x)$ 为 X 的概率密度函数，简称密度函数．

概率密度函数是一个实值函数，其自变量 x 的取值与随机变量 X 的取值相对应，但其函数值 $f(x)$ 不是概率值，而是反映随机变量 X 在 x 附近取值的密集程度，函数值大说明密集程度高，当然概率值也大．

由定义可知，若已知连续型随机变量 X 的密度函数 $f(x)$，则 X 在任一以 a，b 为端点的区间取值的概率 $P(a \leqslant X \leqslant b)$ 均可通过定积分 $\int_a^b f(x)\mathrm{d}x$ 求得．

因此，密度函数可以完整地描述连续型随机变量的统计规律．以后，我们说求连续型随机变量的概率分布，就是求它的密度函数．

由定义中 a，b 的任意性和概率的取值范围以及定积分的几何意义可以得到如下结论：

(1) $f(x) \geqslant 0$.

(2) $\int_{-\infty}^{+\infty} f(x)\mathrm{d}x=1$.

(3) $P(X=a)=0$.

(4) $P(a<X \leqslant b)=P(a \leqslant X<b)=P(a<X<b)=P(a \leqslant X \leqslant b)$.

结论(1) 说明了密度函数的曲线只在 x 轴或其上方；结论(1) 和(2) 是一个实值函数可以作为某一个随机变量 X 的密度函数的充要条件；结论(3) 告诉我们随机变量取一个值的概率为零，但须注意该事件未必是不可能性事件，例如，若灯泡寿命都在 1 000 小时以上，则 $P(X=1\ 000)=0$，但 $X=1\ 000$ 不是不可能性事件；结论(4) 告诉我们求随机变量的取值落在某个区间的概率，不必计较是否包括区间端点.

例 1. 某型号电子管的寿命(单位：小时) 为连续型随机变量 X，其密度函数为

$$f(x)=\begin{cases}\dfrac{k}{x^2}, & x>100\\ 0, & x \leqslant 100\end{cases}$$

现有一个电子仪器装有三个这种电子管，假定各电子管在这段时间内更换相互独立，求该仪器使用的前 200 小时内不需更换电子管的概率．

解： 先确定常数 k：

因为　$\int_{-\infty}^{+\infty} f(x)\mathrm{d}x=k\int_{100}^{+\infty} \frac{1}{x_2}\mathrm{d}x=\frac{k}{100}=1$

故　$k=100$

所以 $f(x)=\begin{cases}\dfrac{100}{x^2}, & x>100\\ 0, & x\leqslant 100\end{cases}$

设 A，B，C 依次表示第一、二、三个电子管在使用的前 200 个小时内不用更换，D 表示仪器即三个电子管在这段时间内都不需更换．则

$$P(A)=P(B)=P(C)=P(X\geqslant 200)=\int_{200}^{+\infty}\frac{100}{x^2}\mathrm{d}x=0.5$$

$$P(D)=P(ABC)=P(A)P(B)P(C)=0.5\times 0.5\times 0.5=0.125$$

2. 几种常用的连续型随机变量及其密度函数

(1) 均匀分布.

定义 2. 若连续型随机变量 X 的密度函数为

$$f(x)=\begin{cases}\dfrac{1}{b-a}, & x\in[a, b]\\ 0, & x\notin[a, b]\end{cases}$$

其中 a，b 为常数，且 $a<b$，则称随机变量 X 在区间$[a, b]$服从均匀分布，记作

$$X\sim U(a, b)$$

均匀分布的密度函数图像如图 11－3－3 所示．

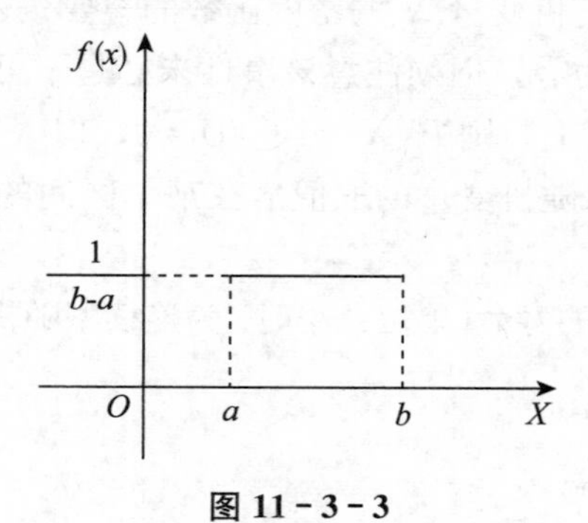

图 11－3－3

如果 $X\sim U(a, b)$，则对任意满足 $a\leqslant c<d\leqslant b$ 的 c，d 有

$$P(c\leqslant X\leqslant d)=\int_c^d f(x)\mathrm{d}x=\frac{d-c}{b-a}$$

这表明，X 在区间$[a, b]$中的任一小区间取值的概率与该小区间的长度成正比，而与小区间的具体位置无关，这就是均匀分布的概率意义．

在实际问题中，乘客在车站候车的时间服从均匀分布；数值计算中用四舍五入精确到各数位时的误差，可视为区间$[-0.5, 0.5]$上的均匀分布，等等．

例 2. 某车站每隔 10 分钟有一班车开往甲地，一名乘客要乘车去甲地但不知道各班车的开出时刻，该乘客到站候车时间不超过 5 分钟的概率是多大？

解： 乘客候车时间 $X \sim U[0, 10]$，而密度函数为

$$f(x)=\begin{cases}\dfrac{1}{10}, & x \in [0, 10] \\ 0, & x \notin [0, 10]\end{cases}$$

故　$$P(0 \leqslant X \leqslant 5)=\int_0^5 \frac{1}{10}\mathrm{d}x=0.5$$

(2) 指数分布.

定义 3. 如果随机变量 X 的密度函数为

$$f(x)=\begin{cases}\lambda \mathrm{e}^{-\lambda x}, & x \geqslant 0 \\ 0, & x<0\end{cases}$$

其中 $\lambda>0$，则称随机变量 X 服从参数为 λ 的指数分布，记作 $X \sim \exp(\lambda)$（密度函数图像如图 11－3－4 所示）.

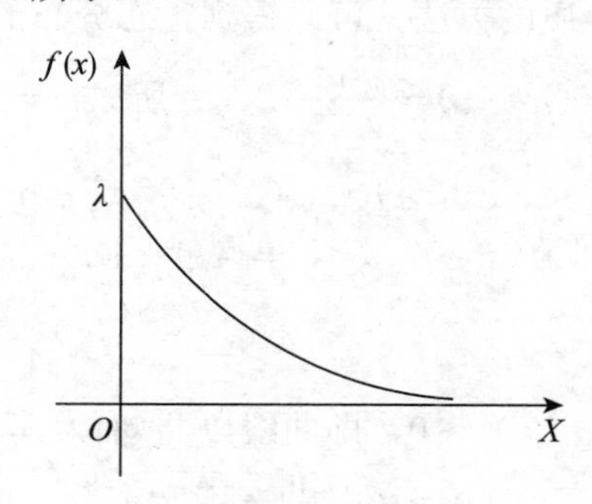

图 11－3－4

如果 $X \sim exp(\lambda)$，则对任意常数 a，$b(0 \leqslant a<b)$，有

$$P(a<X \leqslant b)=\int_a^b \lambda \mathrm{e}^{-\lambda x}\mathrm{d}x=\mathrm{e}^{-a\lambda}-\mathrm{e}^{-b\lambda}$$

指数分布作为各种“寿命”分布的近似而得到广泛应用，如电子元件的寿命、动物寿命、电路中的保险丝寿命等均可用指数分布来描述．

例 3. 设某种电子元件的寿命 $X \sim exp(0.000\,5)$，求 $P(X \leqslant 1\,200)$.

解： $P(X \leqslant 1\,200)=\int_0^{1\,200} 0.000\,5\mathrm{e}^{-0.000\,5x}\mathrm{d}x=1-\mathrm{e}^{-0.6} \approx 0.451$

(3) 正态分布.

正态分布是最重要、最常见的一种连续型分布.

一方面，在自然界里广泛存在具有这种分布的随机变量，如测量误差、射击偏差、海浪高度、混凝土的强度、人的体重和身高、各种产品的质量、纤维的长度和张力、农作物的产量、信号受到干扰的次数，等等. 它们共同的特点是：均可视为许多微小、独立因素作用的总和，而每一个因素的影响又都很小. 如射击偏差就受风速、气压、器械抖动、射手情绪波动等微小、独立因素的综合影响.

另一方面，许多其他分布可以近似作为正态分布来处理，这一点在理论和实践上都非常重要. 如二项分布当试验次数无限增大时、泊松分布当平均发生次数无限增大时，均趋于正态分布，或者说，都可以用正态分布近似代替得到其近似值.

正态分布的密度函数是由高斯发现的，因此，正态分布也称做高斯分布.

定义 4. 若随机变量 X 的密度函数为

$$f(x)=\frac{1}{\sqrt{2\pi}\sigma}e^{-\frac{(x-\mu)^2}{2\sigma^2}}$$

其中 $x\in R$（μ，σ 为常数，且 $\sigma>0$），则称随机变量 X 服从正态分布，或称做高斯分布，记作 $X\sim N(\mu,\sigma^2)$.

用第四章讨论函数性质的方法，可以得到正态分布的密度函数的性质如下：

① 因为 $f(\mu-x)=f(\mu+x)=\frac{1}{\sqrt{2\pi}\sigma}e^{-\frac{x^2}{2\sigma^2}}$，所以 $x=\mu$ 为对称轴. 这表明，对任意 $h>0$，有 $P(\mu-h<X\leqslant\mu)=P(\mu<X\leqslant\mu+h)$.

② 函数的单调增区间为 $(-\infty,\mu)$，单调减区间为 $[\mu,+\infty]$，在 $x=\mu$ 取得最大值 $\frac{1}{\sqrt{2\pi}\sigma}$.

③ 当 $x\to\pm\infty$ 时，$f(x)\to 0$，即曲线以 X 轴为其渐近线.

④ 函数的凹区间为 $(-\infty,\mu-\sigma)$ 和 $[\mu+\sigma,+\infty]$，凸区间为 $[\mu-\sigma,\mu+\sigma]$，两个拐点的坐标为 $(\mu\pm\sigma,\frac{1}{\sqrt{2\pi e}\sigma})$，且 σ 是拐点到对称轴的距离.

⑤ 当 μ 改变而 σ 不变时，曲线沿水平方向平移且形状不变；当 σ 改变而 μ 不变时，曲线随 σ 值的减小而变得“陡峭”，表明 X 落在 μ 附近的概率也大. 因此 σ 是刻画随机变量 X 集中程度的参数.

正态分布的密度函数图像如图 11-3-5 所示，其函数曲线称为正态曲线.

由随机变量的密度函数定义可知，若 $X\sim N(\mu,\sigma^2)$，则对任意常数 a，$b(a<b)$，有

$$P(a<X\leqslant b)=\int_a^b\frac{1}{\sqrt{2\pi}\sigma}e^{\frac{(x-\mu)^2}{2\sigma^2}}dx$$

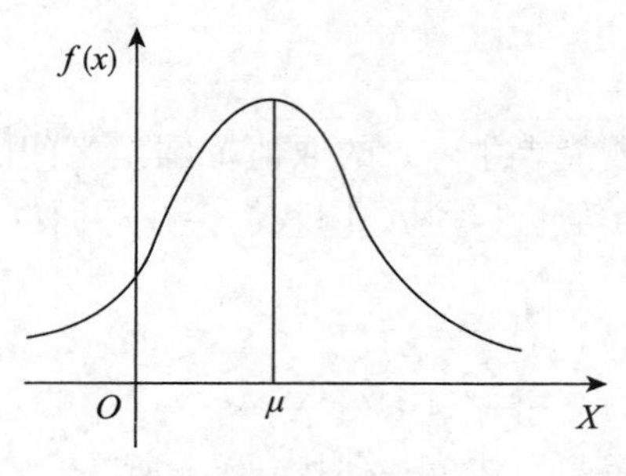

图 11-3-5

一般来说，密度函数的计算非常烦琐，我们暂不给例子，先看其特殊情况：

当 $\mu=0$ 且 $\sigma=1$ 时，称随机变量 X 服从标准正态分布，记作 $X\sim N(0,1)$. 其密度函数(图像如图 11-3-6 所示) 记作

$$\varphi(x)=\frac{1}{\sqrt{2\pi}}\mathrm{e}^{-x^2/2}\quad(x\in R)$$

若 $X\sim N(0,1)$，对任意常数 a，$b(a<b)$，有

$$P(a<X\leqslant b)=\int_a^b\varphi(x)\mathrm{d}x=\int_{-\infty}^b\varphi(x)\mathrm{d}x-\int_{-\infty}^a\varphi(x)\mathrm{d}x$$

若记 $\Phi(x)=\int_{-\infty}^x\varphi(t)\mathrm{d}t$(称为标准正态分布函数)，则

$$P(a<X\leqslant b)=\Phi(b)-\Phi(a)$$

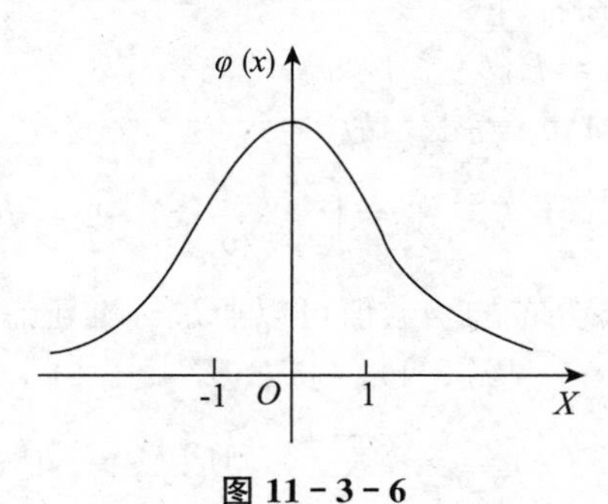

图 11-3-6

可见，求 $P(a<X\leqslant b)$ 可以转化为求标准正态分布函数 $\Phi(x)$ 的函数值. 但一般来说，这也比较烦琐，为此，人们编制了标准正态分布函数值表(见本书末附表) 供查值使用：

当 $x\geqslant 0$ 时，$\Phi(x)$ 的值可以通过查表、计算得到.

当 $x<0$ 时，由分布函数的定义和密度函数曲线关于 Y 轴的对称性可知：

$\Phi(x)+\Phi(-x)=1$

$\Phi(x)=1-\Phi(-x)$

在标准正态分布函数值表中，x 的取值范围是区间[0，3.09]，这是因为当 $x\geqslant 3.09$，其函数值认为等于1，其原因我们会在后面例6中加以说明．

例 4. 设随机变量 $X\sim N(0,1)$

求：①$P(X<1.65)$　　②$P(1<X<2)$

③$P(X>2.25)$　　④$P(|X|<3)$

解：①在本书末附表中，在第一列找到1.6所在行，在表的最上方找到0.05所在列，行列交叉处的值0.950 5即为所求的 $P(X<1.65)$.

②$P(1<X<2)=\Phi(2)-\Phi(1)=0.9773-0.8413=0.1360.$

③$P(X>2.25)=1-P(X\leqslant 2.25)=1-\Phi(2.25)=1-0.9878=0.0122.$

④$P(|X|<3)=P(-3<X<3)=\Phi(3)-\Phi(-3)=\Phi(3)-[1-\Phi(3)]$

$=2\Phi(3)-1=2\times 0.9987-1=0.9974.$

如前所述，一般正态分布 $X\sim N(\mu,\sigma^2)$，对任意常数 a，$b(a<b)$，有

$$P(a<X\leqslant b)=\int_a^b\frac{1}{\sqrt{2\pi}\sigma}\mathrm{e}^{-\frac{(x-\mu)^2}{2\sigma^2}}\mathrm{d}x$$

而 $\int_a^b\frac{1}{\sqrt{2\pi}\sigma}\mathrm{e}^{-\frac{(x-\mu)^2}{2\sigma^2}}\mathrm{d}x=\int_{-\infty}^b\frac{1}{\sqrt{2\pi}\sigma}\mathrm{e}^{-\frac{(x-\mu)^2}{2\sigma^2}}\mathrm{d}x-\int_{-\infty}^a\frac{1}{\sqrt{2\pi}\sigma}\mathrm{e}^{-\frac{(x-\mu)^2}{2\sigma^2}}\mathrm{d}x.$

若记 $F(x)=\int_{-\infty}^x\frac{1}{\sqrt{2\pi}\sigma}\mathrm{e}^{-\frac{(t-\mu)^2}{2\sigma^2}}\mathrm{d}t$（称做正态分布函数），则

$$P(a<X\leqslant b)=F(b)-F(a)$$

设 $s=(t-\mu)/\sigma$，则 $\mathrm{d}t=\sigma\mathrm{d}s$，故

$$F(x)=\int_{-\infty}^x\frac{1}{\sqrt{2\pi}\sigma}\mathrm{e}^{-\frac{(t-\mu)^2}{2\sigma^2}}\mathrm{d}t=\int_{-\infty}^{\frac{x-\mu}{\sigma}}\frac{1}{\sqrt{2\pi}}\mathrm{e}^{-\frac{s^2}{2}}\mathrm{d}s=\Phi(\frac{x-\mu}{\sigma})$$

此式说明了一般正态分布的函数值可以通过标准正态分布函数求得．

例 5. 设随机变量 $X\sim N(1,4)$，求 $P(X<-1)$，$P(-2<X<5)$.

解：$\mu=1$，$\alpha=2$，$F(x)=\Phi(\frac{x-1}{2})$，所以

$$P(X<-1)=F(-1)=\Phi(\frac{-1-1}{2})=\Phi(-1)=1-\Phi(1)=1-0.8413=0.1587$$

$$P(-2<x<5)=F(5)-F(-2)=\Phi(\frac{5-1}{2})-\Phi(\frac{-2-1}{2})$$

$$=\Phi(2)-\Phi(-1.5)=\Phi(2)+\Phi(1.5)-1$$

$$=0.977\,2+0.933\,2-1=0.910\,4$$

例 6. 设随机变量 $X \sim N(\mu, \sigma^2)$，求 $P(|X-\mu|<3\sigma)$.

解： $P(|X-\mu|<3\sigma)$

$$=P(\mu-3\sigma<X<\mu+3\sigma)=F(\mu+3\sigma)-F(\mu-3\sigma)$$

$$=\Phi(3)-\Phi(-3)=2\Phi(3)-1=2\times 0.998\,7-1=0.997\,4$$

此式表明，若随机变量 $X \sim N(\mu, \sigma^2)$，则 X 在区间$[\mu-3\sigma, \mu+3\sigma]$取值的可能性占 99.74%，几乎是 100%，在统计学上，人们称这一结论为“3σ 原则”，它在统计分析中具有极为重要的作用.

例 7. 从南郊某地乘汽车前往位于北郊的火车站乘火车，有甲乙两条路可走：甲穿过市区，路程较短但易堵车，乘汽车所需时间(单位：分钟，下同)$t \sim N(50, 100)$；乙环城绕行，路程较长但不堵车，乘汽车所需时间 $t \sim N(60, 16)$. 若离火车开车时刻还有 70、65 分钟，分别应走哪条路?

解： 选择路线就是比较走哪条路在所需时间内赶上火车的概率较大.

还剩 70 分钟时：

甲：$P(t \leqslant 70)=\Phi[(70-50)/10]=0.977\,2$

乙：$P(t \leqslant 70)=\Phi[(70-60)/4]=0.993\,8>0.9772$

故选乙.

还剩 65 分钟时：

甲：$P(t \leqslant 65)=\Phi[(65-50)/10]=0.933\,2$

乙：$P(t \leqslant 65)=\Phi[(65-60)/4]=0.894\,4<0.933\,2$

故选甲.

习题 11.3

1. 设随机变量 X 的密度函数为

$$f(x)=\begin{cases} Ax^2, & x \in (0, 1) \\ 0, & x \in (0, 1) \end{cases}$$

求：A 和 $P(-1<X<0.5)$.

2. 设随机变量 X 的密度函数为

$$f(x)=\begin{cases} \frac{1}{2}\cos x, & x \in (-\frac{\pi}{2}, \frac{\pi}{2}) \\ 0, & x \notin (-\frac{\pi}{2}, \frac{\pi}{2}) \end{cases}$$

求：$P(0<X<\pi/4)$，$P(-\pi/4<X<\pi/3)$，$P(X>-\pi/4)$.

3. 从码头开往商城的汽车，自早上5：30起，每隔15分钟一班，如果乘客在7：00～7：30等可能地到码头乘车去商城，他候车时间不到5分钟和超过5分钟的概率各是多少？
4. 设随机变量X服从参数$\lambda=3$的指数分布，求X的密度函数和$P(X\geqslant 2)$.
5. 设随机变量$X\sim\exp(\lambda)$，且$P(1\leqslant X\leqslant 2)=1/4$. 求$\lambda$.
6. 设随机变量$X\sim N(0,1)$，求$P(X\leqslant 1.65)$，$P(1.65\leqslant X\leqslant 2.09)$.
7. 设一批零件的长度$X\sim N(20,0.04)$，从中任取一件，求：

   (1)$P(|X-20|\leqslant 0.3)$.

   (2)ε，使$P(|X-20|\leqslant\varepsilon)=0.95$.
8. 公共汽车车门的高度是按男子与车门顶碰头机会在0.01以下设计的．设男子身高(厘米)$X\sim N(170,36)$，问车门应设计多高？

●拓展阅读：随机变量的分布函数

在本章，我们介绍了离散型随机变量的概率分布列和连续型随机变量的密度函数，为了使随机变量概率分布的描述方法得到统一，便于运用，主要是为了讨论连续型随机变量的概率的类型和计算，下面介绍概率分布函数．

1. 概率分布函数的概念和性质

定义．设X是随机变量，对任一实数x，则称函数$F(x)=P(X\leqslant x)$，$x\in R$为随机变量X的概率分布函数．

注意：$X\leqslant x$表示事件，$F(x)=P(X\leqslant x)$表示该事件的概率．概率分布函数是一个普通函数，其定义域为整个实数集，值域是闭区间$[0,1]$. 如果把X看成数轴上随机点的坐标，则函数$F(x)$在x处的函数值就表示随机点X落在区间$(-\infty,x]$的概率．

由概率的性质和概率分布函数的定义可知，概率分布函数有如下性质：

(1)$F(x)$单调非减，即若$x_1<x_2$，则$F(x_1)\leqslant F(x_2)$.

(2)$0\leqslant F(x)\leqslant 1$，且$F(-\infty)=\lim\limits_{x\to-\infty}F(x)=0$，$F(+\infty)=\lim\limits_{x\to+\infty}F(x)=1$.

(3) 对任意实数a，b，有$P(a<X\leqslant b)=F(b)-F(a)$.

特别地，$P(X>a)=1-P(X\leqslant a)=1-F(a)$.

2. 离散型随机变量的概率分布函数

例．设离散型随机变量X的分布列见表11-拓-1.

表 11-拓-1　　离散型随机变量 X 的分布列

X	1	2	3
P	1/2	1/6	1/3

(1)X 的概率分布函数.

(2) 求概率 $P(X\leqslant 1/2)$ 和 $P(3/2<X\leqslant 5/2)$.

解：(1) 当 $x<1$ 时，

$F(x)=P(X\leqslant x)=0$

当 $1\leqslant x<2$ 时，

$F(x)=P(X\leqslant x)=P(X=1)=1/2$

当 $2\leqslant x<3$ 时，

$F(x)=P(X\leqslant x)=P(X=1)+P(X=2)=1/2+1/6=2/3$

当 $x\geqslant 3$ 时，

$F(x)=P(X=1)+P(X=2)+P(X=3)=1/2+1/6+1/3=1$

所以

$$F(x)=\begin{cases}0,\ x<1\\1/2,\ 1\leqslant x<2\\2/3,\ 2\leqslant x<3\\1,\ x\geqslant 3\end{cases}$$

(2)$P(X\leqslant 1/2)=F(1/2)=0$

$P(3/2<X\leqslant 5/2)=F(5/2)-F(3/2)=1/6$

可见，$F(x)$ 的值不是 $X=x$ 的概率，而是 X 在$(-\infty, x]$取值的"累积概率"，其图像呈"阶梯形"折线(见图 11-拓-1)，在横坐标 $x=1, 2, 3$ 各点处跳跃一个台阶，跳跃高度恰为该点对应的概率．也就是说，离散型随机变量的概率分布函数是一个右连续的阶梯函数．具体见图 11-拓-1.

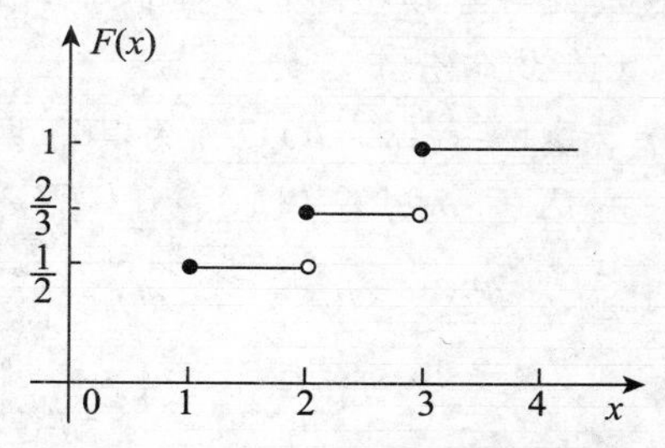

图 11-拓-1　离散型随机变量概率分布

一般地，设离散型随机变量 X 的概率分布为 $P(X=x_k)=p_k(k=1, 2, \cdots,)$，则其分布函数为

$$F(x)=P(X\leqslant x)=\sum_{x_k\leqslant x}P(X=x_k)=\sum_{x_k\leqslant x}p_k$$

3. 连续型随机变量的概率分布函数

若连续型随机变量 X 的概率密度函数为 $f(x)$，概率分布函数为 $F(x)$，则由

概率密度函数和概率分布函数的定义可知，对任意的 $x\in R$，有

$$F(x)=P(X\leqslant x)=P(-\infty<X\leqslant x)=\int_{-\infty}^{x}f(t)\mathrm{d}t$$

这就是连续型随机变量 X 的概率分布函数．

可见，该函数完全由密度函数所确定，即它和密度函数都可以用来描述连续型随机变量 X 的统计规律性．

连续型随机变量 X 的概率分布函数具有如下性质：

(1)$F(x)$ 是连续函数．

(2) 在密度函数 $f(x)$ 连续点处，有 $F'(x)=f(x)$，即分布函数是密度函数的原函数．

所以，结合密度函数的定义可得

$$P(a\leqslant X\leqslant b)=\int_{a}^{b}f(x)\mathrm{d}x=F(b)-F(a)$$

特别地，

$$P(X\leqslant b)=F(b)=\int_{-\infty}^{b}f(x)\mathrm{d}x$$

$$P(X>a)=1-P(X\leqslant a)=1-\int_{-\infty}^{a}f(x)\mathrm{d}x$$

4. 几种常见连续型随机变量的分布函数

离散型随机变量的概率分布，由其分布列已经能够完整地刻画，但是，连续型随机变量的概率，还需要通过分布函数进一步深入讨论．下面我们给出前面提到过的几种连续型随机变量的概率分布函数．

(1) 均匀分布函数．

若 $X\sim U(a, b)$，因为其密度函数为：

当 $X<a$ 时，$f(x)=0$，$F(x)=0$

当 $a\leqslant X\leqslant b$ 时，$F(x)=\int_{-\infty}^{x}f(t)\mathrm{d}t=\int_{-\infty}^{a}0\mathrm{d}t+\int_{a}^{x}\frac{1}{b-a}\mathrm{d}t=\frac{x-a}{b-a}$

当 $X>b$ 时，$F(x)=\int_{-\infty}^{x}f(t)\mathrm{d}t=\int_{-\infty}^{a}0\mathrm{d}t+\int_{a}^{b}\frac{1}{b-a}\mathrm{d}t+\int_{b}^{x}0\mathrm{d}t=1$

所以，均匀分布的分布函数为

$$F(x)=\begin{cases}0, & x\in(-\infty, a)\\ \frac{x-a}{b-a}, & x\in[a, b]\\ 1, & x\in(a, +\infty)\end{cases}$$

图 11-拓-2 给出了均匀分布的分布函数图形．

(2) 指数分布函数.

若 $X \sim \exp(\lambda)$，因为其密度函数为

$$f(x)=\begin{cases}\lambda e^{-\lambda x}, & x \geqslant 0 \\ 0, & x<0\end{cases} \quad (\lambda>0)$$

当 $X<0$ 时，$f(x)=0$，$F(x)=0$

当 $X \geqslant 0$ 时，$F(x)=\int_{-\infty}^{x} f(t)\mathrm{d}t=\int_{-\infty}^{0} 0\mathrm{d}t+\int_{0}^{x} \lambda e^{-\lambda t}\mathrm{d}t=1-e^{-\lambda x}$

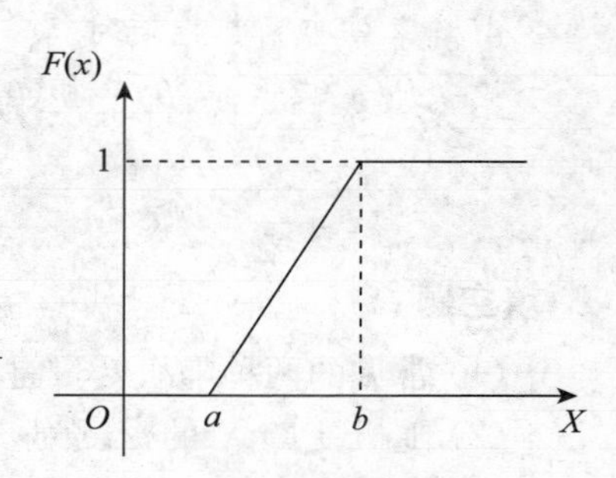

图 11-拓-2

所以，指数分布的分布函数(见图 11-拓-3) 为

$$F(x)=\begin{cases}1-e^{-\lambda x}, & x \geqslant 0 \\ 0, & x<0\end{cases}$$

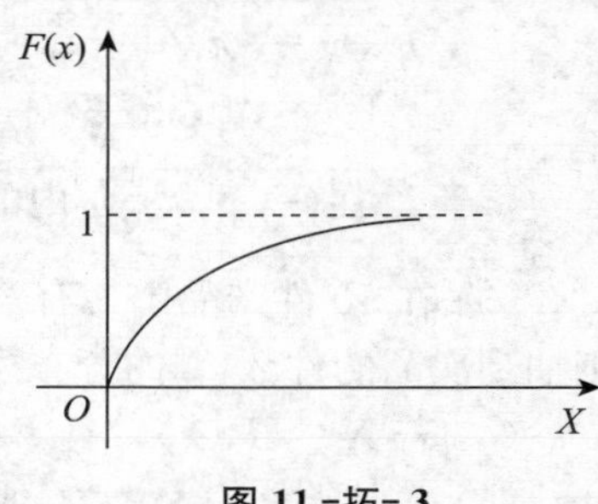

图 11-拓-3

(3) 正态分布函数.

若 $X \sim N(\mu, \sigma^2)$，则随机变量 X 的密度函数为

$f(x)=\frac{1}{\sqrt{2\pi}\sigma} e^{-\frac{(x-\mu)^2}{2\sigma^2}}$，$x \in R$(其中 μ、σ 为常数，且 $\sigma>0$)

X 的概率分布函数为 $F(x)=\int_{-\infty}^{x} f(t)\mathrm{d}t=\int_{-\infty}^{x} \frac{1}{\sqrt{2\pi}\sigma} e^{-\frac{(x-\mu)^2}{2\sigma^2}}\mathrm{d}t$，$x \in R$(见图 11-拓-4).

特别地，若 $X \sim N(0, 1)$，即标准正态分布，其密度函数为 $\varphi(x)=\frac{1}{\sqrt{2\pi}} e^{-x^2/2}$，$x \in R$，分布函数为 $\Phi(x)=\int_{-\infty}^{x} \frac{1}{\sqrt{2\pi}} e^{-t^2/2}\mathrm{d}t$，$x \in R$(见图 11-拓-5).

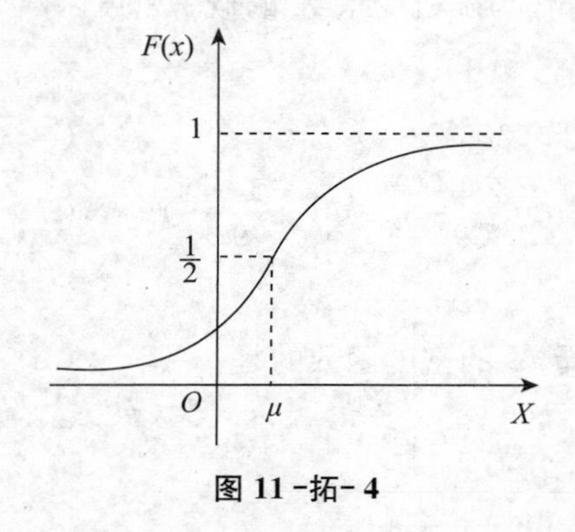

图 11-拓-4

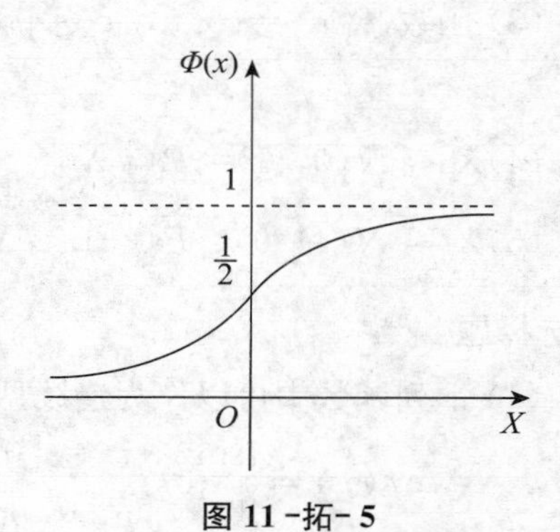

图 11-拓-5

由概率分布函数性质可得

$$P(a \leqslant X \leqslant b) = \Phi(b) - \Phi(a)$$

自测题 11

1. 填空题

(1) 常见的两种随机变量是____________________.

(2) 随机变量 X 的密度为

$$f(x)=\begin{cases}\dfrac{1}{\pi\sqrt{1-x^2}}, & x\in(-1,1)\\ 0, & x\notin(-1,1)\end{cases}$$

X 在$\left(-\dfrac{1}{2}, \dfrac{1}{2}\right)$内的概率为________.

(3) 在 10 件产品中，有 3 件次品，每次不放回地抽取 1 件，连续抽取 4 次，则抽到次品的件数 X 的分布列为________________.

(4) 若 $X \sim P(\lambda)$，且 $P(4)=P(5)$，则 λ ________________.

(5) 在某大楼内，电梯的等候时间在$[0, 5]$分钟之间均匀分布，则概率密度函数为________；等候时间大于 0.5 分钟的概率为________；电梯在最初 45 秒到达的概率为________；等候时间在 1 至 3 分钟的概率为________.

2. 判断正误

(1) 研究随机变量及其概率分布的目的是随机变量数量化，概率函数化．（　　）

(2) 设连续性随机变量 X 的密度函数为 $f(x)$，则 $P(a<x<b)<P(a\leqslant x\leqslant b)$.（　　）

(3) 函数 $f(x)=\cos x$，$x\in\left[0, \dfrac{\pi}{2}\right]$可作为随机变量 X 的概率密度函数．（　　）

(4) $X\sim N(0, 1)\Rightarrow P(|X|<2.5)=2\Phi(2.5)-1$.（　　）

(5) $X\sim N(1, 9)\Rightarrow P(-1<X<2)=\Phi\left(\dfrac{2-1}{9}\right)-\Phi\left(\dfrac{-1-1}{9}\right)$.（　　）

3. 选择题

(1) 下列函数中可以作为连续型随机变量 X 的密度函数的是（　　）

A. $f(x)=\begin{cases}\sin x, & x\in[0, \pi/2]\\ 0, & x\notin[0, \pi/2]\end{cases}$

B. $g(x)=\begin{cases}\sin x, & x\in[0,\pi]\\ 0, & x\notin[0,\pi]\end{cases}$

C. $h(x)=\begin{cases}\sin x, & x\in[0,3\pi/2]\\ 0, & x\notin[0,3\pi/2]\end{cases}$

D. $l(x)=\begin{cases}\sin x, & x\in[0,2\pi]\\ 0, & x\notin[0,2\pi]\end{cases}$

(2) 若事件 A 在一次试验中发生的概率为 $1/4$，则在 3 次独立重复试验中，事件 A 恰好发生 2 次的概率为　(　　)

A. 1/2　　B. 1/16　　C. 3/64　　D. 9/64

(3) 连续性随机变量 X 的密度函数为 $f(x)$，则下列性质中错误的一个是　(　　)

A. $f(x)\geqslant 0$　　B. $\int_{-\infty}^{+\infty}f(x)\mathrm{d}x=1$

C. $P(X=a)=0$　　D. $P(a<X<b)\neq P(a\leqslant X\leqslant b)$

(4) $X\sim N(\mu,\sigma^2)$，$P(X>3)=P(X<1)\Rightarrow\mu=$____　(　　)

A. 3　　B. 1　　C. 2　　D. 0

(5) 设 $X\sim N(\mu,\sigma_1^2)$，$Y\sim N(\mu,\sigma_2^2)$，$P(|X-\mu|<a)>P(Y-\mu|<a)$，试比较 σ_1，σ_2 的大小　(　　)

A. $\sigma_1<\sigma_2$　　B. $\sigma_1>\sigma_2$

C. $\sigma_1=\sigma_2$　　D. 不能判断大小

4. 某柜组有 4 名售货员、2 台秤，每位售货员在 8 小时内均有 2 小时时间用台秤，求台秤不够用的概率．

5. 已知一本书中每页印刷错误的个数 X 服从泊松分布 $X\sim P(0.5)$，试求一页上印刷错误的个数不多于 1 个的概率．

6. 某厂职工月收入 X 是一个连续型随机变量，它服从正态分布 $X\sim N(2\,000, 40\,000)$，求该厂月收入高于 2 100 元的职工数占全厂职工总数的百分比 ($\Phi(0.5)=0.691\,5$)．

第12章

随机变量的数字特征

本章导读

概率密度和分布函数，可以完整地描述随机变量的统计规律．但在实际问题中，求出它们是一件非常困难、甚至是不可能的事情．而在许多情况下，只要知道随机变量的某些特征即可．这些特征数值，虽然不能完整地描述随机变量，但却可以描述它某些方面我们需要的特征．我们把表示随机变量某些特征的数值称为随机变量的数字特征．

本章将介绍随机变量最常用的数字特征：数学期望、方差和标准差．

第1节　数学期望

1. 离散型随机变量的数学期望

引例．为了检验一批钢筋的抗拉强度，从中抽检10根，显然，被抽检的钢筋的抗拉强度 X 是一个随机变量，抽检结果如表12-1-1所示：

表12-1-1

抗拉强度	100	105	110	115	120
根数	1	4	3	1	1

这10根钢筋的平均抗拉强度为

$$(100\times1+105\times4+110\times3+115\times1+120\times1)/10=108.5.$$

此式也可写为

$$100\times0.1+105\times0.4+110\times0.3+115\times0.1+120\times0.1=108.5$$

即随机变量的取值与相应的频率乘积之和.

由于对于不同的抽检试验，随机变量取值的频率一般不会相同，即再另抽检 10 根，一般会得到不同的平均值，这主要是由于频率的波动性所引起的. 为了消除这种波动性的影响，我们可以用概率代替频率，从而可以得到反应抗拉强度的准确平均值.

定义 1. (1) 设离散型随机变量 X 的分布列为 $P(X=x_k)=p_k(k=1, 2, \cdots, n)$，则称 $\sum_{k=1}^{n}x_kp_k$ 为随机变量 X 的数学期望或均值，记作 $E(X)$，即 $E(X)=\sum_{k=1}^{n}x_kp_k$.

(2) 设离散型随机变量 X 的分布列为 $P(X=x_k)=p_k$ $(k=1, 2, \cdots)$ 若极限 $\lim_{n\to\infty}\sum_{k=1}^{n}|x_k|p_k$ 存在，则称极限 $\lim_{n\to\infty}\sum_{k=1}^{n}x_kp_k$ 为随机变量 X 的数学期望或均值，记作 $E(X)$，即 $E(X)=\lim_{n\to\infty}\sum_{k=1}^{n}x_kp_k$.

不难理解，定义中随机变量 X 的取值 x_k 出现的概率 p_k 越大，均值受它的影响就越大.

值得注意是：$\lim_{n\to\infty}\sum_{k=1}^{n}|x_k|p_k$ 存在，必有 $\lim_{n\to\infty}\sum_{k=1}^{n}x_kp_k$ 存在，证明已超出本书的范围. 此外，$\lim_{n\to\infty}\sum_{k=1}^{n}x_kp_k$ 可记作 $\sum_{k=1}^{\infty}x_kp_k$. 在学习数列的极限时已经知道，$\sum_{k=1}^{\infty}x_kp_k$ 存在也可称为收敛，从而 $E(X)=\sum_{k=1}^{\infty}x_kp_k$.

例 1. 一批产品有一、二、三等品，相应的概率分别为 0.85，0.1，0.05，售价分别为 7.00 元，6.50 元，6.20 元，求产品的平均售价.

解： 设 X 表示“产品售价”，则其分布列见表 12-1-2.

表 12-1-2

X	7.00	6.50	6.20
P	0.85	0.10	0.05

所以，$E(X)=7.00\times0.85+6.50\times0.10+6.20\times0.05=6.91$(元).

例 2. 某建筑公司要在 A、B 两项工程中选定一项投标，标书制作费分别为

0.4 万元和 0.2 万元，中标概率分别为 0.20 和 0.25，完成工程可获收益分别为 20 万元和 16 万元，该公司应参与哪项工程的竞标?

解: 选两项工程获益概率分布对比见表 12-1-3.

表 12-1-3

A			B		
x	20	-0.4	y	16	-0.2
p	0.2	0.8	p	0.25	0.75

$E(x)=20\times 0.2+(-0.4)\times 0.8=3.68$(万元)

$E(y)=16\times 0.25+(-0.2)\times 0.75=3.85$(万元)

该公司应选 B 工程参与竞标.

例 3. 甲、乙两人月产工件数相同，所出废品数及其相应概率见表 12-1-4，甲、乙谁技术较好?

表 12-1-4

甲					乙				
X	0	1	2	3	Y	0	1	2	3
P	0.3	0.3	0.2	0.2	P	0.3	0.5	0.2	0

解: $E(X)=0\times 0.3+1\times 0.3+2\times 0.2+3\times 0.2=1.3$

$E(Y)=0\times 0.3+1\times 0.5+2\times 0.2+3\times 0.0=0.9$

从月产品的平均废品数看，乙比甲技术好.

由定义可以证明下面几种常见离散型随机变量的数学期望.

(1) 两点分布的数学期望：设随机变量 $X\sim B(1, p)$，则 $E(X)=0\times(1-p)+1\times p=p$.

(2) 二项分布的数学期望：设随机变量 $X\sim B(n, p)$，则 $E(X)=np$.

(3) 泊松分布的数学期望：设随机变量 $X\sim P(\lambda)$，则 $E(X)=\lambda$.

可见，离散型随机变量的数学期望，完全由概率分布的参数所确定.

2. 连续型随机变量的数学期望

设连续型随机变量 X 的密度函数为 $f(x)$，注意到 $f(x)\,\mathrm{d}x$ 与离散型随机变量中的 p_k 类似，于是可定义如下.

定义 2. 设连续型随机变量 X 的密度函数为 $f(x)$，若积分 $\int_{-\infty}^{+\infty}|x|f(x)\mathrm{d}x$

收敛，则称积分 $\int_{-\infty}^{+\infty} xf(x)\mathrm{d}x$ 为随机变量 X 的数学期望，记作 $E(X)$，即

$$E(X)=\int_{-\infty}^{+\infty} xf(x)\mathrm{d}x .$$

由定义可以证明下面几种常用连续型随机变量的数学期望：

(1) 均匀分布的数学期望：设随机变量 $X \sim U(a,\ b)$，则 $E(X)=(a+b)/2$.

(2) 指数分布的数学期望：设随机变量 $X \sim \exp(\lambda)$，则 $E(X)=1/\lambda$.

(3) 正态分布的数学期望：设随机变量 $X \sim N(\mu,\ \sigma^2)$，则 $E(X)=\mu$；若 $X \sim N(0,\ 1)$，则 $E(X)=0$.

$E(X)=\mu$ 表明，正态分布中参数 μ 的统计意义是随机变量的数学期望.

可见，连续型随机变量的数学期望，也都完全由其密度函数中的参数所确定.

上面我们介绍了数学期望的概念和常用分布的数学期望，下面我们介绍数学期望的性质，以便于计算.

(1) $E(C)=c$，其中 c 为常数.

若随机变量 X 总取一个常数值 c，则称该分布为单点分布. 因为其分布列为 $P(X=c)=1$，所以 $E(X)=c\times 1=c$，即 $E(C)=c$. 在讨论随机变量的数字特征时，单点分布还是有一定价值的.

(2) $E(kX)=kE(X)$，其中 k 为常数.

(3) $E(X+Y)=E(X)+E(Y)$.

性质 (3) 可推广到任意有限个随机变量和的情况.

值得注意的是，任何一个随机变量的数学期望不再是一个随机变量，而只是一个数值；一般来说，$[E(x)]^2 \neq E(X^2)$.

为了后面介绍方差及其计算的需要，下面我们给出随机变量平方的数学期望的定义.

定义 3. (1) 若离散型随机变量 X 的分布列为 $P(X=x_k)=p_k(k=1,\ 2,\ \cdots,\ n)$，则随机变量 X^2 的数学期望为

$$E(X^2)=\sum_{k=1}^{n} x_k^2 p_k$$

(2) 若离散型随机变量 X 的分布列为 $P(X=x_k)=p_k(k=1,\ 2,\ \cdots)$，且 $\sum_{k=1}^{\infty} x_k^2 p_k$ 收敛，则随机变量 X^2 的数学期望为

$$E(X^2)=\sum_{k=1}^{\infty} x_k^2 p_k$$

（3）若连续型随机变量 X 的密度函数为 $f(x)$，且积分 $\int_{-\infty}^{+\infty} x^2 f(x)\mathrm{d}x$ 收敛，则随机变量 X^2 的数学期望为 $E(X^2)=\int_{-\infty}^{+\infty} x^2 f(x)\mathrm{d}x$.

例 4. 设随机变量 X 的分布列见表 12－1－5.

表 12－1－5

X	-1	0	1
P	1/2	1/4	1/4

求：$E(X)$，$E(2X-1)$，$E(X^2)$．

解： $E(X)=(-1)\times 1/2+0\times 1/4+1\times 1/4=-1/4$

$E(2X-1)=E[(2X)+(-1)]=E(2X)+E(-1)=2E(X)-1=-3/2$

$E(X^2)=(-1)^2\times 1/2+0^2\times 1/4+1^2\times 1/4=3/4$

习题 12.1

1. 甲、乙两台车床生产同一工件，生产 1 000 件出现的次品数分别用 X、Y 表示，经过一段时间的质量检验得知，X、Y 的分布列见表 12－1－6.

表 12－1－6

X	0	1	2	3	Y	0	1	2
P	0.7	0.1	0.1	0.1	P	0.5	0.3	0.2

试比较两台车床的优劣．

2. 设随机变量 X 的分布列见表 12－1－7.

表 12－1－7

X	0	1	2
P	1/2	3/8	1/8

求：$E(X)$，$E(3X+4)$，$E(X^2)$．

3. 设随机变量 X 的密度函数为 $f(x)=\frac{1}{2}\mathrm{e}^{-|x|}$，$x\in R$.

求：$E(X)$，$E(-3X+1)$，$E(X^2)$．

4. 某厂对一批将出售的产品估价，质检报告其中一、二、三等品和等外品以及废品的概率分别为 0.7，0.1，0.1，0.06，0.04，若相应产值分别为 6.0 元、5.4 元、5.0 元、4.0 元、－0.5 元，求该批产品的平均价值．

第 2 节　方差与标准差

在实际问题中，只知道随机变量的数学期望是远远不够的，例如，有甲、乙两组相同型号的灯泡，测得它们的使用寿命（单位：小时）分别为：

甲：960　1 034　960　987　1 000　1 036　992　1 023　1 025　983

乙：930　1 220　655　1 342　654　942　680　1 176　1 352　1 051

这两组灯泡的平均寿命（数学期望）均为 1 000 小时，但整体分析、比较各组数据与均值的偏差，不难发现是甲小乙大，这说明甲组数据比较稳定，也就是该组灯泡的质量稳定，尤其是若规定灯泡寿命在 950 小时以上为合格，则甲全部合格，而乙不是．

可见，研究随机变量与其均值的偏离程度十分必要．如何研究呢？自然会首先想到，用 $X-E(X)$ 的均值，但 $E[X-E(X)]\equiv 0$，不能解决问题；于是想到用 $E|X-E(X)|$，但含绝对值不便运算；因此，改用 $E\{[X-E(X)]^2\}$ 来刻画、度量随机变量 X 与其均值 $E(X)$ 的偏离程度，其值越大，说明随机变量 X 的取值离散程度越高，反之，集中程度越高．

度量随机变量 X 与其均值 $E(X)$ 偏离程度的数值 $E\{[X-E(X)]^2\}$ 就是方差．

1. 方差的定义和性质

定义．设 X 是一个随机变量，若 $E\{[X-E(X)]^2\}$ 存在，则称之为 X 的方差，记作 $D(X)$，即 $D(X)=E\{[X-E(X)]^2\}$．同时称 $\sigma(X)=\sqrt{D(X)}$ 为 X 的标准差．

不难理解，标准差与随机变量有相同的单位．

因为方差实际上就是 $[X-E(X)]^2$ 的均值，故

(1) 对于有穷离散型随机变量 X，有 $D(X)=\sum\limits_{k=1}^{n}[x_k-E(X)]^2p_k$，其中 X 的分布列为 $P(X=x_k)=p_k(k=1, 2, \cdots, n)$.

(2) 对于无穷离散型随机变量 X，有 $D(X)=\sum\limits_{k=1}^{\infty}[x_k-E(X)]^2p_k$，其中 X 的分布列为 $P(X=x_k)=p_k(k=1, 2, \cdots)$.

(3) 对于连续型随机变量 X，有 $D(X)=\int_{-\infty}^{+\infty}[X-E(X)]^2f(x)\mathrm{d}x$，其中

$f(x)$ 是 X 的密度函数．

例 1. 计算本节开头引例中甲乙两组数据的方差．

解： $E(X)=1\ 000$

甲：$D(X)=(960-1\ 000)^2\times 0.1+\cdots+(983-1\ 000)^2\times 0.1=732.8$

乙：$D(X)=(930-1\ 000)^2\times 0.1+\cdots+(1\ 051-1\ 000)^2\times 0.1=67\ 225.0$

因为甲的方差比乙的方差小，所以甲质量稳定．

在计算方差时，有时用下面的公式更简便：

$$D(X)=E(X^2)-[E(X)]^2$$

注意到对一个随机变量而言，$E(X)$ 是一个常数，所以上述公式用方差定义和均值性质不难证明．

例 2. 设随机变量 X 的密度函数为

$$f(x)=\begin{cases}1+x, & x\in[-1, 0)\\ 1-x, & x\in[0, 1)\\ 0, & x\notin[-1, 1]\end{cases}$$

求 $D(X)$．

解： $E(X)=\int_{-1}^{0}x(1+x)\mathrm{d}x+\int_{0}^{1}x(1-x)\mathrm{d}x=0$

$$E(X^2)=\int_{-1}^{0}x^2(1+x)\mathrm{d}x+\int_{0}^{1}x^2(1-x)\mathrm{d}x=1/6$$

$$D(X)=E(X^2)-[E(X)]^2=1/6$$

易证方差有性质：$D(k)=0$，$D(kX)=k^2D(X)$，其中 k 为常数．

2. 几种常用分布的方差

由定义可以证明下面几种常用分布的方差：

（1）两点分布的方差：设随机变量 $X\sim B(1, p)$，则 $D(X)=p(1-p)$．

（2）二项分布的方差：设随机变量 $X\sim B(n, p)$，则 $D(X)=np(1-p)$．

（3）泊松分布的方差：设随机变量 $X\sim P(\lambda)$，则 $D(X)=\lambda$.

（4）均匀分布的方差：设随机变量 $X\sim U(a, b)$，则 $D(X)=(b-a)^2/12$.

（5）指数分布的方差：设随机变量 $X\sim \exp(\lambda)$，则 $D(X)=1/\lambda^2$.

（6）正态分布的方差：设随机变量 $X\sim N(\mu, \sigma^2)$，则 $D(X)=\sigma^2$；若 $X\sim N(0, 1)$，则 $D(X)=1$.

$D(X)=\sigma^2$ 表明，正态分布中参数 σ^2 的统计意义是随机变量的方差，而 σ 的统计意义是随机变量的标准差．

可见，与数学期望一样，随机变量的方差，也都完全由其分布列或密度函数中的参数所确定．

随机变量的数学期望和方差，在概率统计中经常用到，下面我们给出两个例子．

例 3. 已知离散型随机变量 X 的所有可能取值为

$$x_1=1,\ x_2=2,\ x_3=3$$

$$E(X)=2.3,\ D(X)=0.61$$

求 X 的分布列．

解： 设 X 的分布列见表 12－2－1.

表 12－2－1

X	1	2	3
P	p_1	p_2	p_3

则　$p_1+p_2+p_3=1$

$$1p_1+2p_2+3p_3=E(X)=2.3$$

$$1^2p_1+2^2p_2+3^2p_3=E(X^2)=D(X)+[E(X)]^2=5.9$$

解得　$p_1=0.2,\ p_2=0.3,\ p_3=0.5$.

所以，X 的分布列见表 12－2－2.

表 12－2－2

X	1	2	3
P	0.2	0.3	0.5

作为本章的结束，我们给出一个均值应用的实例．

例 4. 在 1 000 人的一个群体中，有 1 名某种非传染性疾病患者．要找到他，需要采集这 1 000 人的血样，并化验某项特征指标．可用两种方法化验：一是化验每个人的血样，这要验 1 000 次；二是 k 人 1 小组，分组混合血样，若验得小组混合血样的特征指标呈阴性，可知该组无患者，只验 1 次，否则，再逐个化验这 k 个人的血样，小组共需化验 $k+1$ 次（若逐人化验过程中发现患者，其余不必再验，但这 k 个血样被验到的可能性均等，即我们认为需要化验 k 次）．第二种方法大大减少了总的化验次数，问 k 取何值时，化验次数最少？最少化验多少次？若其中有 10 名患者结论如何？

解：（1）各人血样阳性的概率为 0.001，阴性的概率为 0.999. 设 k 人 1 组时，组内人均被化验的次数为 X，则 X 是一个随机变量．若小组混合血样化验指标呈阴性，小组共验1次，人均1/ k 次，混合血样呈阴性的概率为（$1-1/1\,000)^k=0.999^k$（疾病不传染，可以认为各人血样化验结果互不影响）；否则，小组共验 $k+1$ 次，人均（$k+1$）/ k 次，混合血样呈阳性的概率为 $1-0.999^k$.

所以，组内人均被验次数为

$$E(X)=\frac{1}{k}\times 0.999^k+\left(\frac{k+1}{k}\right)\times(1-0.999^k)=1-0.999^k+\frac{1}{k}=L(k)$$

事实上，这也是这1 000人中每个人的血样被化验的平均次数．

由题意可知，我们应用的是化验方法二，当然人均次数必然要求小于1且取最小值时，就会得到最好的分组方法，即求函数 $L(k)=1+\frac{1}{k}-0.999^k$ 的最小值和最小值点．因为

$$L'(k)=-0.999^k\ln 0.999-1/k^2=0.001\times 0.999^k-1/k^2$$

用计算器试算可知，当 $k=32$ 时，$L'(k)<0$，$L(k)=0.062\,76$；当 $k=33$ 时，$L'(k)>0$，$L(k)=0.062\,78$.

所以，取 $k=32$，最少共化验 $1\,000\times 0.062\,76=62.76=63$(次)．这比化验方法一省（$1\,000-63)/1\,000=94\%$的工作量．

（2）在1 000人中有10名患者时，同理可得

$$L(k)=1-0.99^k+\frac{1}{k}$$

$$L'(k)=0.99^k\ln 0.99-\frac{1}{k^2}=0.01\times 0.99^k-\frac{1}{k^2}$$

用计算器试算可知，当 $k=10$ 时，$L'(k)<0$，$L(k)=0.195\,62$；当 $k=11$ 时，$L'(k)>0$，$L(k)=0.195\,57$.

所以，取 $k=11$，最少共化验 $1\,000\times 0.195\,57=195.57=196$(次)．这比化验方法一省（$1\,000-196)/1\,000=80\%$的工作量．

需要指出的是，用初等数学方法也可以求得（1）的答案，但不能求得（2）的答案．解（1）过程如下：

k 人1组共分 $1\,000/k$ 组，患者只能分在某一组，各组混合血样各验1次，共验 $1\,000/k$ 次，即可确定患者所在组．该组至多验 $k-1$ 次，共验 $1\,000/k+k-1\geqslant 2\sqrt{1\,000}-1\approx 63$ 次，即最少验63次，此时，$1\,000/k=k$，即 $k=\sqrt{1\,000}\approx 32$.

习题 12.2

1. 甲、乙两人加工同样的零件，他们加工的零件可得1，2，3，4，5分的概率分别为

甲：0.1，0.3，0.2，0.2，0.2

乙：0.2，0.1，0.3，0.2，0.2

问谁的加工技术较好？

2. 设随机变量 X 的密度函数为 $f(x)=\begin{cases}|x| & x\in(-1,1)\\ 0, & x\notin(-1,1)\end{cases}$，求 $D(X)$.

3. 某射手每次击中目标的概率为 0.9，该射手现连续射击 30 次，求“击中目标次数 X”的概率分布、数学期望 $E(X)$ 和方差 $D(X)$.

4. 一批玉米种子的发芽率是 75%，播种时每穴 3 粒，求每穴发芽种子粒数的均值、方差和标准差.

5. 设某随机变量 $X\sim B(n, p)$，且 $E(X)=2$，$D(X)=1.2$，求 $P(X=3)$.

拓展阅读：概率论发展概述

概率论作为一个学科，酝酿于16世纪，创立于17世纪，18世纪中后期得到迅猛发展.

1654年，法国数学家帕斯卡（Blaise Pascal）的一名好友向其提出合理分配赌资的问题，引起了帕斯卡和费马的深入研究.

1655年，荷兰数学家惠更斯（Christian Huygens）来到巴黎，潜心研究，1657年出版《论赌博中的计算》，这标志着概率论作为一门学科的诞生.

1713年，瑞士数学家雅各·伯努利（Jacob Bernoulli）的遗著《猜度术》将这门学科建立在数学基础之上，后来通过法国数学家棣莫弗（A. De moiver）和拉普拉斯的工作，表述更加规范. 1718年棣莫弗出版《机会论》.

1763年英国概率论家贝叶斯（T. Bayes）的遗著《论有关机遇问题的求解》出版.

1777年，法国数学家布丰（G. L. Buffon）出版了《或然算术实验》，这是概率论中典型的几何概率问题. 布丰研究了多种几何概率问题，将概率的古典定义和几何定义加以比较就会发现，“等可能性”是一个基本、重要的概念. 在古典定义里，只有不可能事件的概率为零，而在几何定义中，概率为零的事件未必是不可能事件.

1812年，拉普拉斯出版古典概率论的经典著作《分析概率论》，全面总结了前人的工作.

1889年，法国数学家贝特朗在《概率计算》中给出了著名的贝特朗悖论，揭示了直观的、经验的“等可能性”概念的缺陷.

1919年，奥地利数学家冯·米泽斯在一篇论文中运用公理方法给出了以统计频率比作为基础的概率定义，其理论依据是强大数定律，它具有较强的直观性，容易被实际工作者接受，但在理论上不够严格.

上述研究，都从不同角度解决了一些具体而实际的概率计算问题，但也都存在一些理论缺陷或应用上的不足.

1933年，苏联数学家柯尔莫格罗夫在测度论基础上建立了概率公理化体系，从而巩固、奠定了概率论基础.

概率论虽然起源于赌资分配，但它之所以能够逐渐发展成为一门重要而严谨的学科，则是因为社会生产力发展、社会客观实际的需要.

在我国，也把概率一词翻译为“或然率”“几率”等.

随机变量的概率密度或概率分布虽然能完整的刻画随机变量的统计规律性，但在实际问题中往往不易确定，况且，在有些实际问题中，也不需要全面了解随机变量的分布，只需要知道它的某些特征就足够了.

用来描述随机变量某些特征的数字，称做随机变量的数字特征. 最基本的数字特征就是数学期望，它反映的是随机变量取值的“平均数”.

方差反映的是随机变量的取值相对于期望值的“离散”程度.

随机变量的数字特征无论是在理论上还是在实践中都有着非常重要的作用.

自测题 12

1. 填空题

（1）若随机变量 X 的数学期望 $E(X/2-1)=1$，则数学期望 $E(X)=$______.

（2）随机变量 X 的方差 $D(X)=2$，则方差 $D(-2X+5)=$______.

（3）在进行100次重复贝努利试验时，每次试验中事件 A 发生的概率皆为0.8，设离散型随机变量 X 表示事件 A 发生的次数，则 X 的标准差为______.

（4）若离散型随机变量 X 的概率分布为 $P(X=k)=\dfrac{3^k}{e^3 k!}(k=0, 1, 2, \cdots)$，则 $E(3X)=$______.

（5）若连续型随机变量 X 服从参数为 $\lambda=0.1$ 的指数分布，则 $P(X\leqslant 20)=$______.

2. 判断正误

（1）$E(X^2)=[E(X)]^2$　（　）

（2）设随机变量 $X\sim B(n, p)$，则 $E(X)=np$，$D(X)=np(1-p)$　（　）

（3）设随机变量 $X \sim P(\lambda)$，则 $E(X)=\lambda$，$D(X)=\lambda$　　（　）

（4）设随机变量 $X \sim U(a, b)$，则 $E(X)=a+b$，$D(X)=(a-b)^2/2$　　（　）

（5）设若随机变量 $X \sim N(0, 1)$，则 $E(X)=0$，$D(X)=1$　　（　）

3. 选择题

（1）连续型随机变量 X 的密度函数为 $\varphi(x)=\begin{cases} x/4, & x \in [1, 3] \\ 0, & x \notin [1, 3] \end{cases}$，则 $E(x)=$____　　（　）

A. 9/4　　B. 27/4　　C. 13/6　　D. 13/2

（2）设 X 为随机变量，若方差 $D(X)=4$，则方差 $D(3X+4)=$____　　（　）

A. 12　　B. 16　　C. 36　　D. 40

（3）设 X 为随机变量，若方差 $D(-X+5)=4$，则随机变量 X 的标准差为____　　（　）

A. 1　　B. 3　　C. 2　　D. 4

（4）若离散型随机变量 $X \sim B(100, 0.1)$，则离散型随机变量 $Y=-3X$ 的数学期望和方差分别为____　　（　）

A. $E(Y)=-30$，$D(Y)=27$　　B. $E(Y)=30$，$D(Y)=27$

C. $E(Y)=-30$，$D(Y)=81$　　D. $E(Y)=30$，$D(Y)=81$

（5）若连续性随机变量 X 服从参数为 $\lambda(\lambda>0)$ 指数分布，若 $D(X)=4$，则 $E(X)=$____　　（　）

A. 1/2　　B. 2　　C. 1/16　　D. 16

4. 连续型随机变量 X 的概率密度函数为 $f(x)=\begin{cases} cx, & x \in (1, \sqrt{2}) \\ 0, & x \notin (1, \sqrt{2}) \end{cases}$，求：

（1）常数 c；（2）$P(|X|<1.2)$；（3）$E(X)$；（4）$D(X)$.

5. 某种布匹上疵点的个数 X 是一个离散型随机变量，它服从参数为 $\lambda(\lambda>0)$ 的泊松分布，若一匹布上有 8 个疵点和 7 个疵点的可能性相同，这匹布上平均有多少个疵点？

6. 某种零件长度 X（厘米）是连续型随机变量，它服从数学期望为 50 厘米、方差为 0.562 5 平方厘米的正态分布，规定长度误差在 1.2 厘米范围内为合格品，从这批零件中任意抽取一个，恰好抽到合格品的概率是多少？（$\varphi(1.6)=0.945\ 2$）

习题、自测题参考答案

习题 1.1

1.（1）不是；（2）是；（3）不是；（4）不是．

2.（1）$[-3, 3]$；（2）$x\neq 1$ 且 $x\neq 2$；（3）$-2<x<1$；（4）$[-1, 2)$．

3.（1）0；3；$\frac{a-1}{a+1}$；（2）1/8，1，2.

4.（1）$y=\sqrt[3]{x-7}$；（2）$y=3^x+1$.

5. $R(q)=\begin{cases}150q, & q\in[0, 800],\\ 12q+24\,000, & q\in(800, 1\,600].\end{cases}$

6. 略．

习题 1.2

1.（1）$(-\infty, -1)\searrow$，$(-1, +\infty)\searrow$；（2）$(-\infty, +\infty)\nearrow$；

（3）$(0, +\infty)\nearrow$；

（4）$\left(2k\pi-\frac{\pi}{2}, 2k\pi+\frac{\pi}{2}\right]\nearrow$，$\left(2k\pi+\frac{\pi}{2}, 2k\pi+\frac{3\pi}{2}\right]\searrow$ $(k\in Z)$；

（5）$(2k\pi-\pi, 2k\pi]\nearrow$，$(2k\pi, 2k\pi+\pi]\searrow$ $(k\in Z)$；

（6）$\left(2k\pi-\frac{\pi}{2}, 2k\pi+\frac{\pi}{2}\right)\nearrow$ $(k\in Z)$.

2. 偶；奇；非奇非偶；奇．

3. $f(x)=\begin{cases}x^2, & x\in[0, 2)\\ (x-2)^2, & x\in[2, 4)\\ (x-4)^2, & x\in[4, 6)\\ (x-6)^2, & x=6\end{cases}$ 或 $f(x)=(x-2k)^2$，$x\in[2k, 2k+2)$

$(k=0, 1, 2, 3)$

习题 1.3

1. (1) $y=2^{\sqrt{x}-1}$；(2) $y=\arccos(3x+4)$；(3) $y=\tan\sqrt{x+1}$；

(4) $y=\dfrac{1}{\ln(x-1)}$.

2. (1) $y=u^3$，$u=2x-1$；(2) $y=2^u$，$u=v^3$，$v=\sin x$；

(3) $y=\lg u$，$u=\cos v$，$v=x^2-1$；(4) $y=\sqrt{u}$，$u=\ln v$，$v=\ln w$，$w=\sqrt{x}$.

习题 1.4

1. $Q=3\,000-30p$.

2. $C(q)=2\,000+15q$，$R(q)=20q$，$q\geqslant 400$，

3. $C(q)=700+500q$，$R(q)=900q$，$L(q)=R(q)-C(q)=400q-700$.

4. 4 万元，40 件.

自测题 1

1. (1) 3，-4；(2) $(-\infty, 0)\cup(0, +\infty)$，$\{-1, 1\}$；

(3) $y=x+\sqrt{x^2+1}\,(x\in R)$；(4) $f(-x)\neq -f(x)$，$x\in(-2, 2)$；

(5) $y=e^u$，$u=\tan v$，$v=1/x$.

2. (1) ×；(2) √；(3) ×；(4) ×；(5) ×.

3. (1) B；(2) A；(3) A；(4) C；(5) D.

4. (1) $(0, 1)\cup(1, 4]$；(2) $(2k\pi, 2k\pi+\pi)\,(k\in Z)$.

5. (1) 奇函数；(2) 偶函数.

6. $r=\sqrt{\dfrac{3v}{\pi h}}\,(h>0)$.

习题 2.1

1. (1) 1，(2) 0，(3) 1，(4) 0，(5) 0，(6) 无.

2. 极限均为 8，由此可得常数的极限为该常数；所列五个函数的极限如下表，由表中的结论可联想到逐个考察另五类基本初等函数在六种极限过程之下，极限是否存在、存在时极限是什么？这些结论可以直接应用：

函数	$x\to+\infty$	$x\to-\infty$	$x\to\infty$	$x\to0^+$	$x\to0^-$	$x\to0$
$y=x^2$	$+\infty$	$+\infty$	$+\infty$	0	0	0
$y=2^x$	$+\infty$	0	无意义	1	1	1
$y=\lg x$	$+\infty$	无意义	无意义	$-\infty$	无意义	无意义
$y=\sin x$	不存在	不存在	不存在	0	0	0
$y=\arctan x$	$\frac{\pi}{2}$	$-\frac{\pi}{2}$	不存在	0	0	0

3. 均为 0.

4. (1)、(2)、(6) 无穷大，(3)、(5) 无穷小，(4) 非无穷大无穷小.

5. 均为 0.

习题 2.2

1. (1) 0；(2) 5；(3) $\frac{2}{3}$；(4) 不存在；(5) 0；(6) $\frac{2^{20}\cdot 3^{30}}{5^{50}}$.

2. (1) 1；(2) 2.

3. (1) π；(2) $\frac{5}{3}$ (3) 0；(4) e^{-4}；(5) e^4；(6) e.

习题 2.3

1. (1) 不连续；(2) 连续；(3) 不连续；(4) 不连续.

2. (1) $x=2$，无穷间断点；(2) $x=k\pi+\frac{\pi}{2}(k\in Z)$，无穷间断点；

(3) $x=0$，跳跃；(4) $x=1$，跳跃.

3. (1) $(-\infty,1)$，$(1,2)$，$(2,+\infty)$；(2) $(-\infty,-2)$，$(2,+\infty)$.

4. $k=2$.

5. (1) 4；(2) 0；(3) $\frac{1}{2}$；(4) e.

6. 略.

自测题 2

1. (1) 0；(2) 1；(3) -2；(4) 2；

(5) $(-\infty,1)\cup(1,3)\cup(3,+\infty)$，$(-\infty,1)$，$(1,3)$，$(3,+\infty)$.

2. (1) ×；(2) √；(3) ×；(4) ×；(5) ×.

3. (1) D；(2) C；(3) A；(4) D；(5) B.

4.（1）1；（2）$\frac{1}{2}$；（3）1；（4）e.

5. 在$(-\infty, 4)$，$(4, +\infty)$连续，定义域内不连续.

6. 1.

习题 3.1

1.（1）0，3；（2）1.

2.（1）$2x$；（2）$\cos x$.

3. $3x-y-2=0$.

4. 8 米/秒.

习题 3.2

1.（1）$4x^3$；（2）$\frac{7}{5}x^{\frac{2}{5}}$；（3）$\frac{29}{10}x^{\frac{19}{10}}$；（4）$1-\frac{1}{x^2}$；（5）$\frac{36}{5}x^{\frac{7}{5}}+\frac{19}{5}x^{\frac{9}{10}}$；

（6）$2x\ln x+5x$；（7）$\frac{e^x}{(e^x+1)^2}$；（8）$\frac{x+\sin x}{1+\cos x}$.

2. 0.

3. $2+2^x\ln^2 2$，$\cos x-x\sin x$.

习题 3.3

1.（1）$20(2x+1)^9$；（2）$\frac{x^2}{\sqrt[3]{(1+x^3)^2}}$；（3）$e^{\sqrt{\sin 2x}}\frac{\cos 2x}{\sqrt{\sin 2x}}$；

（4）$\frac{1}{12x^2}\sin\frac{1}{12x}$；（5）$-\frac{1}{x^2}\sin\frac{2}{x}$；（6）$\frac{1}{x\ln x\ln\ln x}$.

（7）$2\tan(ex)\sec^2(ex)$；（8）$\frac{1}{x}\sec(\ln x)\tan(\ln x)$；（9）$\frac{\cos x}{2\sqrt{\sin x-\sin^2 x}}$.

2.（1）$-10\cos^9 x\sin 11x$；（2）$\frac{2x+3x^4}{\sqrt[3]{(1+x^3)^2}}$；（3）$e^{\sqrt{\sin 2x}}\frac{\cos 2x}{\sqrt{\sin 2x}}+\frac{2}{x}$；（4）$\cot x$；

（5）$\arctan x-\frac{x}{1+x^2}$；（6）$\frac{1}{5}\sqrt[5]{\frac{x(3x-1)}{(5x+3)(2-x)}}\left(\frac{1}{x}+\frac{3}{3x-1}-\frac{5}{5x+3}+\frac{1}{2-x}\right)$.

习题 3.4

1. 0.050 2；0.05.

2. 0.02.

3. 3.14.

习题 3.5

1. 1 775；1.5.

2. $C(x)=1\,000+0.01x^2+10x$，$R(x)=30x$，
$L(x)=-1\,000-0.01x^2+20x$；
$C'(x)=0.02x+10$，$R'(x)=30$；1 000.

3. $C'(x)=5+\frac{x}{5}$，$R'(x)=200+\frac{x}{10}$，$L'(x)=195-\frac{x}{10}$；192.5.

4. 0.33，1，2.

自测题 3

1. (1) 1，$-\frac{\pi}{2}$；(2) $-99!$；(3) $2x-4y+\pi-2=0$；(4) $2e^{\sin 2x}\cos 2x$；(5) 0.12.

2. (1) ×；(2) ×；(3) √；(4) √；(5) ×.

3. (1) B；(2) D；(3) A；(4) A；(5) C.

4. 27.

5. (1) $ex^{e-1}+e^x+\frac{1}{x}$；(2) $\frac{2x}{(1+x^4)\arctan x^2}$.

6. (1) 0.68；(2) 2.983 3.

习题 4.1

1. $\left(-\infty,\ \frac{1}{2}\right)\nearrow$，$\left(\frac{1}{2},\ +\infty\right)\searrow$.

2. $(-\infty,\ -1)\searrow$，$(-1,\ 0)\nearrow$，$(0,\ 1)\searrow$，$(1,\ +\infty)\nearrow$.

3. $\left(-\infty,\ \frac{1}{2}\right)\searrow$，$\left(\frac{1}{2},\ +\infty\right)\nearrow$.

4. $\left(0,\ \frac{1}{2}\right)\searrow$，$\left(\frac{1}{2},\ +\infty\right)\nearrow$.

5. $(-\infty,\ 0)\nearrow$，$(0,\ 1)\searrow$，$(1,\ +\infty)\nearrow$.

6. $(-\infty,\ -1)\searrow$，$(-1,\ +\infty)\searrow$.

习题 4.2

1. (1) $y_{极小}=-1$，$y_{极大}=1$；(2) $y_{极大}=0$，$y_{极小}=-8$；(3) $y_{极小}=-e^{-1}$；(4) $y_{极小}=-e^{-1}$；(5) $y_{极大}=\frac{2}{3}$，$y_{极小}=\frac{1}{3}$.

2. (1) $y_{max}=12$，$y_{min}=-15$；(2) $y_{max}=5$，$y_{min}=2$；(3) $y_{max}=e^{-1}$，$y_{min}=0$.

3. $\frac{20\sqrt{3}}{3}$(cm).

4. $\frac{4}{3}$，$\frac{1\,024}{27}$.

5. $\sqrt[3]{\frac{300}{\pi}}$.

习题 4.3

1. $(-\infty, 1)\cap$，$(1, +\infty)\cup$，拐点：$(1, -2)$.
2. $(-\infty, 0)\cap$，$(0, +\infty)\cup$，无拐点.
3. $(-\infty, 0)\cup$，$(0, +\infty)\cap$，拐点 $(0, 0)$.
4. $(-\infty, 1)\cap$，$(1, +\infty)\cup$，拐点 $(1, e^{-2})$.

习题 4.4

1. (1) 水平渐近线 $y=0$，竖直渐近线 $x=-4$；
(2) 水平渐近线 $y=-3$，竖直渐近线 $x=0$.
2. 略.

习题 4.5

1. 0.　2. 2.　3. 1.　4. $\frac{1}{2}$.　5. 不存在.　6. 1.

自测题 4

1. (1) $(-\infty, -1)\nearrow$，$[1, +\infty)\nearrow$，$[-1, 1)\searrow$；(2) $f(0)>f(1)$；
(3) $(-\infty, 1)\cap$，$[1, +\infty)\cup$；(4) $y=0$，$x=1$；(5) $b=0$，$c=1$.
2. (1) ×；(2) √；(3) √；(4) ×；(5) ×.
3. (1) C；(2) C；(3) D；(4) C；(5) D.
4. 提示 (1) 设 $f(x)=x-\arctan x(x\geqslant 1)$；
(2) 设 $f(x)=2\sqrt{x}-\left(3-\frac{1}{x}\right)(x>1)$.
5. 极大值和极小值分别为 $f(0)=\sqrt[3]{-8}=-2$，$f(2)=\sqrt[3]{-12}=-\sqrt[3]{12}$.
6. (1)3;(2)2;(3)1;(4)1.
7. $(-\infty,0)\nearrow,[0,+\infty)\searrow;\left(-\infty,-\frac{2\sqrt{3}}{3}\right)\cup,\left[-\frac{2\sqrt{3}}{3},\frac{2\sqrt{3}}{3}\right)\cap,\left[\frac{2\sqrt{3}}{3},\infty\right)\cup$,
$\left(\pm\frac{2\sqrt{3}}{3},\frac{3}{8}\right)$.
8. 5 小时.

习题 5.1

1.（1）$x+C$；（2）$2x^2+C$；（3）$-x^3+C$.

2. 见本章第二节开头.

习题 5.2

1. $\frac{8}{15}x^{\frac{15}{8}}+C$.

2. $\ln|x|-3\arcsin x+C$.

3. $-\frac{1}{x}-\arctan x+C$.

4. $\frac{1}{6}x^6+3e^x-\cot x-\frac{5^x}{\ln 5}+C$.

5. $\frac{1}{2}\int \sec^2 x\,dx=\frac{1}{2}\tan x+C$.

6. $-\frac{9}{x}-3x+\frac{x^3}{12}+C$.

习题 5.3

1.（1）$\frac{1}{3}e^{3x}+C$；（2）$-\frac{1}{3}\ln|2-3x|+C$；（3）$\frac{1}{18}(2+3x)^6+C$；

（4）$-\frac{1}{3}(5-x^2)^{\frac{3}{2}}+C$；（5）$-e^{\frac{1}{x}}+C$；（6）$-\frac{1}{\ln x}+C$；（7）$-\arctan\cos x+C$；

（8）$-\frac{1}{4}\cos^4 x+C$；（9）$\frac{1}{2}\arctan\frac{x}{2}+C$；（10）$x-4\ln|4+x|+C$.

2.（1）$\frac{2}{15}(1+x)^{\frac{3}{2}}(3x-2)+C$；（2）$2[\ln(1+\sqrt{3-X})-\sqrt{3-X}]+c$；

（3）$2[\sqrt{1+e^x}-\ln(1+\sqrt{1+e^x})]+x+C$；

（4）$2\sqrt{x}-3\sqrt[3]{x}+6\sqrt[6]{x}-6\ln(1+\sqrt[6]{x})+C$.

习题 5.4

1. $x\ln(1+x^2)-2x+2\arctan x+C$.

2. $(2-x^2)\cos x+2x\sin x+C$.

3. $-(x+1)e^{-x}+C$.

4. $-\frac{1}{x}(1+\ln x)+C$.

5. $x\arccos x-\sqrt{1-x^2}+C$.

6. $\frac{1}{2}e^{-x}(\sin x-\cos x)+C$.

7. $2e^{\sqrt{x}}(\sqrt{x}-1)+C$.

8. $-2(\sqrt{1-x}\sin\sqrt{1-x}+\cos\sqrt{1-x})+C$.

9. $x\ln(x+\sqrt{1+x^2})-\sqrt{1+x^2}+C$.

10. $\frac{e^x}{1+x}+C$.

自测题 5

1. (1) 相同；(2) $f(x)dx$，$f(x)$，x；(3) $\cos x+C$；

(4) $\arctan x$，$\frac{1}{x}dx$；(5) $\frac{1}{x}$.

2. (1) ✓；(2) ✓；(3) ×；(4) ×；(5) ✓.

3. (1) B；(2) B；(3) D；(4) A；(5) A.

4. (1) $2x^{\frac{3}{2}}-\ln x+C$；(2) $-\sqrt{5-2x}+C$；(3) $\int\ln\left|\frac{1+t}{1-t}\right|+C$；

(4) $\frac{2}{3}x^{\frac{3}{2}}\left(\ln x-\frac{4}{9}\right)+C$.

习题 6.1

1. $\int_0^9(3t+8)dt$.

2. $\int_2^4 3x^2dx$.

习题 6.2

1. $\frac{9\pi}{4}$.　　2. 1.　　3. 0.　　4. 0.

习题 6.3

1. (1) $>$；(2) $>$.

2. (1) $\frac{5\ 093}{512}<\int_{-1}^1(4x^4-2x^3+5)dx<22$；(2) $0<\int_1^8\ln x\,dx<21\ln 2$.

习题 6.4

1. $1+\sin 4$.　　2. $\ln 1.5$.　　3. 1.　　4. $1-2e^{-1}$.　　5. $2-\frac{\pi}{2}$.

6. 3ln3.　　7. $\frac{1}{9}(2e^3+1)$．　　8. π^2-4.

习题 6.5

1. $\frac{\pi}{2}$.　　2. $\frac{1}{2}$.　　3. π.

习题 6.6

1. $\frac{4}{3}$.　　2. $\frac{15}{4}$.　　3. $\frac{10}{3}$.　　4. $2\sqrt{2}$.　　5. $e+e^{-1}-2$.　　6. 1.

7. $\frac{e}{2}-1$.　　8. 97 500，170 000.　　9. 2.5，−0.25.

10. $\Delta C=460$，$\Delta R=2\,000$；

$C(q)=10+4q+\frac{1}{8}q^2$；$R(q)=80q-\frac{1}{2}q^2$；$L(q)=-10+76q-\frac{5}{8}q^2$.

自测题 6

1. (1) 0，−；(2) $-\frac{\pi}{4}$，0；(3) 1/2，$(e-1)^4/4$；(4) $3-\frac{1}{e}$；

(5) $\frac{2}{3}\pi$，2π.

2. (1) √；(2) √；(3) √；(4) ×；(5) ×.

3. (1) D；(2) D；(3) C；(4) D；(5) C.

4. (1) $2(\sqrt{2}-1)$；(2) $\frac{2}{3}(8\sqrt{2}-5)$；(3) $\frac{2}{9}e^3+\frac{1}{9}$；(4) $\frac{\pi}{4}$.

5. $2\pi+\frac{4}{3}$.

6. (1) 352；(2) 256.

习题 7.1

1. (1) $\begin{bmatrix}2 & 3\\5 & -9\end{bmatrix}$；(2) $\begin{bmatrix}2 & 3 & 9\\5 & -9 & 0\end{bmatrix}$；(3) $\begin{bmatrix}-2 & 3 & \pi & 0\\8 & 0 & -4 & 0\\0 & 1 & 0 & 0\\7 & 6 & 0 & -8\end{bmatrix}$.

2. $\begin{bmatrix}0 & 0 & 0\\0 & 0 & 0\end{bmatrix}$，$\begin{bmatrix}0 & 0\\0 & 0\\0 & 0\end{bmatrix}$.

3. $\begin{bmatrix} 1 & 0 \\ 0 & 1 \end{bmatrix}$，$\begin{bmatrix} 1 & 0 & 0 & 0 & 0 \\ 0 & 1 & 0 & 0 & 0 \\ 0 & 0 & 1 & 0 & 0 \\ 0 & 0 & 0 & 1 & 0 \\ 0 & 0 & 0 & 0 & 1 \end{bmatrix}$.

4. 当 $d=e=g=0$ 时是上三角矩阵，当 $a=c=0$ 时是下三角矩阵，当 $d=e=g=a=c=0$ 时是对角矩阵；当 $d=e=g=a=c=0$ 且 $b=f=h=1$ 时是单位矩阵，不可能为零矩阵.

5. $\begin{bmatrix} -1 & 2 \\ -3 & -a \end{bmatrix}$.

习题 7.2

1. (1) $a=-2$，$b=1$，$c=3$，$d=-5$；

(2) $\begin{bmatrix} -1 & -2 & 6 \\ 0 & -1 & -8 \\ -9 & 16 & 14 \end{bmatrix}$，$\begin{bmatrix} 8 & 1 & -3 \\ 0 & -7 & 4 \\ 2 & -8 & -7 \end{bmatrix}$，$\begin{bmatrix} -14 & 22 & 28 \\ 16 & -34 & -20 \\ -18 & 69 & 2 \end{bmatrix}$，

$\begin{bmatrix} -17 & 28 & 19 \\ 20 & -34 & -32 \\ -39 & 44 & 5 \end{bmatrix}$.

2. (1) $\begin{bmatrix} 0 & -3 \\ -1 & 0 \end{bmatrix}$；(2) $\boldsymbol{X}=\begin{bmatrix} -3 & 3 \\ 2 & -2 \end{bmatrix}$，$\boldsymbol{Y}=\begin{bmatrix} -2 & 6 \\ 1 & -3 \end{bmatrix}$.

3. 略.

4. (1) $[9]$；(2) $\begin{bmatrix} -5 & 10 & 15 \\ -7 & 14 & 3 \\ 3 & -6 & 0 \end{bmatrix}$.

5. 略.

6. (1) 设 $\boldsymbol{A}_{m\times n}$，$\boldsymbol{B}_{s\times t}$，因为 $\boldsymbol{AB}$，$\boldsymbol{BA}$ 都有意义，所以，$n=s$，$t=m$，且 $\boldsymbol{AB}$ 是 $m\times t$ 矩阵，$\boldsymbol{BA}$ 是 $s\times n$ 矩阵，而 $\boldsymbol{AB}=\boldsymbol{BA}$，故 $m=s$，$t=n$，故 $n=s=t=m$，故 $\boldsymbol{A}$，$\boldsymbol{B}$ 为同阶方阵，同理，$\boldsymbol{A}$，$\boldsymbol{C}$ 为同阶方阵，总之，$\boldsymbol{A}$，$\boldsymbol{B}$，$\boldsymbol{C}$ 为同阶方阵；

(2) $\boldsymbol{A}(\boldsymbol{B}+\boldsymbol{C})=\boldsymbol{AB}+\boldsymbol{AC}=\boldsymbol{BA}+\boldsymbol{CA}=(\boldsymbol{B}+\boldsymbol{C})\boldsymbol{A}$；

(3) $\boldsymbol{A}(\boldsymbol{BC})=(\boldsymbol{AB})\boldsymbol{C}=(\boldsymbol{BA})\boldsymbol{C}=\boldsymbol{B}(\boldsymbol{AC})=\boldsymbol{B}(\boldsymbol{CA})=(\boldsymbol{BC})\boldsymbol{A}$.

7. 均不成立.

8. (1) $\begin{bmatrix}0&0\\1&0\end{bmatrix}$；(2) $\begin{bmatrix}0&1\\0&1\end{bmatrix}$.

9. (1) $A=\begin{bmatrix}0&0\\c&0\end{bmatrix}$或$\begin{bmatrix}a&b\\-\frac{a^2}{b}&-a\end{bmatrix}$（$b$，$c\neq0$）及两者转置矩阵；

(2) $\boldsymbol{A}=\begin{bmatrix}0&0\\c&1\end{bmatrix}$或$\begin{bmatrix}1&0\\c&0\end{bmatrix}$（$c\neq0$）或$\begin{bmatrix}a&b\\\frac{a(1-a)}{b}&1-a\end{bmatrix}$（$b\neq0$）及三者转置矩阵.

10. (1) 二班、三班第一和第二名分别为本班获得 27 分和 29 分；

(2) 各班团体总分依次为 39，62，49.

习题 7.3

1. $\begin{bmatrix}0&-3&-4\\-9&14&5\end{bmatrix}$.

2. $\boldsymbol{A}$ 为对称矩阵：对称于主对角线位置的元素相等；$\boldsymbol{B}$ 既非对称又非反对称矩阵；$\boldsymbol{C}$ 为反对称矩阵：对称于主对角线位置的元素互为相反数.

3. 证明：

$\Rightarrow$：$\because \boldsymbol{AB}=(\boldsymbol{AB})^T=\boldsymbol{B}^T\boldsymbol{A}^T=\boldsymbol{BA}$，$\therefore \boldsymbol{AB}=\boldsymbol{BA}$.

$\Leftarrow$：$\because \boldsymbol{AB}=\boldsymbol{A}^T\boldsymbol{B}^T=(\boldsymbol{BA})^T=(\boldsymbol{AB})^T$，$\therefore \boldsymbol{AB}=(\boldsymbol{AB})^T$.

4. (1) $\begin{bmatrix}-2&-1&6\\0&-2&17\\0&0&0\end{bmatrix}$，$\begin{bmatrix}1&0&\frac{5}{4}\\0&1&-\frac{17}{2}\\0&0&0\end{bmatrix}$；(2) $\begin{bmatrix}1&-1&1\\0&1&1\\0&0&1\end{bmatrix}$，$\begin{bmatrix}1&0&0\\0&1&0\\0&0&1\end{bmatrix}$.

5. (1) $r(\boldsymbol{A})=1$；(2) $r(\boldsymbol{B})=2$；(3) $r(\boldsymbol{C})=2$；(4) $r(\boldsymbol{D})=2$.

6. (1) $\boldsymbol{P}=\begin{bmatrix}0&0&1\\0&1&0\\1&0&0\end{bmatrix}$；(2) $\boldsymbol{P}=\begin{bmatrix}2&0&0\\0&1&0\\0&0&1\end{bmatrix}$；(3) $\boldsymbol{P}=\begin{bmatrix}1&0&0\\0&1&0\\3&0&1\end{bmatrix}$.

7. $\boldsymbol{X}=\boldsymbol{E}_3$[①+②(−1)]$\boldsymbol{E}_3$[②+①(−2)]$\boldsymbol{E}_3$(①②)$=\begin{bmatrix}-1&3&0\\1&-2&0\\0&0&1\end{bmatrix}$.

习题 7.4

1. (1) $\begin{bmatrix}1&3\\4&8\end{bmatrix}\begin{bmatrix}x_1\\x_2\end{bmatrix}=\begin{bmatrix}7\\20\end{bmatrix}$，$\begin{bmatrix}x_1\\x_2\end{bmatrix}=\begin{bmatrix}1\\2\end{bmatrix}$，

(2) $\begin{bmatrix}1&1&1\\2&2&1\\3&2&1\end{bmatrix}\begin{bmatrix}x_1\\x_2\\x_3\end{bmatrix}=\begin{bmatrix}3\\5\\6\end{bmatrix}$，$\begin{bmatrix}x_1\\x_2\\x_3\end{bmatrix}=\begin{bmatrix}1\\1\\1\end{bmatrix}$.

2. 均可逆，其逆依次为：

(1) $\begin{bmatrix}-8&29&-11\\-5&18&-7\\1&-3&1\end{bmatrix}$；(2) $\begin{bmatrix}1/2&0&0\\-1/4&1/2&0\\1/8&-1/4&1/2\end{bmatrix}$；

(3) $\begin{bmatrix}1&-a&0&0\\0&1&-a&0\\0&0&1&-a\\0&0&0&1\end{bmatrix}$；(4) $\begin{bmatrix}5/7&-2/7&0&0\\-4/7&3/7&0&0\\0&0&1&-1/2\\0&0&-3&2\end{bmatrix}$.

3. (1) $\begin{bmatrix}1&-3&3\\0&1&-2\end{bmatrix}$；(2) $\begin{bmatrix}7\\12\\-5\end{bmatrix}$；(3) $-\frac{1}{7}\begin{bmatrix}-2&37&8\\1&34&6\\-3&38&6\end{bmatrix}$.

自测题 7

1. (1) $\begin{bmatrix}-1&-3\\-2&-4\end{bmatrix}$，$\begin{bmatrix}1&2\\3&4\end{bmatrix}$，$\begin{bmatrix}-2&3/2\\1&-1/2\end{bmatrix}$，2；

(2) $c=0$，$b=0$，$b=c=0$，$b=c=0$ 且 $a=d=1$，$a=b=c=d=0$；

(3) $a=1$，$b=2$，$c=5$，$d=-1$；(4) $=$，$\neq$；

(5) 主元均为 1 且其所在列其余元素为零.

2. (1) √；(2) √；(3) ×；(4) ×；(5) √.

3. (1) C；(2) A；(3) C；(4) B；(5) D.

4. (1) $\begin{pmatrix}11&-4\\7&-4\\6&-9\end{pmatrix}$；(2) $\begin{pmatrix}-5&-14&4\\5&-3&3\\-6&-27&9\end{pmatrix}$.

5. (1) $\begin{bmatrix}1&1&4\\0&1&2\\0&0&-2\end{bmatrix}$；(2) 3；(3) $\begin{bmatrix}2&-1&1\\4&-2&1\\-3/2&1&-1/2\end{bmatrix}$.

6. $\begin{pmatrix}3&-2\\6&-9\\2&-4\end{pmatrix}$.

7. 7.467 千万，6.079 千万，6.454 千万.

习题 8.1

1. (9，−20，7，−15)．　　2. (−3，−28，11，−27)．

3. $a=1$，$b=3$，$x=2$，$y=3$.　4. $\frac{1}{9}$ (17，20，−9，25)

习题 8.2

1. (1) $\boldsymbol{\beta}=-3\boldsymbol{\alpha}_1+\boldsymbol{\alpha}_2$；(2) $\boldsymbol{\beta}=7\boldsymbol{\alpha}_1+5\boldsymbol{\alpha}_2+0\boldsymbol{\alpha}_3$；(3) $\boldsymbol{\beta}=3\boldsymbol{e}_1-2\boldsymbol{e}_2+\boldsymbol{e}_3+4\boldsymbol{e}_4$.

2. (1) 无关；(2) 无关；(3) 相关：$\boldsymbol{\alpha}_2=-\boldsymbol{\alpha}_1+\boldsymbol{\alpha}_3$.

3. 反证：若相关，则存在三个不全为零的数 k，l，m，满足：$k(\boldsymbol{\alpha}_1+\boldsymbol{\alpha}_2)+l(\boldsymbol{\alpha}_2+\boldsymbol{\alpha}_3)+m(\boldsymbol{\alpha}_3+\boldsymbol{\alpha}_1)=\boldsymbol{0}$，

∴ $(k+m)\boldsymbol{\alpha}_1+(k+l)\boldsymbol{\alpha}_2+(l+m)\boldsymbol{\alpha}_3=\boldsymbol{0}$，

∵ k，l，m 不全为 0，∴ $(k+m)$，$(k+l)$，$(l+m)$ 不全为 0，

∴ $\boldsymbol{\alpha}_1$，$\boldsymbol{\alpha}_2$，$\boldsymbol{\alpha}_3$ 线性相关，与已知矛盾，故结论成立．

习题 8.3

1. (1) 秩为 3，本身是极大无关组；

(2) 秩为 3，一个极大无关组：$\boldsymbol{\alpha}_1$，$\boldsymbol{\alpha}_2$，$\boldsymbol{\alpha}_3$；$\boldsymbol{\alpha}_4=-3\boldsymbol{\alpha}_1+5\boldsymbol{\alpha}_2-\boldsymbol{\alpha}_3$；

(3) $r=2$，相关；极大无关组可取 $\boldsymbol{\alpha}_1$，$\boldsymbol{\alpha}_2$；$\boldsymbol{\alpha}_3=-\frac{11}{9}\boldsymbol{\alpha}_1+\frac{5}{9}\boldsymbol{\alpha}_2$，$\boldsymbol{\alpha}_4=\frac{6}{9}\boldsymbol{\alpha}_1+\frac{3}{9}\boldsymbol{\alpha}_2$.

2. (1) $r=2$，相关；(2) 极大无关组可取 $\boldsymbol{\alpha}_1$，$\boldsymbol{\alpha}_2$；$\boldsymbol{\alpha}_3=3\boldsymbol{\alpha}_1+0\boldsymbol{\alpha}_2$.

3. (1) 不一定；(2) 构成.

自测题 8

1. (1) $-\alpha=(-1，-2，-3，-4，-5)$；(2) (−3，3，0)；

(3) 1，3，2，3；(4) 0；(5) 对应分量成比例．

2. (1) ✓；(2) ×；(3) ✓；(4) ✓；(5) ✓.

3. (1) B；(2) D；(3) D；(4) D；(5) C.

4. (9，−20，7，−15)．

5. (1) 秩为 3，线性相关；(2) 一个极大无关组为 α_1，α_2，α_3；

(3) $\alpha_4=-\alpha_1-\alpha_2+\alpha_3$.

习题 9.1

1. (1) $\begin{cases}x_1=3\\x_2=2\\x_3=1\end{cases}$；(2) 无解；(3) $\begin{cases}x_1=4\\x_2=3\\x_3=2\end{cases}$；(4) $\begin{cases}x_1=-\dfrac{19}{12}x_4\\x_2=\dfrac{3}{2}x_4\\x_3=-\dfrac{1}{2}x_4\end{cases}$

2. 分别需要 0.8 升和 1.2 升.

习题 9.2

1. (1) 无解；(2) 无穷多解；(3) 唯一解.

2. (1) 有，也可由方程个数少于未知数个数得知；(2) 只有零解.

3. $\lambda\neq-3$ 无解，$\lambda=-3$ 有解：$\begin{cases}x_1=-8,\\x_2=3+x_4,\\x_3=6+2x_4.\end{cases}$

4. $\lambda\neq-2$ 只有零解，$\lambda=-2$ 有非零解：$\begin{cases}x_1=0,\\x_2=0,\\x_3=x_4.\end{cases}$ x_4 自由取值.

习题 9.3

1. (1) 一个基础解系：$\boldsymbol{X}_1=(1,1,1,1,0,0)^T$，$\boldsymbol{X}_2=(-1,0,0,0,1,0)^T$. $\boldsymbol{X}_3=(0,-1,0.0,0,1)^T$.

通解为：$\boldsymbol{X}=k_1\boldsymbol{X}_1+k_2\boldsymbol{X}_2+k_3\boldsymbol{X}_3$，$k_1$，$k_2$，$k_3\in\mathbf{R}$；

(2) 一个基础解系：$\boldsymbol{X}_1=(-3,2,1,0,0)^T$，$\boldsymbol{X}_2=(-5,3,0,0,1)^T$.

通解为：$\boldsymbol{X}=k_1\boldsymbol{X}_1+k_2\boldsymbol{X}_2$，$k_1$，$k_2\in\mathbf{R}$；

(3) 一个基础解系：$\boldsymbol{X}_1=(-3,2,13,0)^T$，$\boldsymbol{X}_2=(-7,-4,0,13)^T$.

通解为：$\boldsymbol{X}=k_1\boldsymbol{X}_1+k_2\boldsymbol{X}_2$，$k_1$，$k_2\in\mathbf{R}$；

(4) 一个基础解系：$\boldsymbol{X}_1=(7,-9,-5,2)^T$，通解为：$\boldsymbol{X}=k\boldsymbol{X}_1$，$k\in\mathbf{R}$.

2. (1) $\boldsymbol{X}=\left(\dfrac{8}{7},\dfrac{1}{7},0,0\right)^T+k_1(15,-6,7,0)^T+k_2(-3,4,0,7)^T$，$k_1$，$k_2\in\mathbf{R}$.

(2) $\boldsymbol{X}=\left(\dfrac{35}{4},\dfrac{53}{4},\dfrac{1}{4},0,0\right)^T+k_1(-5,-8,-1,1,0)^T+k_2(27,41,1,0,4)^T$，$k_1$，$k_2\in\mathbf{R}$.

简化法：$\boldsymbol{X}=(2,3,0,0,-1)^T+k_1(27,41,1,0,4)^T+k_2(22,33,$

0，1，4)^T，k_1，$k_2 \in \mathbf{R}$.

(3) $\boldsymbol{X}=(-1, 2, 0)^T+k(-2, 1, 1)^T$，$k \in \mathbf{R}$.

(4) $\boldsymbol{X}=(6, 0, 0, 0, -4)^T+k_1(-6, 1, 0, 0, 5)^T+k_2(-2, 0, 1, 0, 1)^T+k_3(-2, 0, 0, 1, 1)^T$，$k_1$，$k_2$，$k_3 \in \mathbf{R}$.

3. 当 $a=0$ 且 $b=2$ 时有解：

$$\boldsymbol{X}=(-2, 3, 0, 0, 0)^T+k_1(1, -2, 1, 0, 0)^T+k_2(1, -2, 0, 1, 0)^T +k_3(5, -6, 0, 0, 1)^T, \ k_1, k_2, k_3 \in \mathbf{R}$$

自测题 9

1. (1) $\begin{bmatrix}1 & 5 & 3\\0 & 1 & 1\\0 & 0 & 1\end{bmatrix}$，$\begin{bmatrix}1 & 5 & 3 & 3\\0 & 1 & 1 & 1\\0 & 0 & 1 & -2\end{bmatrix}$；

(2) 系数矩阵的秩小于（不等于）增广矩阵的秩；

(3) 系数矩阵的秩小于（不等于）未知数的个数；(4) 1；(5) $n-r$.

2. (1) √；(2) √；(3) ×；(4) √；(5) √.

3. (1) C；(2) D；(3) D；(4) C；(5) C.

4. $\boldsymbol{X}=k[3, -4, 1, 0]+l[-4, 5, 0, 1](k, l \in \mathbf{R})$.

5. 当 $k \neq 0$ 时无解；k 取任何值不会有唯一解；当 $k=0$ 时，通解为：

$$\boldsymbol{X}=(-2, 3, 0, 0)+k(-1, 1, 1, 0)+l(3, -3, 0, 1)(k, l \in \mathbf{R})$$

习题 10.1

1. 略.

2. (1) 基本事件空间：正正，正反，反正，反反；A 包含：正正，正反；B 包含：正正，反正；C 包含：正正，正反，反正.

(2) 基本事件空间：1，1；1，2；1，3；1，4；2，2；2，3；2，4；3，3；3，4；4，4.

A 包含：1，2；2，4；B 包含：1，1；2，2；2，4；3，3；4，4；C 包含：1，1；1，2；1，3；1，4；2，2.

3. (1) (0，0)，(0，1)，(1，0)，(1，1)，(0，2)，(2，0)，(1，2)，(2，1)，(2，2)；

(2) (0，0)，(0，1)，(0，2)；

(3) (0，1)，(1，1)，(2，1)；

(4) (0，2)，(2，0)，(1，2)，(2，1)，(2，2).

4. $A \supseteq B$，$A \subseteq B$，$A=B$

5. 至少一件废品；不可能事件；没有废品；至多一件废品；至少一件废品.

6. 互斥不一定对立，但对立必然互斥.

习题 10.2

1. 1/2.　　2. 1/12.

3. (1) $C_8^3/C_{10}^3=7/15$；(2) $C_2^1C_8^2/C_{10}^3=7/15$；(3) $1-C_2^1C_8^2/C_{10}^3=8/15$.

4. $P_{10}^7/10^7=189/3\,125$.

5. 2/5.

习题 10.3

1. 0.97.　　2. 0.75，0.25.　　3. 0.32.　　4. 1/3.　　5. 0.52，0.923.

习题 10.4

1. 0.89^7，0.97^7.　　2. 0.58.　　3. 0.095 6.　　4. 0.2.

5. 至少买 299 次.　　6. 0.998 3

自测题 10

1. (1) 互斥；(2) 对立；(3) $AB\overline{C}+A\overline{B}C+\overline{A}BC+ABC$；(4) 0.52，0.7；(5) 0.85.

2. (1) √；(2) √；(3) ×；(4) √；(5) ×.

3. (1) A；(2) B；(3) A；(4) D；(5) C.

4. (1) 串联 0.388；并联 0.003. (2) 见本章第 3 节例 6.

5. 见本章第 3 节例 5.

习题 11.1

1. $X=\begin{cases}0, & A\\1, & B\\2, & C\end{cases}$，其取值范围 {0，1，2}.

2. (1) 0，1，2，…；(2) $T\in[0, 8)$.

3. (1) 0，1，2，3，4；(2) $\{X=4\}$，$\{X=0\}$，$\{1\leqslant X\leqslant 4\}$，$\{X\geqslant 3\}$.

4. (1) 0，1，2，3，4，5，6，7，8；(2) 0，1，2，3，4，5.

习题 11.2

1. $A=60/77$，

k	0	1	2	3
p_k	$\frac{30}{77}$	$\frac{20}{77}$	$\frac{15}{77}$	$\frac{12}{77}$

2. 1/6；1/2；1；5/6；5/6.

3.

k	$-\sqrt{3}$	$-\frac{1}{2}$	0	π
p_k	0.25	0.25	0.25	0.25

0.5；0.75；1.

4. $P(X=k)=C_3^k(0.8)^k(0.2)^{3-k}(k=0, 1, 2, 3.)$；0.104.

k	0	1	2	3
p_K	0.008	0.096	0.384	0.512

5. $P(X=k)=C_{13}^k C_{39}^{4-k}/C_{52}^4(k=0, 1, 2, 3, 4.)$.

6. 0.303 2.

习题 11.3

1. $A=3$，0.125.

2. $\frac{\sqrt{2}}{4}$；$\frac{\sqrt{3}+\sqrt{2}}{4}$；$\frac{2+\sqrt{2}}{4}$.

3. 1/3；2/3.

4. $f(x)=\begin{cases}3e^{-3x} & x\geqslant 0\\ 0 & x<0\end{cases}$；$e^{-6}$.

5. ln2.

6. 0.950 5；0.030 2.

7. (1) 0.866 4；(2) 0.39.

8. 184 厘米.

自测题 11

1. (1) 离散型，连续型；(2) 1/3；

(3)

X	0	1	2	3
P	1/6	1/2	3/10	1/30

(4) 5；(5) 1/5，9/10，3/20，2/5.

2. (1) √；(2) ×；(3) √；(4) √；(5) ×.

3. (1) A；(2) D；(3) D；(4) C；(5) A.

4. 0.050 8.　　5. 0.909 8.　　6. 30.85%.

习题 12.1

1. 甲好于乙.　　2. 5/8；47/8；7/8.　　3. 0；1；2.　　4. 5.46 元.

习题 12.2

1. 甲好于乙.　　2. 1/2.　　3. 27；2.7.　　4. 2.25；0.562 5；0.75.

5. 0.23.

自测题 12

1. (1) 4；(2) 8；(3) 4；(4) 9；(5) 0.864 7.

2. (1) ×；(2) √；(3) √；(4) ×；(5) √.

3. (1) C；(2) C；(3) C；(4) C；(5) B.

4. (1) 2；(2) 0.44；(3) $2(\sqrt{2}-1)/3$；(4) $16\sqrt{2}/9-5/2$.

5. 8.　　6. 0.890 4.

附表 1　标准正态分布表

$$\phi(x)=\int_{-\infty}^{x}\frac{1}{\sqrt{2\pi}}\mathrm{e}^{-\frac{t^2}{2}}\mathrm{d}t=P(X\leqslant x)$$

x	0.00	0.01	0.02	0.03	0.04	0.05	0.06	0.07	0.08	0.09
0.0	0.500 0	0.504 0	0.508 0	0.512 0	0.516 0	0.519 9	0.523 9	0.527 9	0.531 9	0.535 9
0.1	0.539 8	0.543 8	0.547 8	0.551 7	0.555 7	0.559 6	0.563 6	0.567 5	0.571 4	0.575 3
0.2	0.579 3	0.583 2	0.587 1	0.991 0	0.594 8	0.598 7	0.602 6	0.606 4	0.610 3	0.614 1
0.3	0.617 9	0.621 7	0.625 5	0.629 3	0.633 1	0.636 8	0.640 4	0.644 3	0.648 0	0.651 7
0.4	0.655 4	0.659 1	0.662 8	0.666 4	0.670 0	0.673 6	0.677 2	0.680 8	0.684 4	0.687 9
0.5	0.691 5	0.695 0	0.698 5	0.701 9	0.705 4	0.708 8	0.712 3	0.715 7	0.719 0	0.722 4
0.6	0.725 7	0.729 1	0.732 4	0.735 7	0.738 9	0.742 2	0.745 4	0.748 6	0.751 7	0.754 9
0.7	0.758 0	0.761 1	0.764 2	0.767 3	0.770 3	0.773 4	0.776 4	0.779 4	0.782 3	0.785 2
0.8	0.788 1	0.791 0	0.793 9	0.796 7	0.799 5	0.802 3	0.805 1	0.807 8	0.810 6	0.813 3
0.9	0.815 9	0.818 6	0.821 2	0.823 8	0.826 4	0.828 9	0.835 5	0.834 0	0.836 5	0.838 9
1.0	0.841 3	0.843 8	0.846 1	0.848 5	0.850 8	0.853 1	0.855 4	0.857 7	0.859 9	0.862 1
1.1	0.864 3	0.866 5	0.868 6	0.870 8	0.872 9	0.874 9	0.877 0	0.879 0	0.881 0	0.883 0
1.2	0.884 9	0.886 9	0.888 8	0.890 7	0.892 5	0.894 4	0.896 2	0.898 0	0.899 7	0.901.5
1.3	0.903 2	0.904 9	0.906 6	0.908 2	0.909 9	0.911 5	0.913 1	0.914 7	0.916 2	0.917 7
1.4	0.919 2	0.920 7	0.922 2	0.923 6	0.925 1	0.926 5	0.927 9	0.929 2	0.930 6	0.931 9
1.5	0.933 2	0.934 5	0.935 7	0.937 0	0.938 2	0.939 4	0.940 6	0.941 8	0.943 0	0.944 1

续前表

x	0.00	0.01	0.02	0.03	0.04	0.05	0.06	0.07	0.08	0.09
1.6	0.945 2	0.946 3	0.947 4	0.948 4	0.949 5	0.950 5	0.951 5	0.952 5	0.953 5	0.953 5
1.7	0.955 4	0.956 4	0.957 3	0.958 2	0.959 1	0.959 9	0.960 8	0.961 6	0.962 5	0.963 3
1.8	0.964 1	0.964 8	0.965 6	0.966 4	0.967 2	0.967 8	0.968 6	0.969 3	0.970 0	0.970 6
1.9	0.971 3	0.971 9	0.972 6	0.973 2	0.973 8	0.974 4	0.975 0	0.975 6	0.976 2	0.976 7
2.0	0.977 2	0.977 8	0.978 3	0.978 8	0.979 3	0.979 8	0.980 3	0.980 8	0.981 2	0.981 7
2.1	0.982 1	0.982 6	0.983 0	0.983 4	0.983 8	0.984 2	0.984 6	0.985 0	0.985 4	0.985 7
2.2	0.986 1	0.986 4	0.986 8	0.987 1	0.987 4	0.987 8	0.988 1	0.988 4	0.988 7	0.989 0
2.3	0.989 3	0.989 6	0.989 8	0.990 1	0.990 4	0.990 6	0.990 9	0.991 1	0.991 3	0.991 6
2.4	0.991 8	0.992 0	0.992 2	0.992 5	0.992 7	0.992 9	0.993 1	0.993 2	0.993 4	0.993 6
2.5	0.993 8	0.994 0	0.994 1	0.994 3	0.994 5	0.994 6	0.994 8	0.994 9	0.995 1	0.995 2
2.6	0.995 3	0.995 5	0.995 6	0.995 7	0.995 9	0.996 0	0.996 1	0.996 2	0.996 3	0.996 4
2.7	0.996 5	0.996 6	0.996 7	0.996 8	0.996 9	0.997 0	0.997 1	0.997 2	0.997 3	0.997 4
2.8	0.997 4	0.997 5	0.997 6	0.997 7	0.997 7	0.997 8	0.997 9	0.997 9	0.998 0	0.998 1
2.9	0.998 1	0.998 2	0.998 2	0.998 3	0.998 4	0.998 4	0.998 5	0.998 5	0.998 6	0.998 6
x	0.0	0.1	0.2	0.3	0.4	0.5	0.6	0.7	0.8	0.9
3	0.998 7	0.999 0	0.999 3	0.999 5	0.999 7	0.999 8	0.999 8	0.999 9	0.999 9	1.000 0

附表2　泊松分布表

$P(X=K)=\frac{\lambda^k}{k!}e^{-\lambda}$

k \ λ	0.1	0.2	0.3	0.4	0.5	0.6	0.7	0.8
0	0.904 837	0.818 731	0.740 818	0.670 320	0.606 531	0.548 812	0.496 585	0.449 329
1	0.090 484	0.163 746	0.222 245	0.268 128	0.303 265	0.329 287	0.347 610	0.359 463
2	0.004 524	0.016 375	0.033 337	0.053 626	0.075 816	0.098 786	0.121 663	0.143 785
3	0.000 151	0.001 092	0.003 334	0.007 150	0.012 636	0.019 757	0.028 388	0.038 343
4	0.000 004	0.000 055	0.000 250	0.000 715	0.001 580	0.002 964	0.004 968	0.007 669
5		0.000 002	0.000 015	0.000 057	0.000 158	0.000 356	0.000 696	0.001 227
6			0.000 001	0.000 004	0.000 013	0.000 036	0.000 081	0.000 164
7					0.000 001	0.000 003	0.000 008	0.000 019
8							0.000 001	0.000 002

k \ λ	0.9	1.0	1.5	2.0	2.5	3.0	3.5	4.0
0	0.406 570	0.367 879	0.223 130	0.135 335	0.082 085	0.049 787	0.030 197	0.018 316
1	0.365 913	0.367 879	0.334 695	0.270 671	0.205 212	0.149 361	0.105 691	0.073 263
2	0.164 661	0.183 940	0.251 021	0.270 671	0.256 516	0.224 042	0.184 959	0.146 525
3	0.049 398	0.061 313	0.125 511	0.180 447	0.213 763	0.224 042	0.215 785	0.195 367
4	0.011 115	0.015 328	0.047 067	0.090 224	0.133 602	0.168 031	0.188 812	0.195 367
5	0.002 001	0.003 066	0.014 120	0.036 089	0.066 801	0.100 819	0.132 169	0.156 293

续前表

k \ λ	0.9	1.0	1.5	2.0	2.5	3.0	3.5	4.0
6	0.000 300	0.000 511	0.003 530	0.012 030	0.027 834	0.050 409	0.077 098	0.104 196
7	0.000 039	0.000 073	0.000 756	0.003 437	0.009 941	0.021 604	0.038 549	0.059 540
8	0.000 004	0.000 009	0.000 142	0.000 859	0.003 106	0.008 102	0.016 865	0.029 770
9		0.000 001	0.000 024	0.000 191	0.000 863	0.002 701	0.006 559	0.013 231
10			0.000 004	0.000 038	0.000 216	0.000 810	0.002 296	0.005 292
11				0.000 007	0.000 049	0.000 221	0.000 730	0.001 925
12				0.000 001	0.000 010	0.000 055	0.000 213	0.000 642
13					0.000 002	0.000 013	0.000 057	0.000 197
14						0.000 003	0.000 014	0.000 056
15						0.000 001	0.000 003	0.000 015
16							0.000 001	0.000 004

主要参考书目

1. 侯风波．高等数学（第二版）．北京：高等教育出版社，2003.

2. 顾静相．经济数学基础（第三版）．北京：高等教育出版社，2008.

3. 窦连江．高等数学（第二版）．北京：高等教育出版社，2011.

4. 周玮，崔宏志．高等数学．北京：北京师范大学出版社，2011.

5. 蔡俊亮．高等数学基础．北京：人民教育出版社，2003.

6. 何蕴理，贺亚平，陈中和，张茂祥．概率论与数理统计，北京：高等教育出版社，1988.

7. 汪荣伟．经济应用数学．北京：高等教育出版社，2006.

8. 同济大学数学系．高等数学（第六版）．北京：高等教育出版社，2007.

9. 李心灿．高等数学应用205例．北京：高等教育出版社，1997.

10. 周誓达．概率论及数理统计（第二版）．北京：中国人民大学出版社，2009.

11. 梁宗巨．世界数学史简编．沈阳：辽宁人民出版社，1980.

12. 华罗庚，苏步青．中国大百科全书（数学卷）．北京：中国大百科全书出版社，1988.